工业和信息化精品系列教材 · **网络技术**

广东省“十四五”职业教育规划教材

网络存储技术应用

项目化教程

微课版 | 第2版

黄君羡 | 主编　正月十六工作室 | 组编

人民邮电出版社

北京

图书在版编目（CIP）数据

网络存储技术应用项目化教程 : 微课版 / 黄君羡主编 ; 正月十六工作室组编. -- 2版. -- 北京 : 人民邮电出版社, 2023.2
工业和信息化精品系列教材. 网络技术
ISBN 978-7-115-61110-9

Ⅰ. ①网… Ⅱ. ①黄… ②正… Ⅲ. ①计算机网络－信息存贮－高等学校－教材 Ⅳ. ①TP393.0

中国国家版本馆CIP数据核字(2023)第024512号

内 容 提 要

本书结合教育部职业教育“云计算技术与应用”专业教学资源库和广东省职业教育“计算机网络技术”专业教学资源库建设成果，采用“项目引领，任务驱动”体例，通过 18 个项目详细讲述网络存储技术在数据中心项目建设中的部署与应用，内容包括存储服务器的本地管理（DAS）、NAS 服务的配置与管理、SAN 服务的配置与管理、存储高级技术、综合应用等。

近年来，世界已进入以数据为中心的时代，企业的信息技术架构大部分围绕网络存储构建，存储工程师已成为稀缺人才。网络存储设备一般价格昂贵，存储技能实践成本较高。Windows Server 2019 提供的存储功能与大部分硬件存储的功能类似，基于虚拟化技术构建的存储环境为高校学生和社会人员学习存储技术提供了性价比较高的学习与实践平台。

本书资源丰富，提供 PPT、微课、项目实践、素质拓展等资源。同时，读者可以访问本书适配的教育部职业教育“云计算技术与应用”专业教学资源库、广东省职业教育“计算机网络技术”专业教学资源库、MOOC 网站、正月十六工作室的 CSDN 博客等平台，以及华为存储、FreeNAS 等其他主流存储平台，学习掌握更多网络存储技术和配置技能。

本书适合作为高等院校 ICT 相关专业的教材，也可作为存储工程师、微软认证等培训的参考用书，还可作为云计算工程师、系统管理员、网络工程师的参考用书。

◆ 主　　编　黄君羡
组　　编　正月十六工作室
责任编辑　鹿　征
责任印制　王　郁　焦志炜
◆ 人民邮电出版社出版发行　　北京市丰台区成寿寺路 11 号
邮编　100164　　电子邮件　315@ptpress.com.cn
网址　https://www.ptpress.com.cn
天津千鹤文化传播有限公司印刷
◆ 开本：787×1092　1/16
印张：13.5　　2023 年 2 月第 2 版
字数：374 千字　　2024 年 8 月天津第 6 次印刷

定价：56.00 元

读者服务热线：(010) 81055256　印装质量热线：(010) 81055316
反盗版热线：(010) 81055315
广告经营许可证：京东市监广登字 20170147 号

前 言

这是一个数据急剧膨胀的时代，随着云计算、大数据、人工智能、IoT、5G 等技术在行业数字化的融合应用，数据量呈指数级增长。世界已进入以数据为中心的时代，网络存储作为一种泛在的服务，不仅仅是提供海量的存储容量，在存储系统的安全性、高效性、伸缩性等方面也要满足用户更高的要求。存储已成为影响系统和网络性能的关键基础设施之一，也是目前最热门的 ICT 技术之一。

本书深入贯彻落实党的二十大精神，以推进网络强国、强化网络安全为主导思想，结合存储工程师岗位对企业数据中心构建、实施与维护相关典型工作任务的要求，围绕企业网络存储项目建设，将 DAS、NAS、SAN 等关键存储技术融入 18 个项目，内容分为存储服务器的本地管理（DAS）、NAS 服务的配置与管理、SAN 服务的配置与管理、存储高级技术和综合应用五大部分（见图 1）。

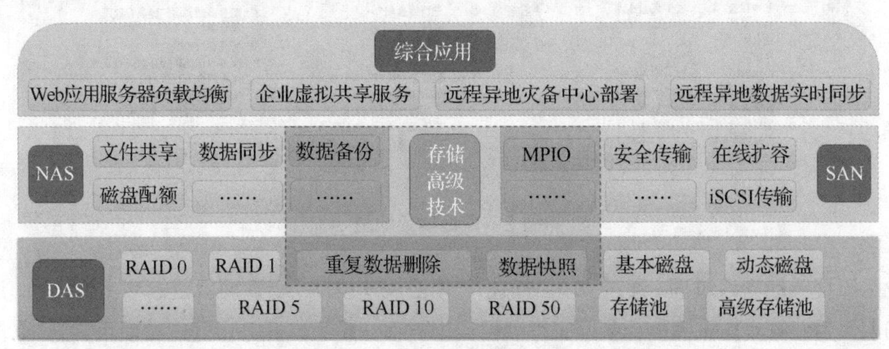

图 1 本书内容概要

（1）存储服务器的本地管理（DAS）主要包括存储服务器内磁盘、存储池的配置与管理，主要为用户提供 RAID 10、RAID 50 等可容错、可扩展的存储空间服务。

（2）NAS 服务的配置与管理主要包括存储服务器为企业应用服务提供的文件共享、数据同步、磁盘配额等文件型数据存储服务。

（3）SAN 服务的配置与管理主要包括存储服务器为企业应用服务提供的在线扩容、iSCSI 传输、安全传输等 iSCSI 存储区块服务。

（4）存储高级技术主要包括存储数据的备份、数据快照及快照恢复、重复数据删除等不同类型业务的存储支持，以及 iSCSI 高可用的高级应用服务（基于 MPIO）。

（5）综合应用则基于复合型业务应用场景，讲述如何融合运用 DAS、NAS 和 SAN 技术实现 Web 应用服务器的负载均衡、企业虚拟共享服务、远程异地灾备中心的部署、远程异地数据实时同步等业务。

本书极具职业特征，有如下特色。

1. 课证赛融通、校企双元开发

本书由高校教师和企业工程师联合编写。本书中网络存储的相关技术导入了全国职业院校技能大赛高职组“网络系统管理”赛项规程和 MCP 考核标准；课程项目导入了国内网络存储服务商的典型项目和业务流程；高校教师团队按 ICT 人才培养要求和教学标准，将企业资源进行教学化“改造”，打造出工作过程系统化教材，使其符合存储工程师岗位技能的培养要求。

2. 项目贯穿、课产融合

递进式场景化项目重构课程序列。本书围绕存储工程师岗位的核心技术技能要求，基于工作过程系统化方法，按照由浅入深的规律，设计了 18 个进阶式项目，并将存储知识分块融入各项目，从而构建各项目内容。课程学习地图如图 2 所示。

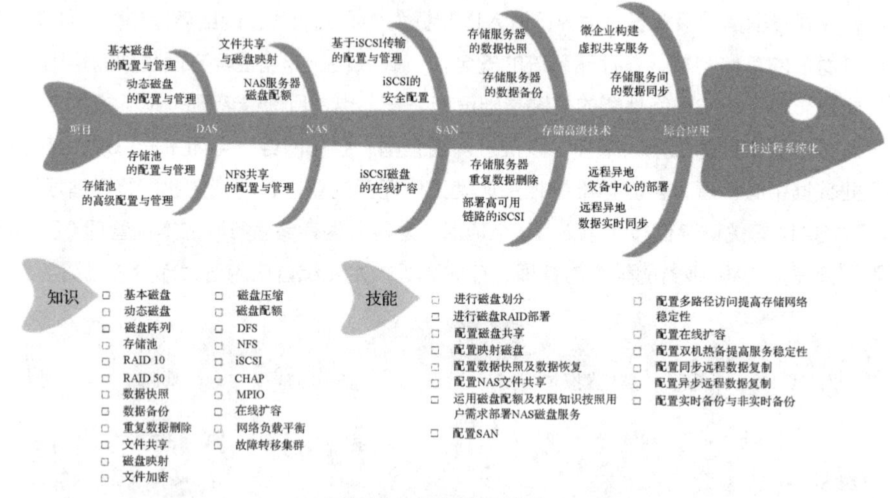

图 2 课程学习地图

用业务流程驱动学习过程。通过“项目描述”“项目规划设计”明确项目目标和实施路径；通过“项目相关知识”为任务实施做铺垫；参照工程项目实施流程分解工作任务，通过“项目实施”（含“项目验证”）引导系统化的学习训练；通过“练习与实践”检验学习成效。项目结构如图 3 所示。

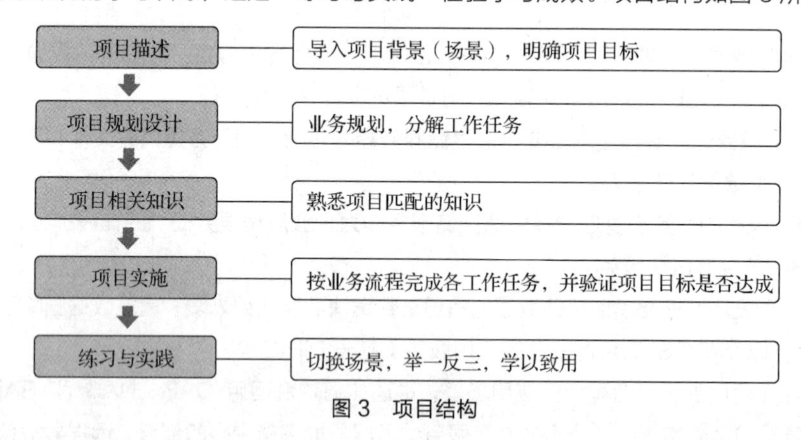

图 3 项目结构

学生通过渐进学习 18 个项目的内容，可逐步熟悉存储工程师岗位涉及的存储服务配置与管理知识和应用场景，熟练掌握业务实施流程，养成良好的职业素养。

3. 实训项目具有复合性和延续性

考虑到企业真实工作项目的复合性，编者在每个项目最后精心设计了项目实训环节。实训项目不仅考核与当前项目相关的知识、技能和业务流程，还涉及前序知识与技能，强调各阶段知识点、技能点之间的关联，不断强化知识与技能在实际场景中的应用。

本书若作为教学用书，参考学时为 48 学时，各项目的参考学时分配见表 1。

表 1　参考学时分配

内容模块	授课项目	学时
存储服务器的本地管理（DAS）	项目 1 基本磁盘的配置与管理	2
	项目 2 动态磁盘的配置与管理	2
	项目 3 存储池的配置与管理	2
	项目 4 存储池的高级配置与管理	2
NAS 服务的配置与管理	项目 5 文件共享与磁盘映射	2
	项目 6 NAS 服务器磁盘配额	2
	项目 7 NFS 共享的配置与管理	2
SAN 服务的配置与管理	项目 8 基于 iSCSI 传输的配置与管理	2
	项目 9 iSCSI 的安全配置	2
	项目 10 iSCSI 磁盘的在线扩容	2
存储高级技术	项目 11 存储服务器的数据快照	2
	项目 12 存储服务器的数据备份	2
	项目 13 存储服务器重复数据删除	2
	项目 14 部署高可用链路的 iSCSI	2
综合应用	项目 15 微企业构建虚拟共享服务	4
	项目 16 存储服务间的数据同步	4
	项目 17 远程异地灾备中心的部署	4
	项目 18 远程异地数据实时同步	4
课程考核	综合项目实训/课程考评（电子资源）	4
学时合计		48

本书由正月十六工作室策划，黄君羡主编，参与编写单位和人员信息如表 2 所示。

表 2　参与编写单位和人员信息

单位名称	人员姓名
广东交通职业技术学院	黄君羡、唐浩祥、简碧园
吉林电子信息职业技术学院	周环宇
正月十六工作室	欧阳绪彬、王乐平、郑伟钦
荔峰科技（广州）有限公司	张金荣
国育产教融合教育科技（海南）有限公司	卢金莲
广东暨通信息有限公司	戴伟健

本书第 1 版自 2017 年出版以来，重印十余次，被广泛应用于教学、社会培训、师资培训、技能竞赛等场景，现通过融入新技术、新场景、新资源（国家/省专业教学资源库）、新应用，隆重推出第 2 版。由于存储技术发展较快，加之作者水平有限，书中难免有不当之处，望广大读者批评指正。

编　者

2022 年 11 月

序 言

全国职业院校技能大赛（以下简称“大赛”）是我国教育工作的一次重大设计，对我国职业教育发展具有重要意义。自开展以来，大赛不断促进职业院校人才培养模式变革，推动实现校企合作、工学结合，在增强职业院校办学活力、按照社会人才市场需求培养企业急需的高素质劳动者和技能型人才等方面发挥了重要作用。通过大赛，我国逐步形成了“普通教育有高考、职业教育有大赛”的人才选拔制度，实现了大赛成果能“覆盖所有学校、覆盖所有专业、覆盖所有老师、覆盖所有学生”的良好职业教育改革局面。

在专业教学方面，大赛的开展进一步推动了职业教育专业调整、课程改革、教材建设以及教学内容和教学方法改革，改变了传统学科教学模式和以课堂、教师、教材为中心的教学方法，实现了课堂教学与就业岗位“零距离”对接。

教学方法改革的关键是教学资源的共享。由于教育资源分布的不均衡，部分区域无法获取更多的教学资源，不能及时了解大赛涉及的新技术和新工艺。此外，部分院校对大赛的认识存在误区，过分重视大赛的结果，从而只强调参赛学生的技能训练，忽视了大赛的普惠性。为解决大赛“最后一公里”资源的获取困难，大赛“网络系统管理”赛项的技术支持单位锐捷网络股份有限公司以及近年来锐捷网络学院中部分竞赛成绩突出的院校，联合人民邮电出版社，历经一年的时间，完成了和大赛相关的知识整理，编写了这本《网络存储技术应用项目化教程（微课版）（第 2 版）》，对重要的知识点进行了项目式讲解。

《网络存储技术应用项目化教程（微课版）（第 2 版）》转化了大赛“网络系统管理”赛项模块 B 的资源，将资源以基于工作过程系统化方法的项目形式引入院校的专业教学中，让没有机会参加大赛的学生也能共享到大赛的精华成果，实现教育部所倡导的大赛普惠性目标和要求。我们期望通过赛项资源的开发、转化和教材出版，解决学生“好更好、差更差”的两极分化问题，提升院校的平均教学水平，从而实现《中华人民共和国教育法》所要求的教育公平和机会均等。

全国职业院校技能大赛

“网络系统管理”赛项执行委员会委员

2022 年 11 月

目 录

第 1 篇 存储服务器的本地管理（DAS）

项目 1

基本磁盘的配置与管理……2
项目描述……2
项目规划设计……2
项目相关知识……3
1.1 磁盘……3
1.2 磁盘分区表……4
1.3 文件系统……4
1.4 分配单元……5
项目实施……5
任务 1-1 新磁盘的安装与初始化……5
任务 1-2 为 FTP、Web 和 Backup 这 3 个服务创建分区……7
练习与实践……9

项目 2

动态磁盘的配置与管理……11
项目描述……11
项目规划设计……11
项目相关知识……12
2.1 RAID……12
2.2 RAID 0……12
2.3 RAID 1……12
2.4 RAID 5……13
2.5 RAID 比较……13
项目实施……13
任务 2-1 磁盘的联机与初始化……13
任务 2-2 带区卷（RAID 0）的创建……14
任务 2-3 镜像卷（RAID 1）的创建……16
练习与实践……18

项目 3

存储池的配置与管理……20
项目描述……20

项目规划设计······20
项目相关知识······21
3.1 存储池······21
3.2 逻辑磁盘······22
3.3 逻辑磁盘的扩容······22
3.4 存储池逻辑磁盘的故障检测与排除······23
项目实施······23
任务 3-1 创建存储池······23
任务 3-2 创建虚拟磁盘······25
练习与实践······30

项目 4

存储池的高级配置与管理······32
项目描述······32
项目规划设计······32
项目相关知识······33
4.1 RAID 10······33
4.2 RAID 50······33
项目实施······34
任务 4-1 创建存储池······34
任务 4-2 创建两个 Mirror 虚拟磁盘······35
任务 4-3 创建 RAID 10 卷区······39
练习与实践······41

第 2 篇 NAS 服务的配置与管理

项目 5

文件共享与磁盘映射······44
项目描述······44
项目规划设计······45
项目相关知识······46
5.1 文件共享······46
5.2 文件共享权限······46
5.3 文件共享的访问账户类型······46
5.4 磁盘映射······46
项目实施······46
任务 5-1 用户与组的创建······46
任务 5-2 文件共享的配置······50
任务 5-3 磁盘映射的配置······53
练习与实践······55

项目 6

NAS 服务器磁盘配额……58
项目描述……58
项目规划设计……59
项目相关知识……59
磁盘配额……59
项目实施……60
任务 6-1　磁盘配额的配置……60
练习与实践……62

项目 7

NFS 共享的配置与管理……65
项目描述……65
项目规划设计……66
项目相关知识……66
7.1　NFS……66
7.2　NFS 优点……66
项目实施……66
任务 7-1　NFS 共享的安装与配置……66
任务 7-2　通过 CentOS 访问 NFS 共享……70
练习与实践……71

第 3 篇　SAN 服务的配置与管理

项目 8

基于 iSCSI 传输的配置与管理……74
项目描述……74
项目规划设计……75
项目相关知识……75
8.1　SAN……75
8.2　FC SAN……75
8.3　IP SAN 与 iSCSI……76
项目实施……76
任务 8-1　iSCSI 服务的安装与配置……76
任务 8-2　iSCSI 虚拟磁盘的连接与使用……81
练习与实践……83

项目 9

iSCSI 的安全配置……86

项目描述……86
项目规划设计……87
项目相关知识……87
CHAP……87
项目实施……89
任务 9-1 iSCSI 服务器的安全配置……89
任务 9-2 iSCSI 发起程序的安全配置……94
练习与实践……97

项目 10

iSCSI 磁盘的在线扩容……99
项目描述……99
项目规划设计……100
项目相关知识……100
在线扩容技术……100
项目实施……101
任务 10-1 存储池与卷的扩容……101
任务 10-2 iSCSI 磁盘的在线扩容……103
练习与实践……105

第 4 篇 存储高级技术

项目 11

存储服务器的数据快照……109
项目描述……109
项目规划设计……110
项目相关知识……110
11.1 数据快照与故障还原……110
11.2 数据快照的注意事项……110
项目实施……111
任务 11-1 在存储服务器上启用卷影副本……111
任务 11-2 在部门 PC 上查看以前的版本……114
练习与实践……115

项目 12

存储服务器的数据备份……117
项目描述……117
项目规划设计……117
项目相关知识……118
12.1 本地备份……118

12.2 异地备份……118
12.3 全量备份……118
12.4 增量备份……118
12.5 差异备份……119
12.6 Windows Server Backup 的特点……119
项目实施……120
任务 12-1 在存储服务器上配置备份计划……120
任务 12-2 通过任务计划程序创建第二个备份计划……124
练习与实践……126

项目 13

存储服务器重复数据删除……128
项目描述……128
项目规划设计……128
项目相关知识……129
13.1 重复数据删除……129
13.2 Windows Server 中的重复数据删除……129
项目实施……130
任务 13-1 卷的重复数据删除设置……130
练习与实践……133

项目 14

部署高可用链路的 iSCSI……135
项目描述……135
项目规划设计……136
项目相关知识……136
14.1 MPIO……136
14.2 面向高可用性的多路径支持……136
项目实施……136
任务 14-1 基于多路径链路的 iSCSI 磁盘应用部署……136
任务 14-2 多路径数据访问的部署……138
练习与实践……143

第 5 篇 综合应用

项目 15

微企业构建虚拟共享服务……146
项目描述……146
项目规划设计……147
项目相关知识……147

15.1 关于DFS的定义……147
15.2 关于DFS的类型……148
项目实施……148
任务15-1 前置环境准备……148
任务15-2 在DFS上新建命名空间……154
练习与实践……158

项目16

存储服务间的数据同步……161
项目描述……161
项目规划设计……162
项目相关知识……162
16.1 关于域DFS的数据同步……162
16.2 关于域DFS共享目录的负载均衡……163
项目实施……163
任务16-1 前置环境准备……163
任务16-2 在DFS上新建命名空间……166
练习与实践……173

项目17

远程异地灾备中心的部署……176
项目描述……176
项目规划设计……177
项目相关知识……178
异地容灾……178
项目实施……178
任务17-1 前置环境准备……178
任务17-2 创建卷影计划……182
练习与实践……184

项目18

远程异地数据实时同步……187
项目描述……187
项目规划设计……189
项目相关知识……189
远程复制……189
项目实施……190
任务18-1 前置环境准备……190
任务18-2 远程异地数据实时同步……197
练习与实践……202

第 1 篇

存储服务器的本地管理（DAS）

项目1 基本磁盘的配置与管理

项目描述

Jan16 公司新购置了一台拥有 8 个磁盘扩展槽的服务器作为公司的网络存储服务器（NS1），并且安装了 Windows Server 2019 Datacenter 操作系统。

网络存储管理员今天收到了采购部送来的 2 个新磁盘，公司希望他能尽快将其安装到服务器上，以便近期将公司存储在其他文件服务器上的数据集中存放在该网络存储服务器中。系统管理员前期已收集了各文件服务器上的统计数据，并整理了新购置物理磁盘的信息（见表 1-1）和各类服务存储空间的需求（见表 1-2）。

表 1-1　物理磁盘信息

编号	磁盘类型	磁盘容量	服务器	盘位
HDD01	HDD	1TB	NS1	01
HDD02	HDD	1TB	NS1	02

表 1-2　存储空间需求

序号	服务器	容量要求	速率要求	可靠性要求	连接协议	用途
01	NS1	500GB	一般	无	SAS	FTP 存储
02	NS1	200GB	一般	无	SAS	Web 站点
03	NS1	1TB	一般	无	SAS	数据备份

FTP：文件传送协议（File Transfer Protocol）。
Web：万维网（World Wide Web，WWW，也称为 Web）。

项目规划设计

网络存储管理员的工作任务如下。

将新购置的磁盘安装到网络存储服务器（后文亦简称为“存储服务器”）上，并将这些磁盘配置成可用于存储的分区或卷，存储空间规划见表 1-3。

表 1-3　存储空间规划

服务器	宿主磁盘编号	分区/卷集类型	卷集容量	文件系统	盘符	卷标
NS1	HDD01	主分区	500GB	NTFS	D	FTP
NS1	HDD01	主分区	200GB	NTFS	E	Web
NS1	HDD02	主分区	1TB	NTFS	F	Backup

项目相关知识

1.1　磁盘

根据使用方式，磁盘可以分为两类：基本磁盘和动态磁盘。

1. 基本磁盘

基本磁盘只允许将同一磁盘上的连续空间划分为一个分区。人们平时使用的磁盘一般都是基本磁盘。如图 1-1 所示，基本磁盘最多只能建立 4 个分区，并且扩展分区最多只能有 1 个，因此 1 个磁盘最多可以有 4 个主分区或者 3 个主分区加 1 个扩展分区。如果想在一个磁盘上建立更多的分区，需要创建扩展分区，然后在扩展分区上划分逻辑分区。

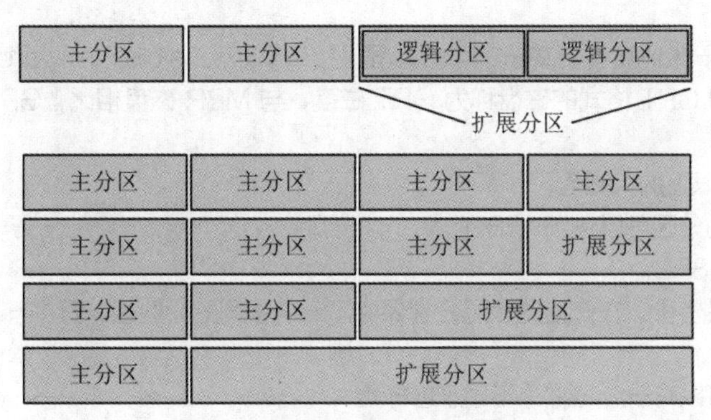

图 1-1　主分区、扩展分区与逻辑分区

2. 动态磁盘

动态磁盘没有分区的概念，它以“卷”命名。卷和分区差别很大：同一分区只能存在于一个物理磁盘上，而同一个卷却可以跨越多达 32 个物理磁盘。基于此，服务器可以拥有大容量存储的卷（跨区卷），这是非常实用的功能。卷还可以提供多种卷集（Volume），卷集分为简单卷、跨区卷、带区卷、镜像卷、RAID 5 卷。

基本磁盘和动态磁盘相比，有以下区别。

（1）卷集或分区的数量。动态磁盘在一个磁盘上可创建的卷集个数没有限制，而基本磁盘在一个磁盘上最多只能有 4 个主分区。

（2）磁盘空间管理。动态磁盘可以把不同磁盘的分区创建成一个卷集，并且这些分区可以是非邻接的，这样磁盘空间就是几个磁盘分区空间的总和。基本磁盘则不能跨磁盘分区，并且要求分区必须是连续的空间，因此，每个分区的容量最大只能是单个磁盘的最大容量，存取速度与单个磁盘相比没有提升。

（3）磁盘容量大小管理。动态磁盘允许在不重新启动机器的情况下调整容量大小，而且不会丢失和损坏已有的数据。而基本磁盘的分区一旦创建，就无法更改容量大小，除非借助第三方磁盘工具软件，例如PQ Magic。

（4）磁盘配置信息管理和容错。动态磁盘将磁盘配置信息存放在磁盘中，如果是RAID容错系统，这些信息将会被复制到其他动态磁盘上；如果某个磁盘损坏，系统将自动调用另一个磁盘的数据，以确保数据的有效性。而基本磁盘将磁盘配置信息存放在引导区，没有容错功能。

基本磁盘转换为动态磁盘的操作可以直接进行，但是该过程是不可逆的。若要转回基本磁盘，只有将数据全部拷出，删除磁盘所有分区后才能实现动态磁盘转为基本磁盘。

1.2 磁盘分区表

常见的分区表有主引导记录（Master Boot Record，MBR，又称主启动记录）分区表和全局唯一标识符分区表（GUID Partition Table，GPT）。

1. MBR分区表

MBR分区表仅仅包含一个64字节的磁盘分区表。由于每个分区信息需要16字节，所以采用MBR型分区结构的磁盘，最多只能识别4个主分区（Primary Partition）。即要想在一个采用此种分区结构的磁盘上得到4个以上的主分区是不可能的。如果要得到4个以上的主分区，就需要采用前面所提的扩展分区。扩展分区也是主分区的一种，但它与主分区的不同在于理论上扩展分区可以划分无数个逻辑分区。另外，很关键的是MBR分区方案无法支持超过2TB容量的磁盘。因为MBR分区用4字节存储分区的总扇区数，最多能表示2^{32}个扇区，按每扇区512字节计算，每个分区最大不能超过2TB。如果磁盘容量超过2TB，分区的起始位置就无法表示。

2. GPT

GPT是一种基于Itanium 计算机的可扩展固件接口（Extensible Firmware Interface，EFI）的磁盘分区架构。使用GPT格式的磁盘称为GPT磁盘，与MBR磁盘相比，GPT磁盘具有更多的优点，具体如下。

（1）支持2TB以上的大磁盘。

（2）每个磁盘的分区可以达到128个。

（3）分区支持18PB。

（4）分区表自带备份。在磁盘的首尾分别保存了一份相同的分区表，其中一份被破坏后，可以通过另一份恢复。

（5）每个分区可以有一个名称（不同于卷标）。

1.3 文件系统

1. FAT32

32位文件分配表（File Allocation Table 32，FAT32）是Windows系统磁盘分区格式中的一种。这种格式采用32位的文件分配表，突破了FAT16对每一个分区只有2GB容量的限制，使其对磁盘的管理能力大大增强了。由于磁盘生产成本下降，磁盘容量也越来越大，运用FAT32分区格式后，可以将一个大磁盘定义成一个分区而不必将其分为几个分区，大大方便了对磁盘的管理。但由于FAT32分区内无法存放大于4GB的单个文件，且性能不佳，易产生磁盘碎片，因此，其目前已被性能更优的NTFS分区格式所取代。

2. NTFS

新技术文件系统（New Technology File System，NTFS）是一种能够提供各种FAT版本所不具备的性能，以及拥有更好的安全性、可靠性与先进特性的高级文件系统。例如，NTFS可通过标准事务日志功能与恢复技术确保卷的一致性。即如果系统出现故障，NTFS能够使用日志文件与检查点信息来恢复文件系统的一致性。

3. ReFS

弹性文件系统（Resilient File System，ReFS）是在 Windows Server 2012 中引入的一种文件系统。目前该系统只能应用于存储数据，还不能引导系统，并且在移动媒介上也无法使用。

ReFS 与 NTFS 大部分是兼容的，其主要目的是保持较高的稳定性，可以自动验证数据是否损坏，若数据损坏则尽力恢复数据。如果和引入的 Storage Spaces（存储空间）联合使用，则可以提供更佳的数据防护效果，同时对于上亿级别大小的文件的处理性能会有所提升。

1.4 分配单元

分配单元大小指选择分区的簇的大小，簇是磁盘的最小单元。例如一栋楼，将它划分为若干个房间，每个房间的大小一样，同时给每个房间分配一个房间号。这时，每个房间就相当于分配单元。在建立分区时会出现分配单元大小的选项。

每个分配单元只能存放一个文件。文件就是按照这个分配单元的大小被分成若干块而存储在磁盘上的。例如一个 512 字节的文件，当分配单元为 512 字节时，它占用 512 字节的存储空间；一个 513 字节的文件，当分配单元为 512 字节时，它占用 1024 字节的存储空间，但当分配单元为 4096 字节时，它就会占用 4096 字节的存储空间。通常，分配单元越小越节约存储空间，分配单元越大越节约读取时间，但浪费存储空间。这是因为当一个文件被分成的块越多，特别是存储单元分散时，磁头为了定位到不同数据段存储的位置，需要不断寻址，那么读取数据就会花费越多的时间，相应地，用户等待时间就会变长。

项目实施

任务 1-1 新磁盘的安装与初始化

任务 1-1 新磁盘的安装与初始化

1. 任务描述

将两个磁盘安装至服务器并对磁盘进行初始化配置。

2. 任务操作

（1）打开【磁盘管理】窗口，在【磁盘 1】上单击鼠标右键（以下简称“右击”），选择【联机】，将 1TB 的新磁盘联机，如图 1-2 所示。

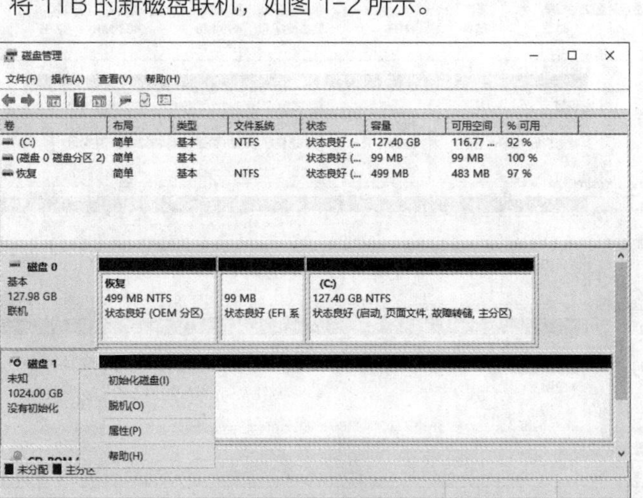

图 1-2 联机新磁盘

打开【磁盘管理】窗口的两种方式：

- 在开始按钮上右击，选择【磁盘管理】；
- 使用键盘，同时按【Windows】键和【K】键。

（2）在【磁盘 1】上右击，选择【初始化磁盘】，在弹出的【初始化磁盘】对话框中保持默认设置，即选中【GPT(GUID 分区表)】，单击【确定】按钮，如图 1-3 所示。

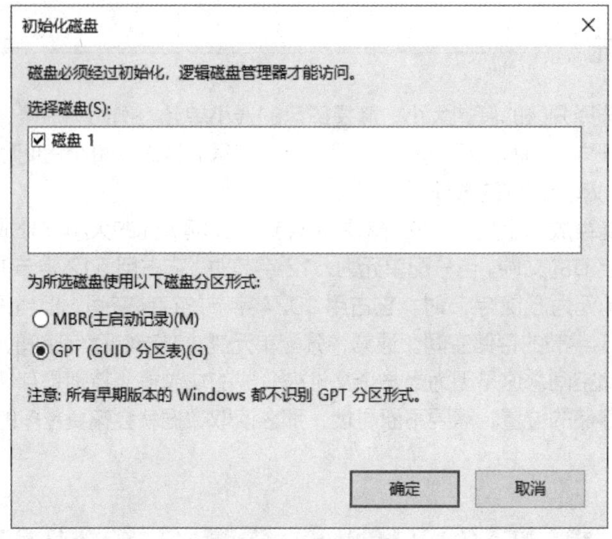

图 1-3　初始化磁盘

（3）使用同样的方式对另一个磁盘进行初始化。

3. 任务验证

磁盘初始化成功，如图 1-4 所示。

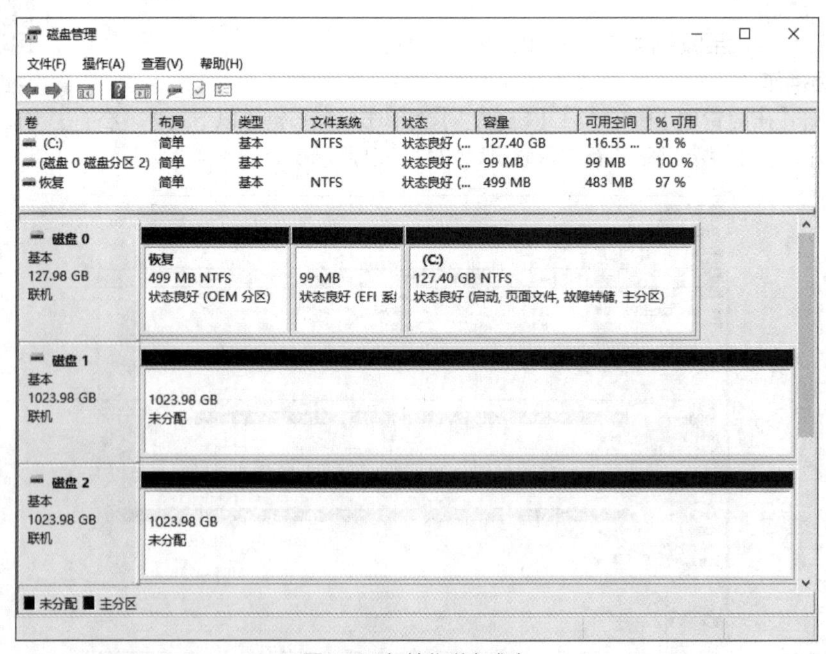

图 1-4　初始化磁盘成功

任务 1-2　为 FTP、Web 和 Backup 这 3 个服务创建分区

任务 1-2　为 FTP、Web 和 Backup 这 3 个服务创建分区

1. 任务描述

在第一个磁盘上创建 500GB 的磁盘分区给 FTP 使用，创建 200GB 的磁盘分区给 Web 服务器使用；另一个磁盘的所有空间用于创建磁盘分区给 Backup 使用。

2. 任务操作

（1）打开【磁盘管理】窗口，在【磁盘 1】上右击，选择【新建简单卷】，如图 1-5 所示。

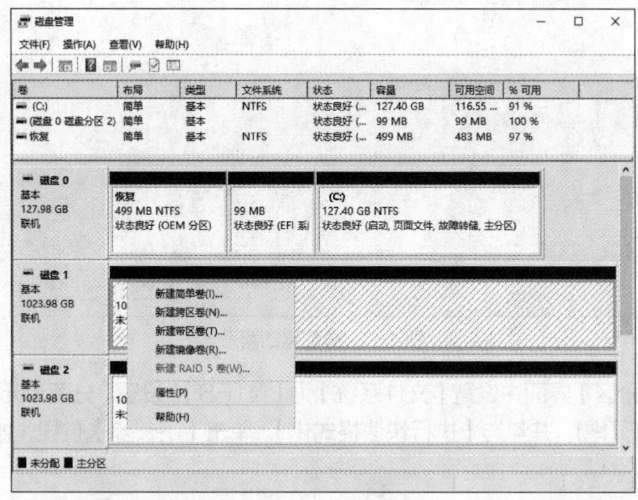

图 1-5　新建简单卷

（2）在弹出的【新建简单卷向导】对话框的【指定卷大小】界面中设置【简单卷大小】为【512000】，单击【下一步】按钮，如图 1-6 所示。

备注：1GB=1024MB。

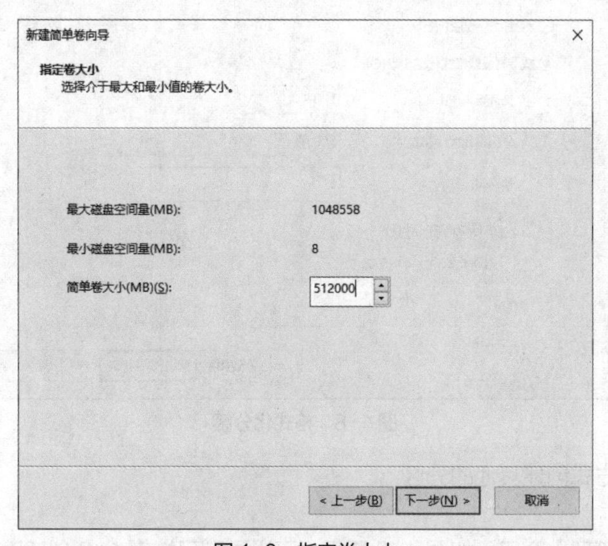

图 1-6　指定卷大小

（3）在【分配驱动器号和路径】界面中设置【分配以下驱动器号】为【D】，单击【下一步】按钮，如图 1-7 所示。

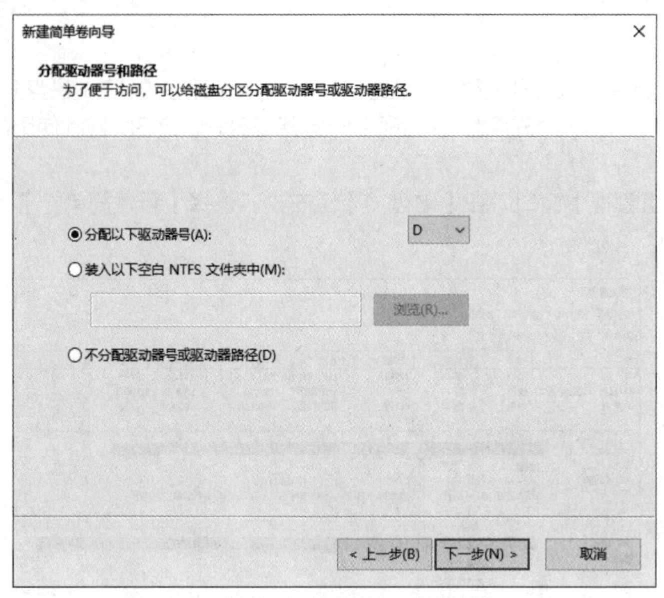

图 1-7　分配驱动器号

（4）在【格式化分区】界面中设置【文件系统】为【NTFS】，设置【分配单元大小】为【默认值】，在【卷标】中输入【FTP】，并勾选【执行快速格式化】，单击【下一步】按钮，如图 1-8 所示。最后单击【完成】按钮。

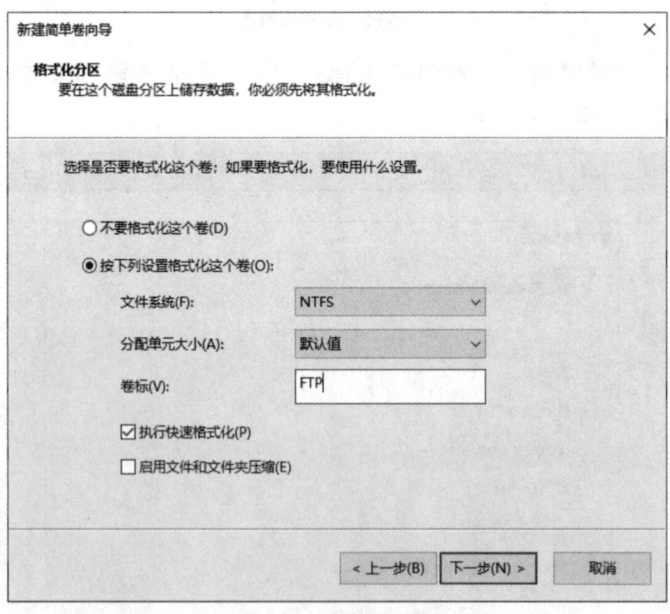

图 1-8　格式化分区

（5）使用同样的方式创建其他的分区。

3. 任务验证

（1）打开【磁盘管理】窗口，如图 1-9 所示，可以看到已按表 1-3 创建磁盘分区。

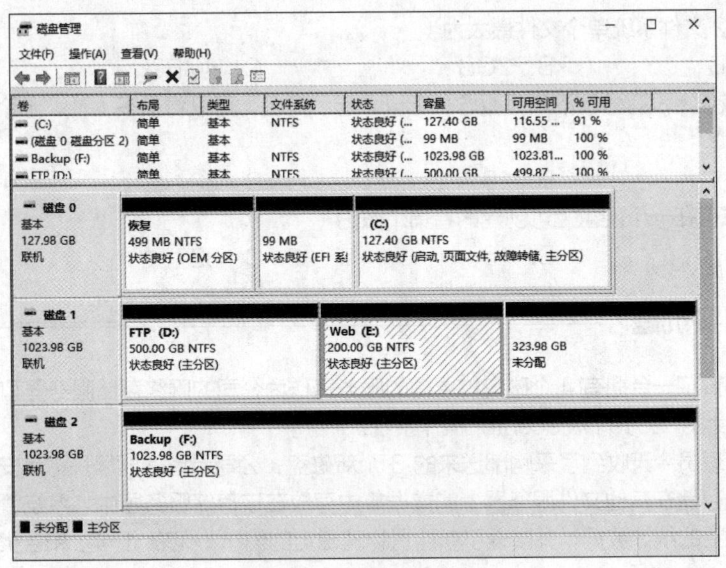

图 1-9 创建主分区成功

（2）打开文件资源管理器，如图 1-10 所示，可以看到创建的磁盘分区均已正常识别。

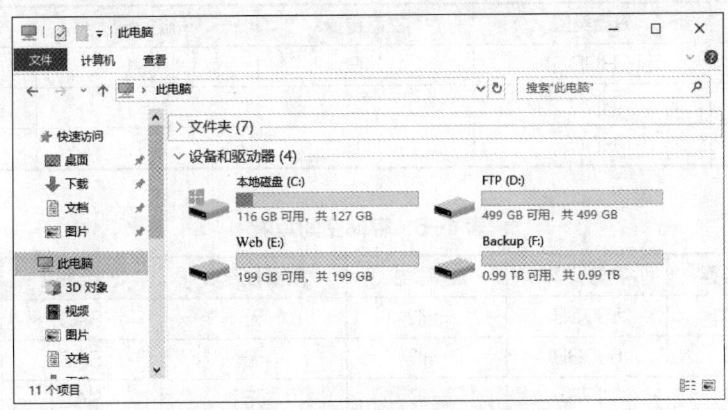

图 1-10 文件资源管理器

打开文件资源管理器的两种方式：

- 双击桌面的【此电脑】图标；
- 使用键盘，同时按【Windows】键和【E】键。

练习与实践

一、理论习题（选择题）

（1）GPT 磁盘最多可以创建（ ）个主分区。

A. 1　　B. 3　　C. 4　　D. 128

（2）MBR 磁盘最大能支持的磁盘容量为（ ）。

A. 1TB　　B. 2TB　　C. 4TB　　D. 18TB

（3）FAT32 文件系统单个文件最大为（　　）。

A．1GB　　B．2GB　　C．4GB　　D．32GB

（4）动态磁盘上没有分区的磁盘概念，它以“卷”命名，可以将最多（　　）个物理磁盘创建为一个卷。

A．8　　B．16　　C．32　　D．64

（5）动态磁盘在一个硬盘上可创建的卷集个数为（　　）。

A．8　　B．16　　C．32　　D．没有限制

二、项目实训题

某公司新购置了一台拥有 4 个磁盘扩展槽的服务器作为公司的网络存储服务器（NS1），并且安装了 Windows Server 2019 Datacenter 操作系统。

网络存储管理员今天收到了采购部送来的 3 个新磁盘，公司希望他能尽快将其安装到服务器上，以便近期将公司存储在其他文件服务器上的数据集中存放在该存储服务器中。系统管理员前期已收集了各文件服务器上的统计数据，并整理了新购置物理磁盘的信息（见表 1-4）和各类服务存储空间的需求（见表 1-5）。

表 1-4　物理磁盘信息

编号	磁盘类型	磁盘容量	服务器	盘位
HDD01	HDD	1TB	NS1	01
HDD02	HDD	1TB	NS1	02
HDD03	HDD	1TB	NS1	03

表 1-5　存储空间需求

序号	服务器	容量要求	速率要求	可靠性要求	连接协议	备注
01	NS1	800GB	一般	无	SAS	财务部
02	NS1	600GB	一般	无	SAS	销售部
03	NS1	1TB	一般	无	SAS	生产部

1．规划设计

网络存储管理员需要填写表 1-6。

表 1-6　存储空间规划表

服务器	宿主磁盘编号	分区/卷集类型	卷集容量	文件系统	盘符	卷标

2．项目实践

（1）提供存储服务器 NS1 的本地磁盘管理界面，确认新磁盘均正确安装。

（2）提供存储服务器 NS1 的文件资源管理器界面，确认已创建了符合要求的磁盘分区。

项目2 动态磁盘的配置与管理

项目描述

Jan16 公司使用一台拥有 8 个磁盘扩展槽的服务器作为公司的网络存储服务器（NS1），并且安装了 Windows Server 2019 Datacenter 操作系统。

网络存储管理员今天收到了采购部送来的 4 个新磁盘，并已将其安装到了网络存储服务器上。计划使用这几个磁盘为公司的流媒体服务、数据库服务提供存储空间。具体信息见表 2-1 和表 2-2。

表 2-1　物理磁盘信息

编号	磁盘类型	磁盘容量	服务器	盘位
HDD03	HDD	1TB	NS1	03
HDD04	HDD	1TB	NS1	04
SSD01	SSD	128GB	NS1	05
SSD02	SSD	128GB	NS1	06

表 2-2　存储空间需求

序号	服务器	容量要求	速率要求	可靠性要求	连接协议	备注
03	NS1	1TB	高	无	iSCSI	流媒体服务
04	NS1	128GB	一般	高	iSCSI	数据库服务

项目规划设计

网络存储管理员的工作任务如下。

将新购置的磁盘安装到存储服务器上，并将这些磁盘配置成可用于存储的分区或卷，存储空间规划见表 2-3。

表 2-3　存储空间规划

服务器	宿主磁盘编号	卷集类型	卷集容量	文件系统	盘符	卷标
NS1	HDD03+HDD04	带区卷（RAID 0）	1TB	NTFS	G	流媒体
NS1	SSD01+SSD02	镜像卷（RAID 1）	128GB	NTFS	H	数据库

项目相关知识

2.1 RAID

独立磁盘冗余阵列（Redundant Arrays of Independent Disks，RAID）技术的诞生主要是为大型服务器提供高端的存储功能和保证冗余数据的安全。在系统中，RAID 被看作由多个（最少 2 个）磁盘组成的一个逻辑分区，它通过在多个磁盘上同时存储和读取数据来大幅提高存储系统的数据吞吐量（Throughput）。由于很多 RAID 模式中都有较为完备的相互校验/恢复的措施，甚至是直接的相互镜像备份，因此大大提高了 RAID 系统的容错度，同时也提高了系统的稳定冗余性，这也是 RAID 对应英文中 Redundant 一词的由来。

常见的级别有 RAID 0、RAID 1、RAID 3、RAID 5、RAID 6、RAID 0+1、RAID 10、RAID 50 等，下面介绍部分级别。

2.2 RAID 0

RAID 0 以带区形式在 2 个或多个物理磁盘上存储数据，数据被交替、平均地分配给这些磁盘并行读写。在所有的级别中，RAID 0 的速度是最快的，但不具有冗余功能。图 2-1 所示是 RAID 0 的工作原理，其中 D0～D11 是要写入磁盘的数据。

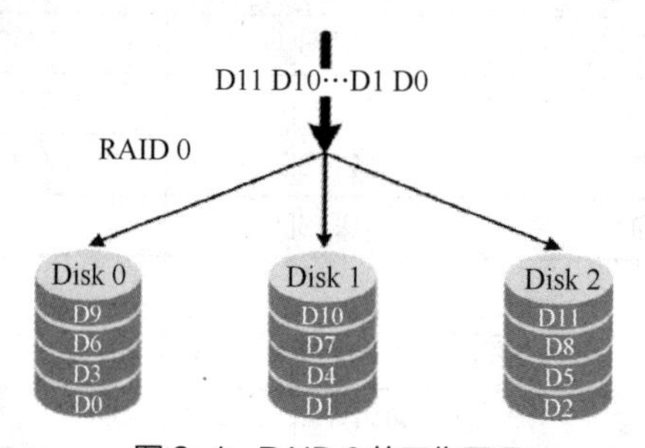

图 2-1　RAID 0 的工作原理

2.3 RAID 1

RAID 1 是指将相同数据同时复制到两组物理磁盘中。如果其中的 1 组磁盘出现故障，系统能够继续使用尚未损坏的磁盘，可靠性最高，但是其磁盘的利用率却只有 50%，是所有 RAID 级别中磁盘利用率最低的一个级别，图 2-2 所示是 RAID 1 的工作原理。

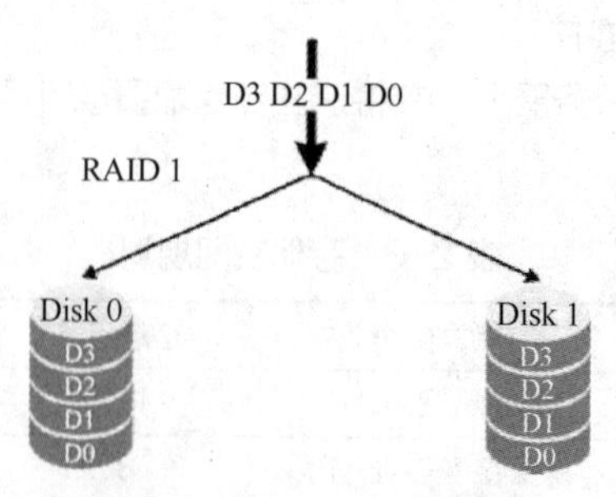

图 2-2　RAID 1 的工作原理

2.4 RAID 5

RAID 5 是指向阵列中的磁盘写数据，将数据段的奇偶校验数据交互存放于各个磁盘上。任何一个磁盘损坏，都可以根据其他磁盘上的校验位来重建损坏的数据。RAID 5 的一个阵列中至少需要 3 个物理驱动器，磁盘的利用率为$(n-1)/n$，性价比最高，图 2-3 所示是 RAID 5 的工作原理。

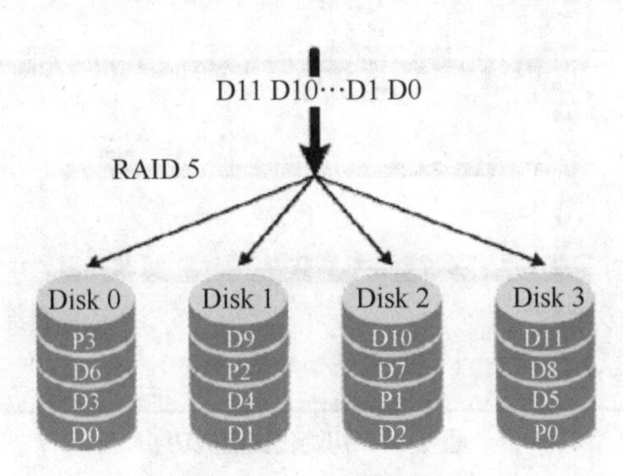

图 2-3 RAID 5 的工作原理

2.5 RAID 比较

表 2-4 展示了 RAID 0、RAID 1、RAID 5 特点比较。

表 2-4 RAID 0、RAID 1、RAID 5 特点比较

卷集类型	磁盘数	可用来存储数据的容量	性能（与单一磁盘比较）	排错
带区卷（RAID 0）	2~32	全部	读、写性能都提升许多	无
镜像卷（RAID 1）	2	一半	不变	有
RAID 5 卷	3~32	磁盘数-1 的容量	读性能提升多、写性能有所下降	有

项目实施

任务 2-1 磁盘的联机与初始化

1. 任务描述

对新安装的磁盘进行初始化配置。

微课视频

任务 2-1 磁盘的联机与初始化

2. 任务操作

（1）打开【磁盘管理】窗口，在【磁盘 3】上右击，选择【联机】，将 1TB 的新磁盘联机。

（2）在【磁盘 3】上右击，选择【初始化磁盘】，在弹出的【初始化磁盘】对话框中保持默认设置，选中【GPT(GUID 分区表)】，单击【确定】按钮。

（3）使用同样的方式将所有磁盘初始化。

3. 任务验证

打开【磁盘管理】窗口，如图 2-4 所示，可以看到磁盘初始化成功。

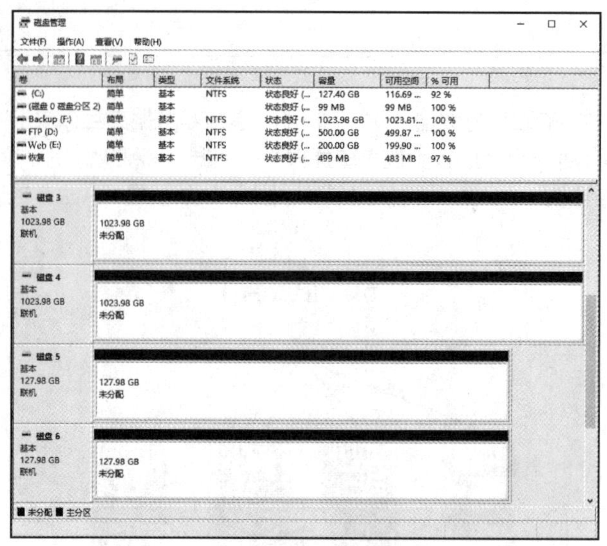

图2-4 初始化磁盘成功

任务2-2 带区卷（RAID 0）的创建

1. 任务描述

分别取两个硬盘驱动器（Hard Disk Drive，HDD）磁盘的500GB空间创建一个1TB的带区卷，供流媒体服务使用。

微课视频

任务2-2 带区卷（RAID 0）的创建

2. 任务操作

（1）打开【磁盘管理】窗口，在其中一个HDD磁盘（磁盘3）上右击，选择【新建带区卷】，如图2-5所示。

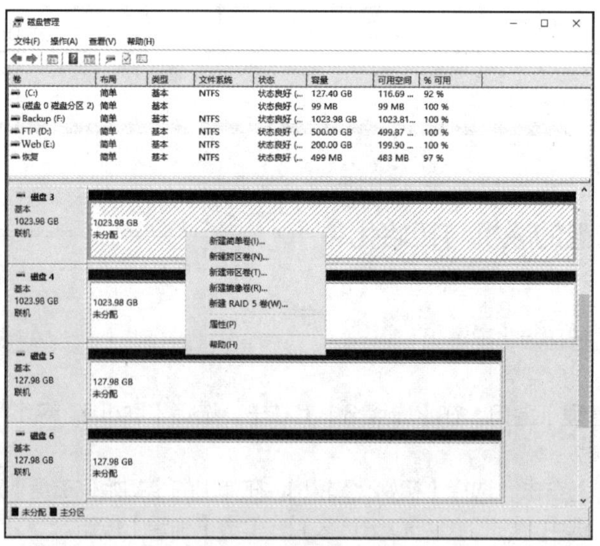

图2-5 新建带区卷

（2）在弹出的【新建带区卷】对话框的【选择磁盘】界面左侧选中另一个HDD磁盘（磁盘4），单击【添加】按钮，将磁盘加入带区卷，如图2-6所示。

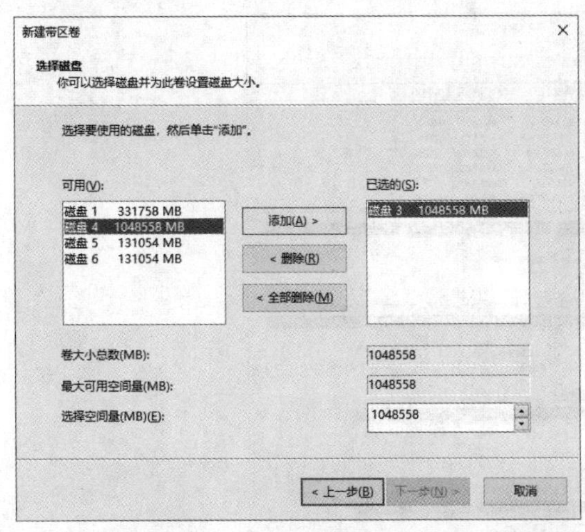

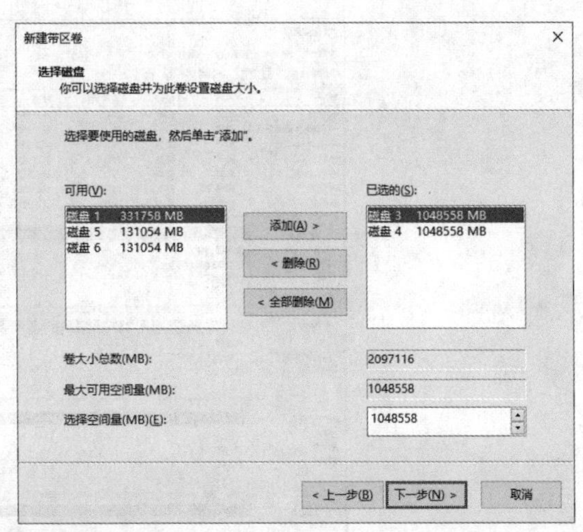

图 2-6　选择磁盘

（3）在【选择空间量】文本框中输入【512000】，单击【下一步】按钮，如图 2-7 所示。

（4）分配驱动器号为【G】，在下一步【卷区格式化】中修改卷标为【流媒体】，勾选【执行快速格式化】，单击【下一步】按钮后的对话框如图 2-8 所示，然后单击【完成】按钮。

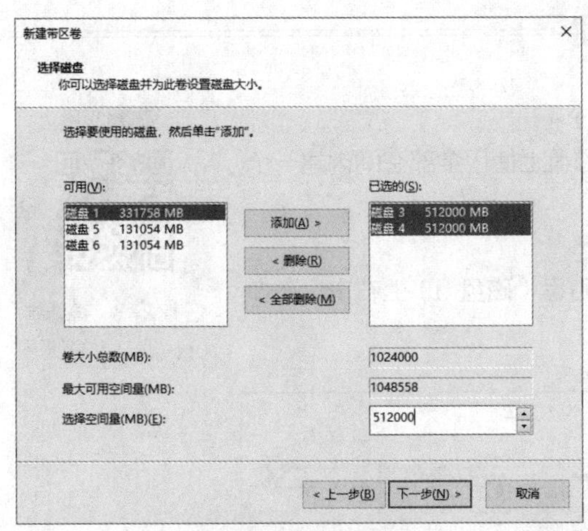

图 2-7　选择空间量

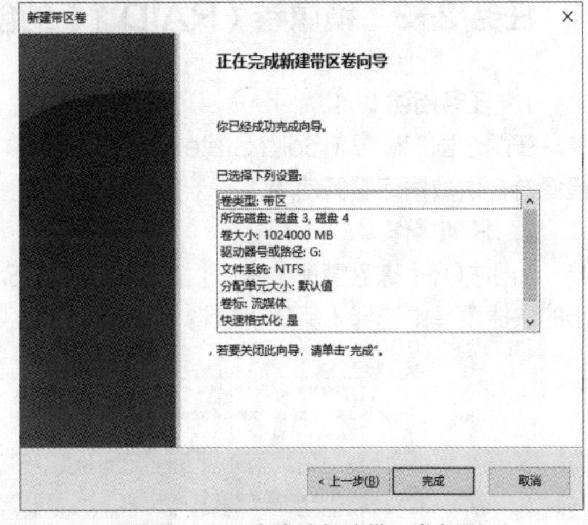

图 2-8　正在完成新建带区卷向导

（5）此时会弹出磁盘管理提示信息，单击【是】按钮，如图 2-9 所示。

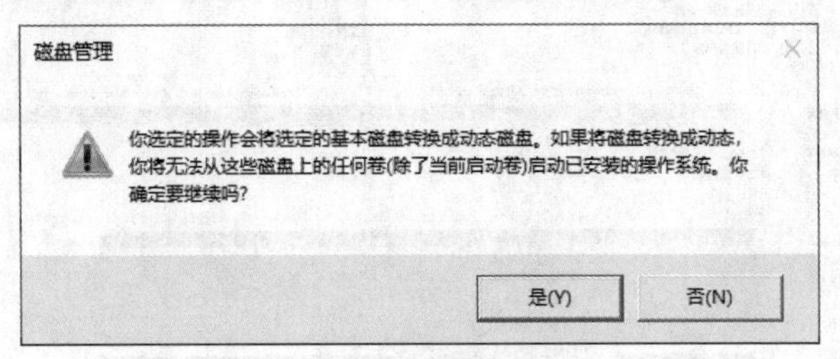

图 2-9　磁盘管理提示信息

3. 任务验证

打开【磁盘管理】窗口，可以看到两个 HDD 磁盘均已划分 500GB 空间用于创建带区卷，如图 2-10 所示。

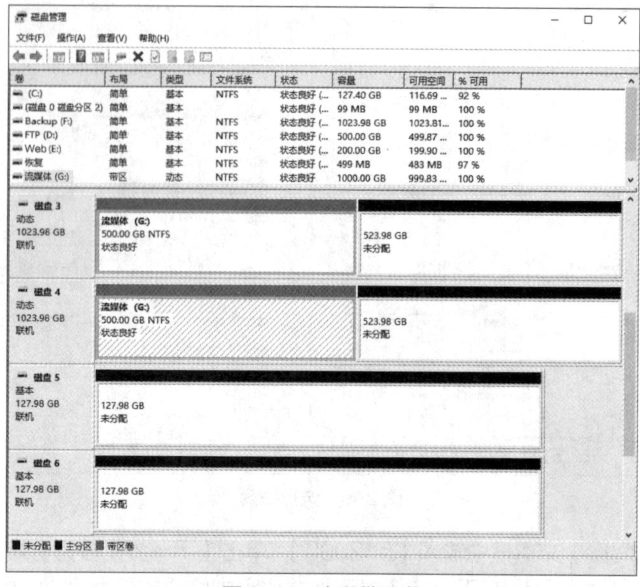

图2-10 查看带区卷

任务2-3 镜像卷（RAID 1）的创建

1. 任务描述

在两个固态硬盘（Solid State Drives，SSD）磁盘上使用全部空间创建一个镜像卷，供数据库服务使用。

2. 任务操作

（1）打开【磁盘管理】窗口，在其中一个SSD磁盘（磁盘5）上右击，在弹出的快捷菜单中选择【新建镜像卷】，如图2-11所示。

图2-11 新建镜像卷

（2）将另一个 SSD 磁盘（磁盘 6）也加入镜像卷，在弹出的【新建镜像卷】对话框的【选择磁盘】界面中将【选择空间量】文本框保持默认设置（即使用全部空间），单击【下一步】按钮，如图 2-12 所示。

（3）分配驱动器号为【H】，在下一步【卷区格式化】中修改卷标为【数据库】，勾选【执行快速格式化】，单击【下一步】按钮后的对话框如图 2-13 所示，然后单击【完成】按钮。

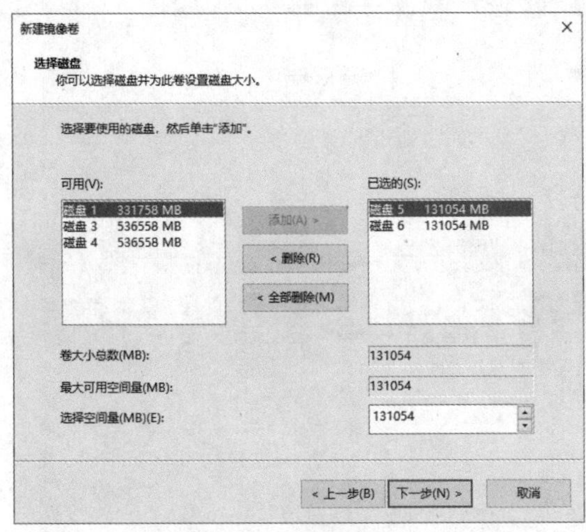

图 2-12　选择空间量

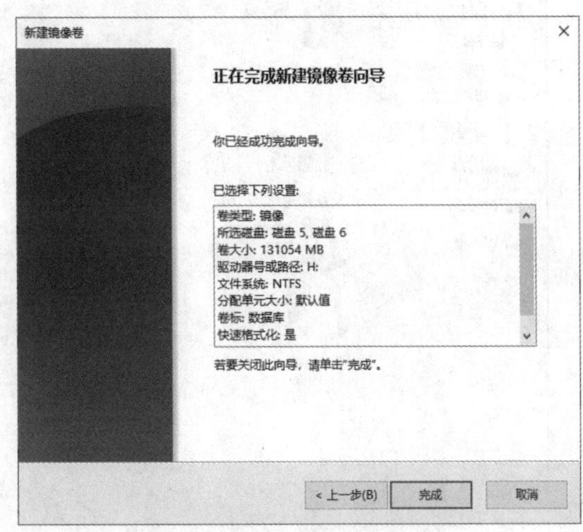

图 2-13　正在完成新建镜像卷向导

3. 任务验证

（1）打开【磁盘管理】窗口，如图 2-14 所示，可以看到已按表 2-3 创建磁盘卷区。

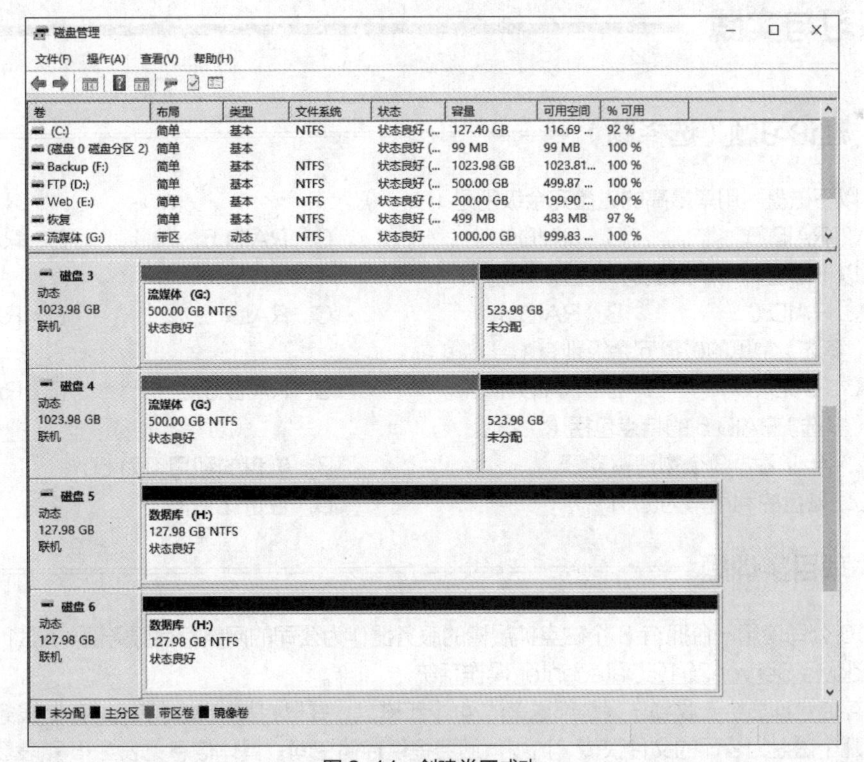

图 2-14　创建卷区成功

（2）打开文件资源管理器，如图2-15所示，可以看到创建的磁盘分区均已正常识别。

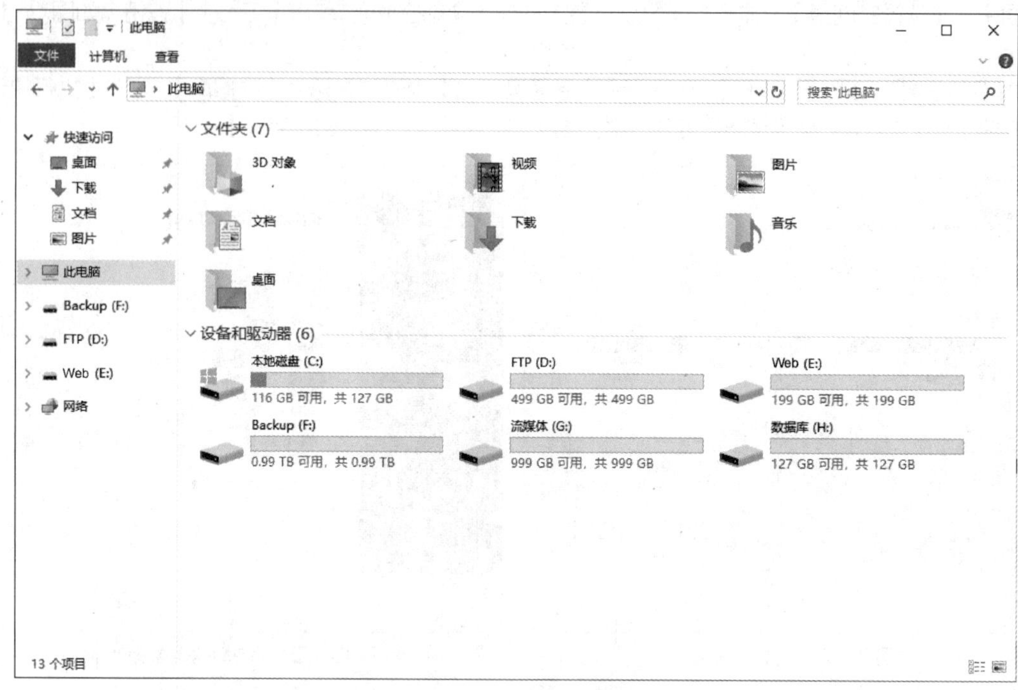

图2-15　文件资源管理器

练习与实践

一、理论习题（选择题）

（1）以下磁盘利用率最高的磁盘冗余级别是（　　）。

A．RAID 0　　B．RAID 1　　C．RAID 5　　D．RAID 6

（2）以下磁盘利用率最低的磁盘冗余级别是（　　）。

A．RAID 0　　B．RAID 1　　C．RAID 5　　D．RAID 6

（3）（多选）常见的磁盘冗余级别有（　　）。

A．RAID 0　　B．RAID 1　　C．RAID 5　　D．RAID 6

（4）（多选）RAID 5的特点包括（　　）。

A．至少需要3个物理驱动器　　B．磁盘的利用率为50%

C．磁盘的利用率为$(n-1)/n$　　D．性价比最高

二、项目实训题

Jan16公司使用一台拥有8个磁盘扩展槽的服务器作为公司的网络存储服务器（NS1），并且安装了Windows Server 2019 Datacenter操作系统。

网络存储管理员今天收到了采购部送来的4个新磁盘，并已将其安装到了网络存储服务器上。计划使用这几个磁盘为公司的文件快传、流媒体服务提供存储空间。具体信息见表2-5和表2-6。

表 2-5　物理磁盘信息

编号	磁盘类型	磁盘容量	服务器	盘位
HDD03	HDD	1TB	NS1	03
HDD04	HDD	1TB	NS1	04
SSD01	SSD	128GB	NS1	05
SSD02	SSD	128GB	NS1	06

表 2-6　存储空间需求

序号	服务器	容量要求	速率要求	可靠性要求	连接协议	备注
01	NS1	1TB	高	无	iSCSI	文件快传
02	NS1	128GB	高	高	iSCSI	流媒体服务

1. 任务设计

网络存储管理员的工作任务如下。

将新购置的磁盘安装到存储服务器上，并将这些磁盘配置成可用于存储的分区或卷，存储空间规划见表 2-7。

表 2-7　存储空间规划

服务器	宿主磁盘编号	卷集类型	卷集容量	文件系统	盘符	卷标

2. 项目实践

（1）提供存储服务器 NS1 的本地磁盘管理界面，确认 4 个新磁盘均正确安装。

（2）提供存储服务器 NS1 的文件资源管理器界面，确认文件快传服务、流媒体服务已创建了符合要求的磁盘分区。

项目3 存储池的配置与管理

项目描述

Jan16 公司新购置了一台拥有 24 个磁盘扩展槽的高性能服务器作为公司的网络存储服务器（NS2），并且安装了 Windows Server 2019 Datacenter 操作系统。

网络存储管理员今天收到采购部送来的 8 个新磁盘，并已将其安装到网络存储服务器上，计划使用这几个磁盘为公司各部门日常工作提供存储空间。考虑到公司规模不断壮大，本次创建的存储空间需要具备一定的可扩展性。物理磁盘信息和存储空间需求见表 3-1 和表 3-2。

表 3-1 物理磁盘信息

编号	磁盘类型	磁盘容量	服务器	盘位
HDD05	HDD	1TB	NS2	01
HDD06	HDD	1TB	NS2	02
HDD07	HDD	1TB	NS2	03
HDD08	HDD	1TB	NS2	04
HDD09	HDD	1TB	NS2	05
HDD10	HDD	1TB	NS2	21
HDD11	HDD	1TB	NS2	22
HDD12	HDD	1TB	NS2	23

表 3-2 存储空间需求

序号	服务器	容量要求	速率要求	可靠性要求	连接协议	备注
01	NS2	200GB	高	无	CIFS	企宣部
02	NS2	200GB	一般	高	CIFS	商务部
03	NS2	3TB	高	无	iSCSI	研发部
……	……	……	……	……	……	……

项目规划设计

网络存储管理员的工作任务如下。

将新购置的磁盘安装到存储服务器上，基于新购置的磁盘创建存储池。在存储池中创建虚拟磁盘给各部门使用，存储池物理磁盘规划和存储空间规划见表 3-3 和表 3-4。

表 3-3 存储池物理磁盘规划

服务器	存储池	盘位	磁盘容量	分配模式
NS2	SP1	01	1TB	自动
NS2	SP1	02	1TB	自动
NS2	SP1	03	1TB	自动
NS2	SP1	04	1TB	自动
NS2	SP1	05	1TB	自动
NS2	BP1	21	1TB	自动
NS2	BP1	22	1TB	自动
NS2	BP1	23	1TB	自动

表 3-4 存储空间规划

服务器	存储池	虚拟磁盘类型	虚拟磁盘空间	文件系统	盘符	卷标
NS2	SP1	Simple	200GB	NTFS	E	企宣部
NS2	SP1	Mirror	200GB	NTFS	F	商务部
NS2	BP1	Simple	3TB	NTFS	D	研发部
……	……	……	……	……	……	……

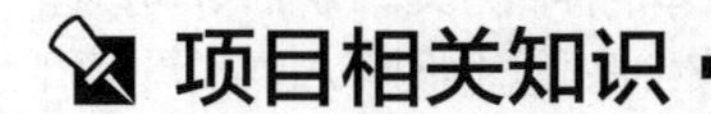

项目相关知识

3.1 存储池

存储池是由多个物理磁盘组成的一个逻辑上连续编址的大存储空间。物理磁盘添加到存储池后，操作系统（Operating System，OS）不能自动识别该物理磁盘，而是由存储池对其进行统一管理。存储池通过创建逻辑磁盘为操作系统提供磁盘服务。

将物理磁盘添加到存储池通常称为物理磁盘的池化，添加到存储池的磁盘必须是空的。如果要将已使用过的磁盘添加到存储池，则必须重新初始化磁盘。图 3-1 所示为存储的逻辑结构。

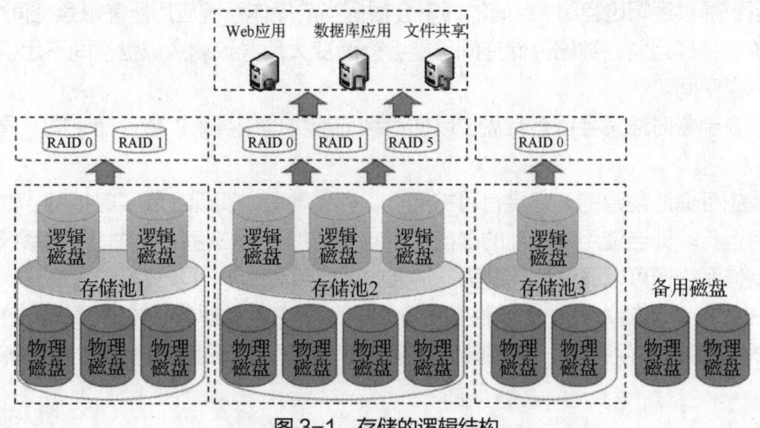

图 3-1 存储的逻辑结构

3.2 逻辑磁盘

操作系统使用磁盘空间时，需要在存储池中创建逻辑磁盘。该逻辑磁盘会被操作系统识别为一个单独的物理磁盘，操作系统在这个磁盘上，可以进行分区、格式化等操作；格式化后的磁盘大小就是操作系统可使用的空间大小。

从操作系统角度来看，逻辑磁盘和物理磁盘并没有区别，都是具有一定容量的磁盘；但从应用角度来看，备份服务器需要高容量存储空间，流媒体服务器需要高 I/O（Input/Output，输入/输出）存储空间。为满足不同业务对大容量、高可用、高 I/O 等不同数据存储的要求，存储池提供 3 种不同的逻辑磁盘：普通逻辑磁盘、镜像逻辑磁盘、RAID 5 逻辑磁盘。

（1）普通逻辑磁盘，磁盘可满足备份服务器、文件服务器等对大容量数据存储的需求。普通逻辑磁盘可以为操作系统提供不超过存储池空间（存储池所包含物理磁盘空间的总和）大小的逻辑磁盘空间服务。

由于普通逻辑磁盘空间是由多个物理磁盘组成的、在逻辑上连续编址的大存储空间，它仅为操作系统提供大容量磁盘空间服务，因此如果一个物理磁盘损坏将导致操作系统所存储的数据丢失。

（2）镜像逻辑磁盘，要求存储池至少拥有 2 个物理磁盘，它与镜像卷类似，其提供的逻辑磁盘主要确保数据高可用，即镜像逻辑磁盘的数据会实时地复制到物理磁盘上。同时，当任意一个物理磁盘损坏时，能够确保数据不丢失。当存储池有 7 个以上磁盘时，允许 2 个磁盘损坏而不影响数据存储，也不会造成数据丢失。

由此可见，镜像逻辑磁盘可满足重要数据库服务等对数据高可用的需求，但其可提供的存储空间最大为存储池空间的一半，即空间有效性为 50%。

（3）RAID 5 逻辑磁盘，是一种兼顾存储性能、数据安全和存储成本的存储方案。RAID 5 可以理解为 RAID 0 和 RAID 1 的折中，即 RAID 5 可以为系统提供数据安全保证，同时 RAID 5 具有和 RAID 0 相近的数据读取速度，只是多了奇偶校验信息，写入数据的速度比对单个磁盘执行写入操作的速度稍慢。另外，由于多个数据对应一条奇偶校验信息，RAID 5 的磁盘空间利用率要高于 RAID 1，存储成本相对较低，因此它是目前运用较多的一种解决方案。

由上述内容可知，RAID 5 逻辑磁盘可满足读取速度快、容灾备份能力强和存储空间大的业务需求，它要求存储池至少拥有 3 个以上的物理磁盘，并允许 1 个物理磁盘损坏，其空间有效性为$(n-1)/n$。同样，当存储池有 7 个以上的磁盘时，允许 2 个磁盘损坏。

3.3 逻辑磁盘的扩容

在为操作系统提供逻辑磁盘时，存储池通常会根据当前操作系统应用所需磁盘空间大小进行分配，但随着业务系统的持续运营，数据存储空间可能会逐渐变大而导致剩余磁盘空间不足。要解决这一问题，只能增加磁盘空间。

存储服务器在部署时通常会留有空盘位以便后续增加物理磁盘来扩展存储空间，同时也会保留部分空间以备用。

逻辑磁盘是由存储池创建的，它具有可扩展性。存储池可以实现在线实时扩容，并且在扩容过程中不会影响业务运行。即当使用存储池的磁盘扩容功能增加逻辑磁盘容量时，操作系统会立即更新磁盘信息，随后操作系统便可以通过扩展卷功能扩展分区容量。

存储池的在线扩容功能为一些关键性业务（如不允许中断类业务）提供了在线增加磁盘空间的服务，而如果采用物理磁盘存储，则需关闭服务器来增加物理磁盘，再通过扩展卷功能扩展分区容量。

3.4　存储池逻辑磁盘的故障检测与排除

存储池提供的镜像逻辑磁盘和 RAID 5 逻辑磁盘都具有容错性。当物理磁盘出现故障时，存储服务会告警并通知网络存储管理员，管理员通过告警信息查看并定位故障磁盘。如果磁盘损坏，则需将一个新磁盘添加到存储池中，并进行修复（数据重建），同时需要对拆下的磁盘进行处理，防止数据泄露。

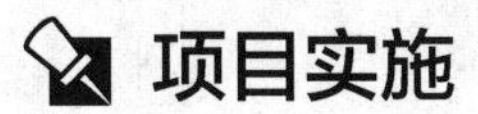

项目实施

微课视频

任务 3-1　创建存储池

任务 3-1　创建存储池

1. 任务描述

使用 5 个磁盘组建存储池。

2. 任务操作

（1）打开【服务器管理器】窗口，依次打开【文件和存储服务】→【卷】→【存储池】，进入【存储池】管理界面，在【Primordial】选项上右击，在弹出的快捷菜单中选择【新建存储池】，如图 3-2 所示。

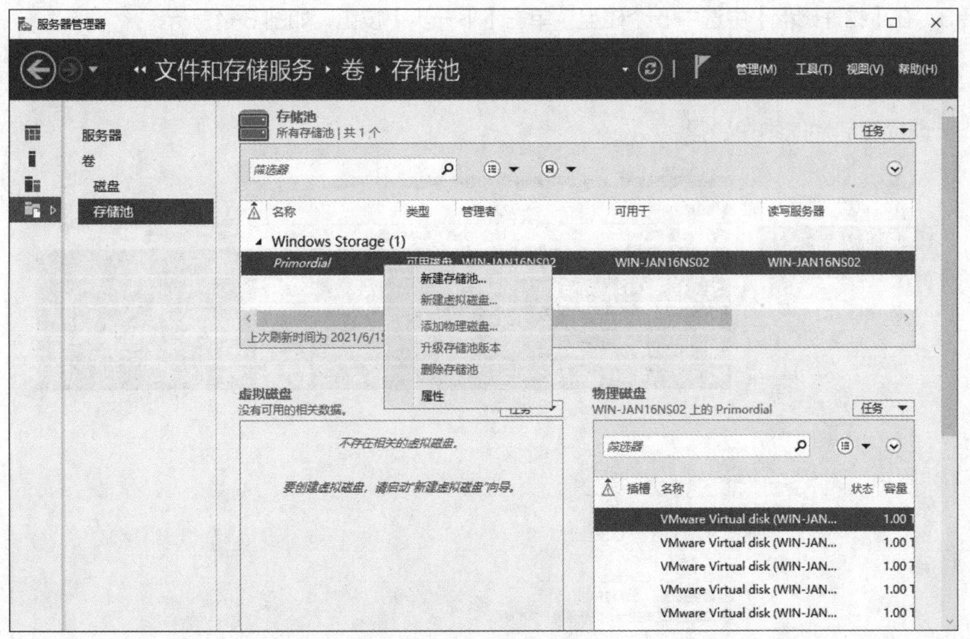

图 3-2　选择【新建存储池】

> 打开【服务器管理器】窗口的方式：
> - 单击开始按钮，在开始菜单中单击【服务器管理器】；
> - 服务器操作系统登录时，会自动弹出【服务器管理器】窗口。

（2）在弹出的【新建存储池向导】对话框中，在【存储池名称】中输入名称【SP1】，单击【下一步】按钮，如图 3-3 所示。

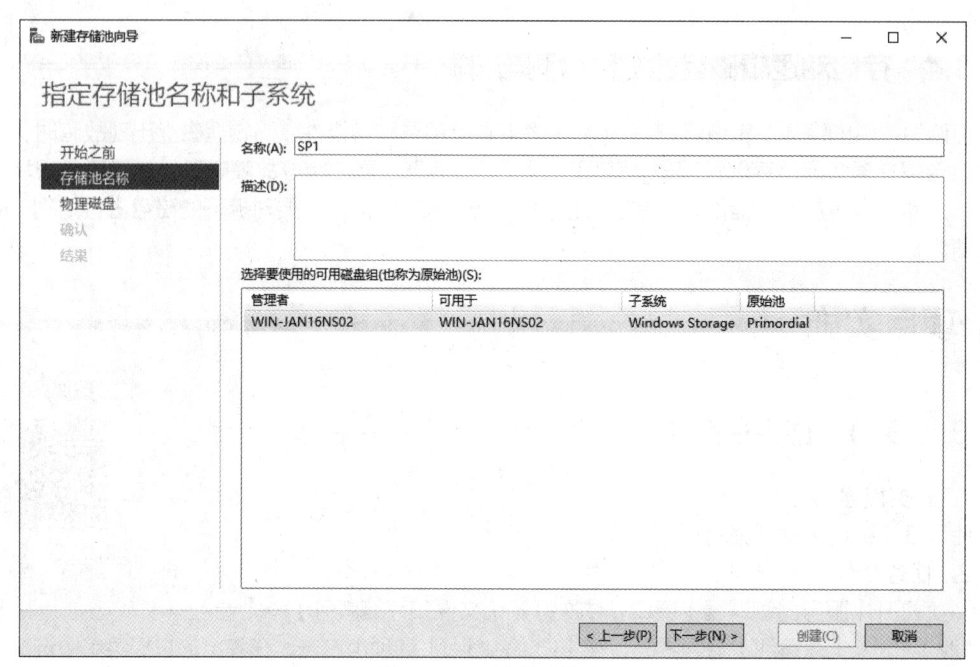

图 3-3　设置存储池名称

（3）在【物理磁盘】中选中 5 个磁盘，单击【下一步】按钮，如图 3-4 所示。

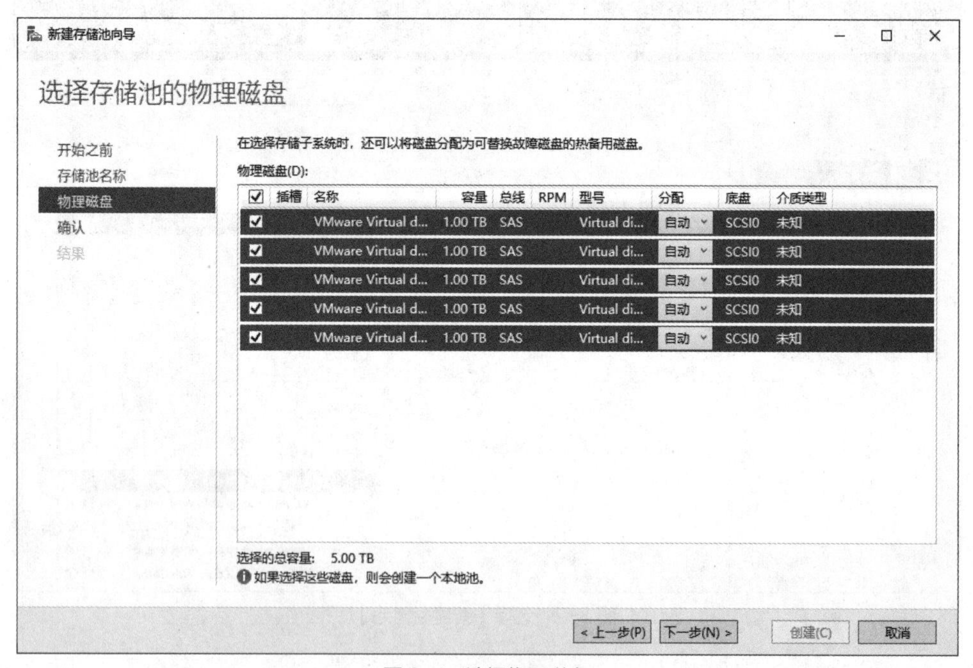

图 3-4　选择物理磁盘

（4）在确认对话框中单击【完成】按钮，完成存储池的创建。使用同样的方式，完成另一个存储池 BP1 的创建。

3. 任务验证

打开【服务器管理器】窗口，如图 3-5 所示，可以看到存储池 SP1 和 BP1 创建成功。

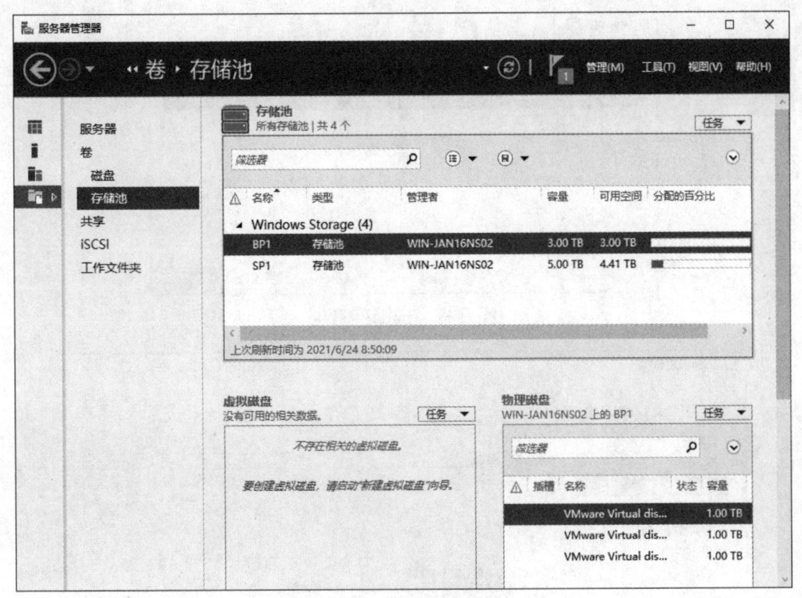

图 3-5　存储池创建成功

任务 3-2　创建虚拟磁盘

1. 任务描述

根据表 3-4 在存储池 SP1 上创建虚拟磁盘。

2. 任务操作

（1）打开【服务器管理器】窗口，在【存储池】管理界面的【虚拟磁盘】选项组右上角单击【任务】下拉按钮，选择【新建虚拟磁盘】，如图 3-6 所示。

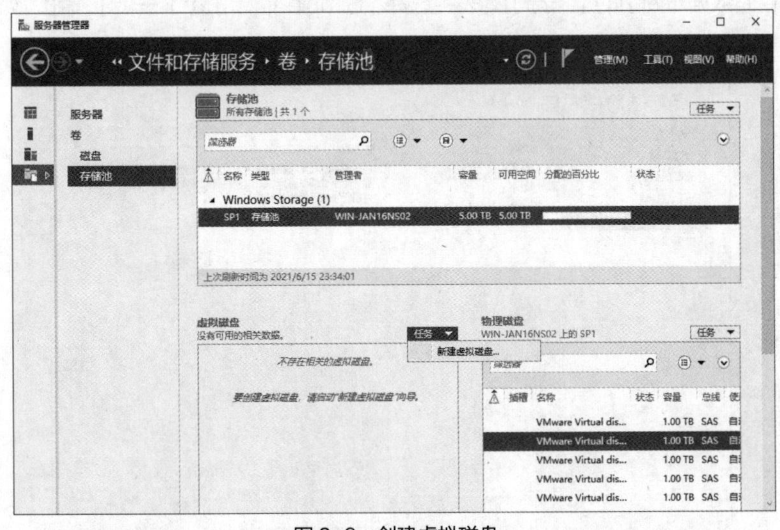

图 3-6　创建虚拟磁盘

（2）在【选择存储池】对话框中选择【SP1】，单击【确定】按钮，如图 3-7 所示。

（3）在弹出的【新建虚拟磁盘向导】对话框中单击【下一步】按钮，在【虚拟磁盘名称】中输入名称【企宣部】，单击【下一步】按钮，如图 3-8 所示。

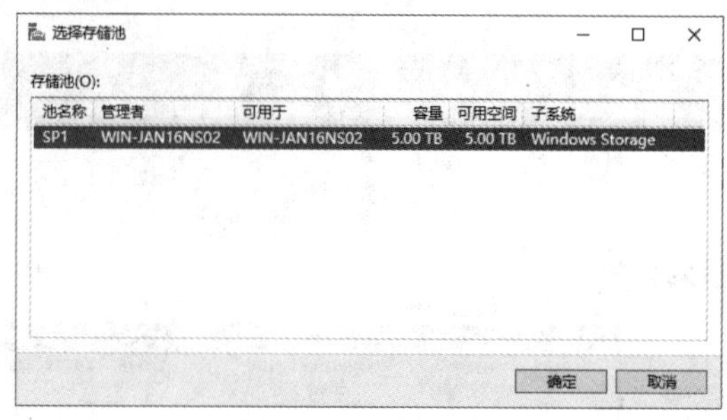

图 3-7　选择存储池

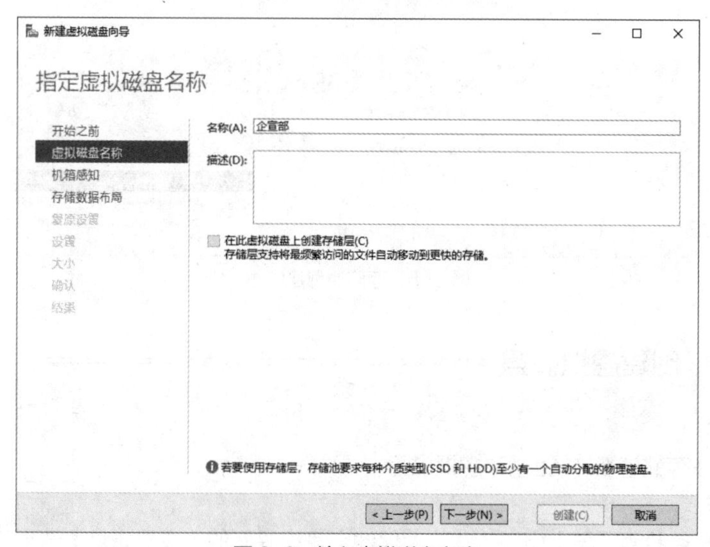

图 3-8　输入虚拟磁盘名称

（4）在【存储数据布局】的【布局】列表中选择【Simple】，单击【下一步】按钮，如图3-9所示。

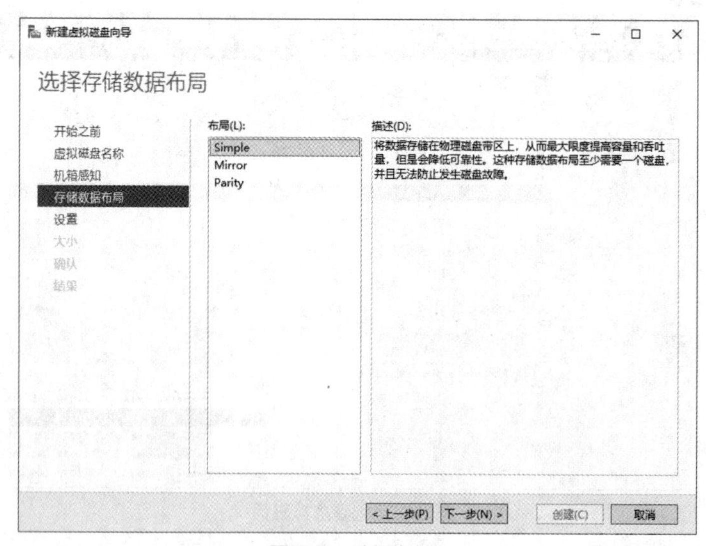

图 3-9　选择布局

（5）在【设置】中设置【设置类型】为【固定】（默认设置），单击【下一步】按钮，如图 3-10 所示。

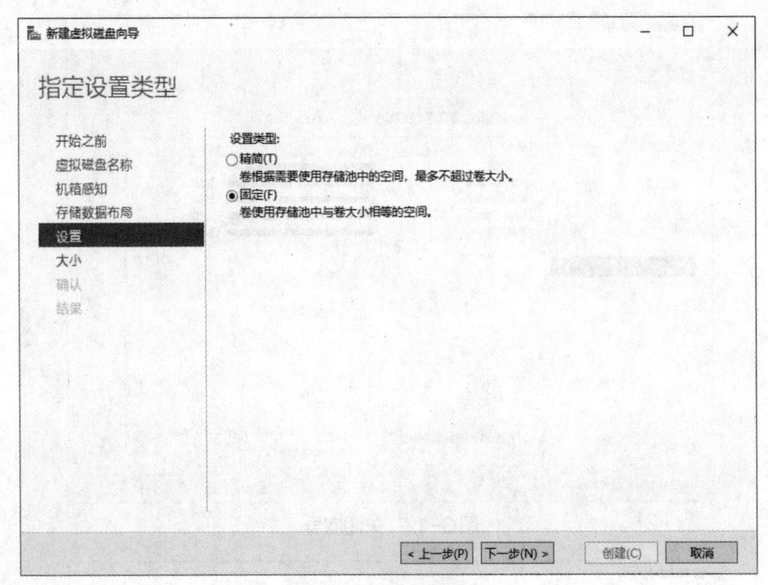

图 3-10　设置类型

（6）在【大小】中设置【指定大小】为【200GB】，单击【下一步】按钮，如图 3-11 所示。确认无误后单击【创建】按钮。

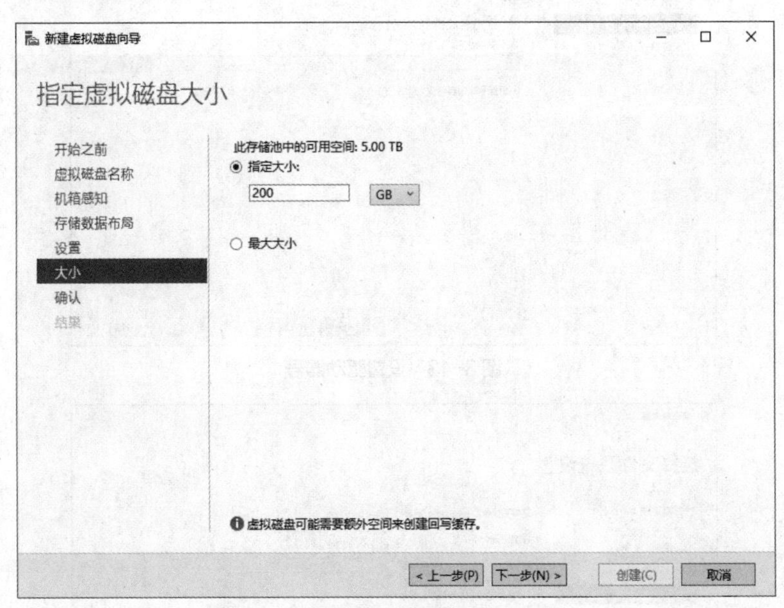

图 3-11　指定大小

（7）在【查看结果】界面查看最终结果，所有任务的状态都为已完成，默认勾选【在此向导关闭时创建卷】复选框，单击【关闭】按钮，如图 3-12 所示。

（8）弹出【新建卷向导】对话框，在【服务器和磁盘】和【大小】中保持默认设置，单击【下一步】按钮，在【驱动器号或文件夹】中设置【驱动器号】为【E】，单击【下一步】按钮，如图 3-13 所示。

（9）在【文件系统设置】中设置【卷标】为【企宣部】，单击【下一步】按钮，完成卷的创建，如图 3-14 所示。

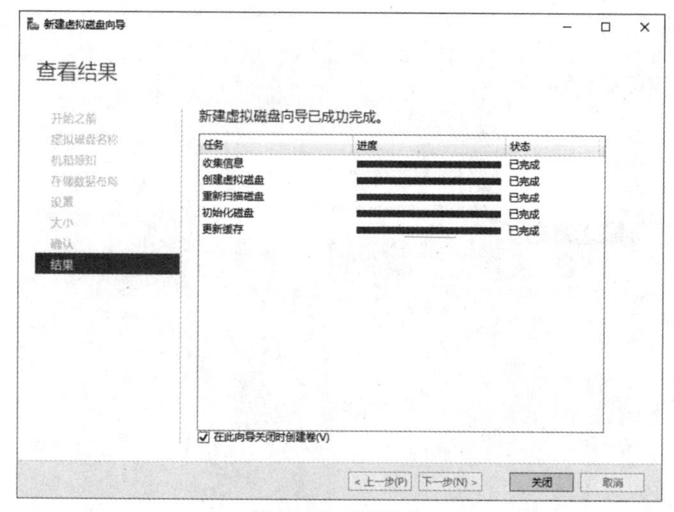

图 3-12　关闭向导

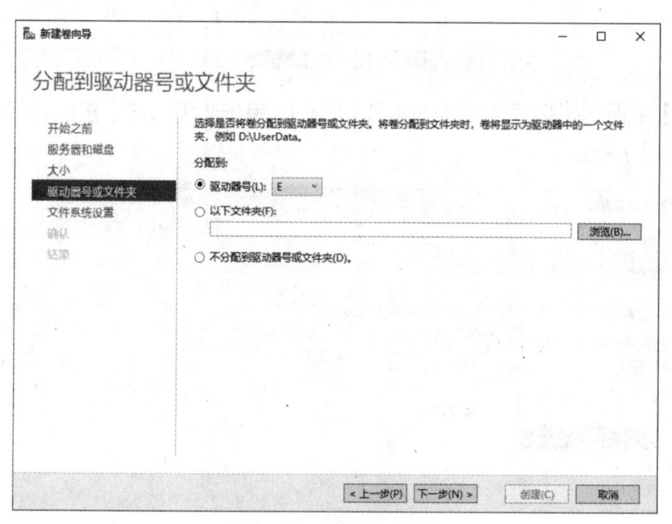

图 3-13　设置驱动器号

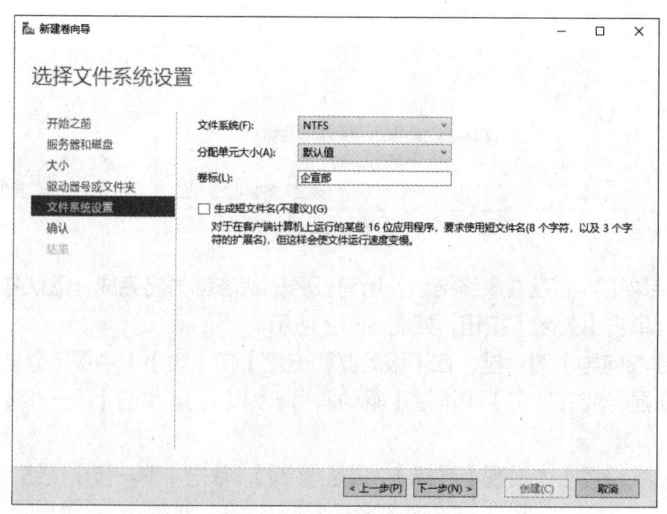

图 3-14　文件系统设置

（10）参考以上步骤，完成另外两个虚拟磁盘的创建。因为后面的项目中研发部磁盘需要进行在线扩容，所以在创建研发部虚拟磁盘时需要将【设置类型】设置为【精简】。

3. 任务验证

（1）打开【服务器管理器】窗口，如图 3-15 和图 3-16 所示，可以看到已按表 3-4 创建虚拟磁盘。

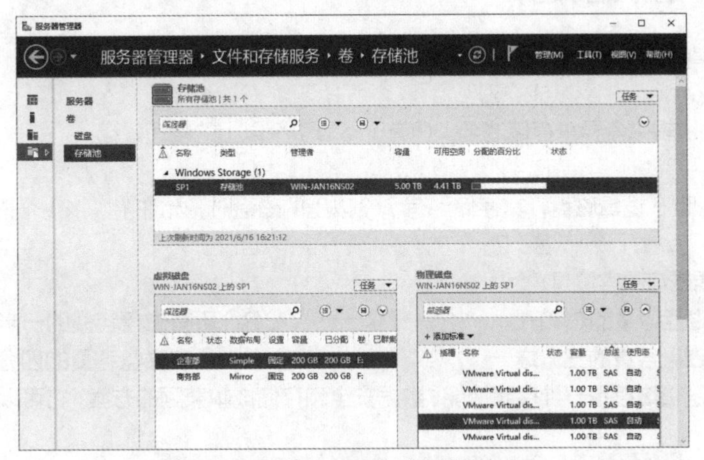

图 3-15　存储池 SP1 创建虚拟磁盘成功

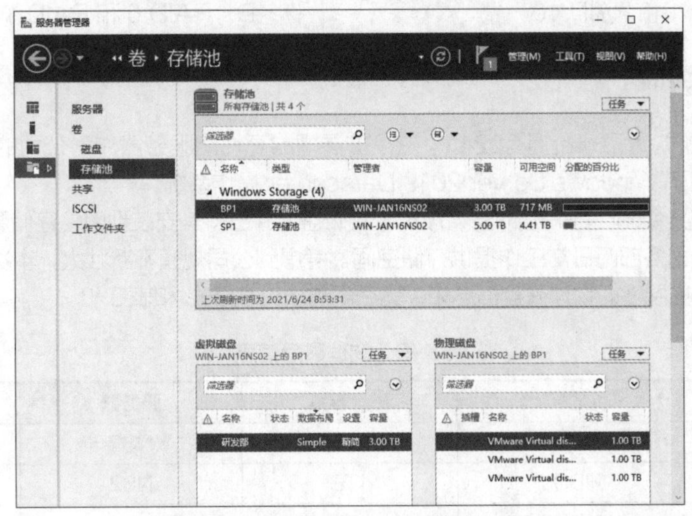

图 3-16　存储池 BP1 创建虚拟磁盘成功

（2）打开文件资源管理器，如图 3-17 所示，可以看到创建的磁盘分区已正常识别。

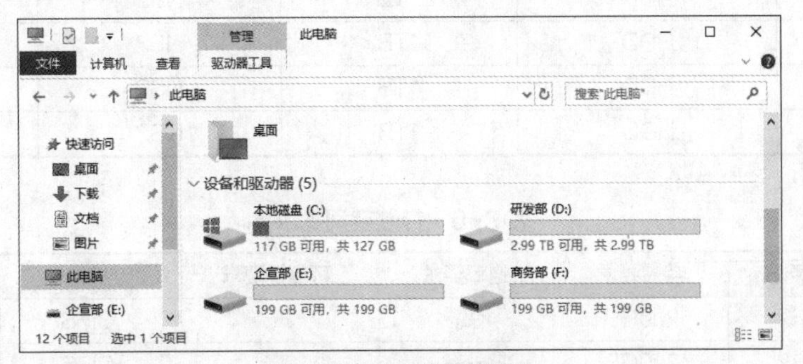

图 3-17　文件资源管理器

练习与实践

一、理论习题（选择题）

（1）镜像逻辑磁盘的冗余备份可达（　　）。

A. 100%　　B. 50%　　C. 40%　　D. 30%

（2）RAID 5逻辑磁盘要求存储池至少拥有（　　）个以上的物理磁盘。

A. 1　　B. 2　　C. 3　　D. 4

（3）对于RAID 5逻辑磁盘，其存储池有7个以上的磁盘时，允许（　　）个磁盘损坏。

A. 1　　B. 2　　C. 3　　D. 4

（4）普通逻辑磁盘的容量是（　　）。

A. 所有磁盘容量的总和　　B. 所有磁盘容量的一半

C. 所有磁盘容量的三分之一　　D. 所有磁盘容量的四分之一

（5）RAID 5逻辑磁盘是一种存储性能、数据安全和存储成本兼顾的方案，它可以被理解为（　　）的折中。

A. RAID 1和RAID 5　　B. RAID 0和RAID 5

C. RAID 1和RAID 10　　D. RAID 0和RAID 1

二、项目实训题

Jan16公司新购置了一台拥有24个磁盘扩展槽的高性能服务器作为公司的网络存储服务器（NS2），并且安装了Windows Server 2019 Datacenter操作系统。

网络存储管理员今天收到采购部送来的8个新磁盘，并已将其安装到网络存储服务器上，计划使用这几个磁盘为公司各部门日常工作提供存储空间。考虑到公司规模不断壮大，本次创建的存储空间需要具备一定的可扩展性。物理磁盘信息和存储空间需求见表3-5和表3-6。

表3-5　物理磁盘信息

编号	磁盘类型	磁盘容量	服务器	盘位
HDD05	HDD	1TB	NS2	01
HDD06	HDD	1TB	NS2	02
HDD07	HDD	1TB	NS2	03
HDD08	HDD	1TB	NS2	04
HDD09	HDD	1TB	NS2	05
HDD10	HDD	1TB	NS2	21
HDD11	HDD	1TB	NS2	22
HDD12	HDD	1TB	NS2	23

表3-6　存储空间需求

序号	服务器	容量要求	速率要求	可靠性要求	连接协议	备注
01	NS2	200GB	高	无	CIFS	财务部
02	NS2	200GB	一般	高	CIFS	销售部

续表

序号	服务器	容量要求	速率要求	可靠性要求	连接协议	备注
03	NS2	3TB	高	无	iSCSI	生产部
……	……	……	……	……	……	……

1. 任务设计

网络存储管理员的工作任务如下。

将新购置的磁盘安装到存储服务器上，基于新购置的磁盘创建存储池。在存储池中创建虚拟磁盘给各部门使用，存储池物理磁盘规划和存储空间规划见表 3-7 和表 3-8。

表 3-7 存储池物理磁盘规划

服务器	存储池	盘位	磁盘容量	分配模式

表 3-8 存储空间规划

服务器	存储池	虚拟磁盘类型	虚拟磁盘空间	文件系统	盘符	卷标

2. 项目实践

（1）提供存储服务器 NS2 的存储池配置界面，确认物理磁盘和虚拟磁盘配置正确。

（2）提供存储服务器 NS2 的文件资源管理器界面，确认财务部、销售部和生产部已创建了符合要求的存储空间。

项目4
存储池的高级配置与管理

项目描述

Jan16 公司使用一台拥有 24 个磁盘扩展槽的高性能服务器作为公司的网络存储服务器（NS2），并且安装了 Windows Server 2019 Datacenter 操作系统。

网络存储管理员今天收到采购部送来的 4 个新磁盘，并已将其安装到网络存储服务器上。计划使用这几个磁盘为公司研发部的虚拟化操作提供存储空间，该应用对磁盘容量、速率和可靠性均有较高要求。物理磁盘信息和存储空间需求见表 4-1 和表 4-2。

表 4-1　物理磁盘信息

编号	磁盘类型	磁盘容量	服务器	盘位
HDD10	HDD	1TB	NS2	06
HDD11	HDD	1TB	NS2	07
HDD12	HDD	1TB	NS2	08
HDD13	HDD	1TB	NS2	09

表 4-2　存储空间需求

序号	服务器	容量要求	速率要求	可靠性要求	连接协议	用途
01	NS2	2TB	高	高	NFS	虚拟化

项目规划设计

网络存储管理员的工作任务如下。

将新购置的磁盘安装到存储服务器上，基于新购置的磁盘创建存储池。在存储池中创建虚拟磁盘后，通过磁盘管理将虚拟磁盘合并为一个带区卷给研发部使用，存储池物理磁盘规划和存储空间规划见表 4-3 和表 4-4。

表 4-3　存储池物理磁盘规划

服务器	存储池	盘位	磁盘容量	分配模式
NS2	SP2	06	1TB	自动
NS2	SP2	07	1TB	自动

续表

服务器	存储池	盘位	磁盘容量	分配模式
NS2	SP3	08	1TB	自动
NS2	SP3	09	1TB	自动

表 4-4　存储空间规划

服务器	存储池	虚拟磁盘类型	虚拟磁盘空间	卷集类型	卷集容量	文件系统	盘符	卷标
NS2	SP2	Mirror	1TB	带区卷	2TB	NTFS	G	虚拟化
NS2	SP3	Mirror	1TB					

项目相关知识

4.1　RAID 10

RAID 10 是 RAID 1 和 RAID 0 的结合。在所有 RAID 等级中，RAID 10 的性能及容量都是最佳的。多数情况下，由于 RAID 10 能够承受多个磁盘出现故障，因此系统可用性更高。但在结合 RAID 1 和 RAID 0 优势的同时，RAID 10 也存在和与 RAID 1 相同的冗余特性，磁盘利用率过低。

RAID 10 适用于高负载、高安全性要求的应用场景，存储系统高端应用的默认配置一般都采用 RAID 10 模式。RAID 10 结构如图 4-1 所示。

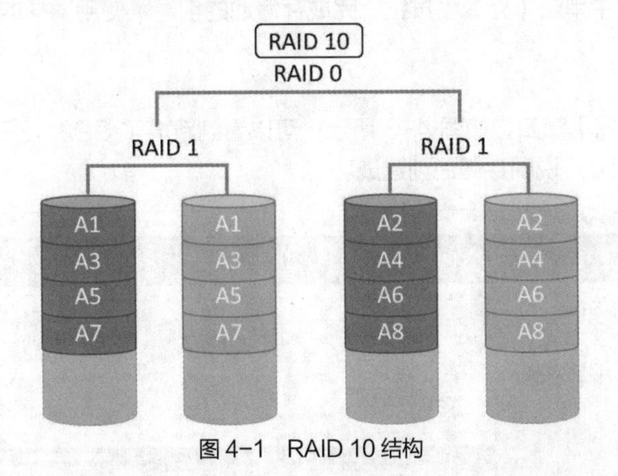

图 4-1　RAID 10 结构

4.2　RAID 50

RAID 50 是 RAID 5 和 RAID 0 的结合，其继承了 RAID 5 的高磁盘利用率和 RAID 0 高速的优点，此外，因为它允许某个组内有一个磁盘出现故障，而不会造成数据丢失，所以还具备更强的容错能力。而且由于奇偶位分布于 RAID 5 子磁盘组上，故重建速度有很大提高。由此可见，RAID 50 具有的优势是更强的容错能力和更快的数据读取与写入速度。RAID 50 结构如图 4-2 所示。

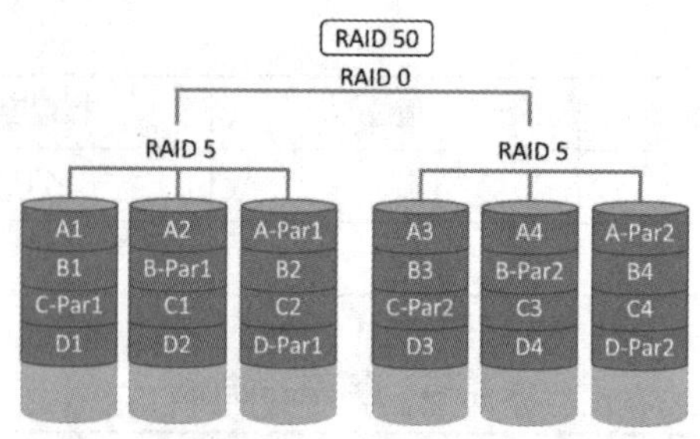

图4-2 RAID 50结构

项目实施

任务4-1 创建存储池

1. 任务描述

使用两个磁盘创建存储池SP2，使用另外两个磁盘创建存储池SP3。

微课视频

任务4-1 创建存储池

2. 任务操作

（1）单击开始按钮，在开始菜单中单击【服务器管理器】，打开【服务器管理器】窗口，依次单击【文件和存储服务】→【卷】→【存储池】，进入【存储池】管理窗口，在【Primordial】选项上右击，选择【新建存储池】。

（2）在弹出的【新建存储池向导】对话框中，在【存储池名称】中输入名称【SP2】，单击【下一步】按钮。

（3）在【物理磁盘】中，选中两个磁盘，单击【下一步】按钮。

（4）在确认对话框中单击【完成】按钮，完成存储池的创建。使用同样的方式，完成另一个存储池SP3的创建。

3. 任务验证

打开【服务器管理器】窗口，如图4-3所示，可以看到新增了SP2、SP3两个存储池，两个存储池的可用空间均为2TB，说明存储池创建成功。

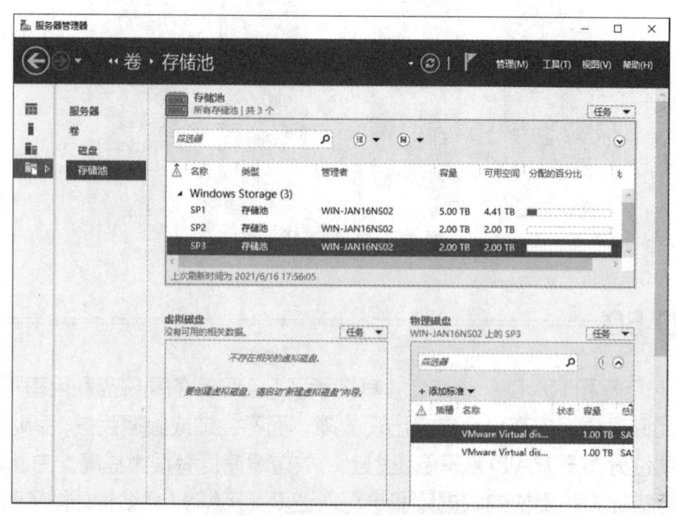

图4-3 存储池创建成功

任务 4-2　创建两个 Mirror 虚拟磁盘

任务 4-2　创建两个 Mirror 虚拟磁盘

1. 任务描述

在两个存储池中分别创建一个 Mirror 虚拟磁盘。

2. 任务操作

（1）打开【服务器管理器】窗口，在【存储池】管理窗口的【虚拟磁盘】选项组右上角单击【任务】下拉按钮，选择【新建虚拟磁盘】，如图 4-4 所示。

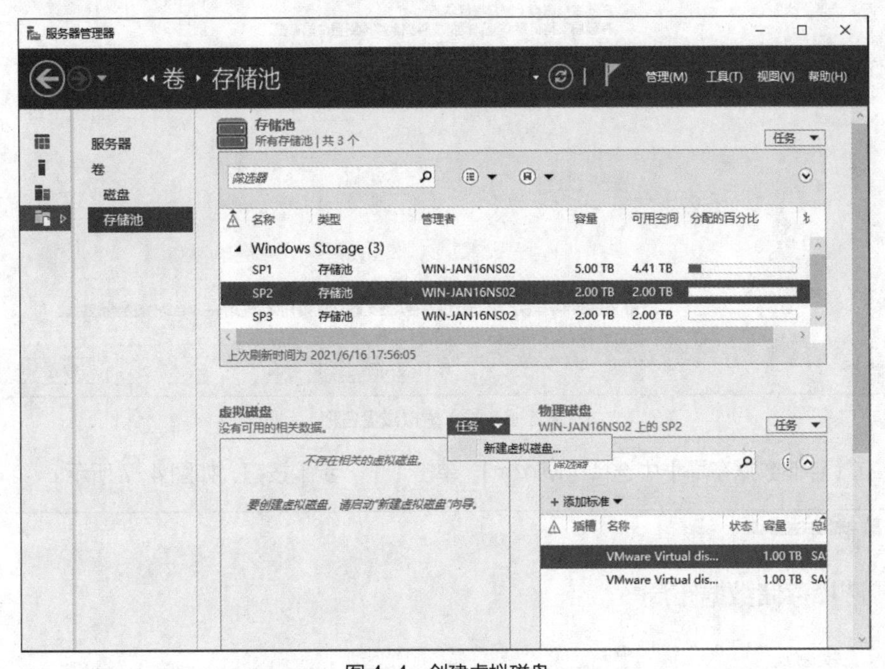

图 4-4　创建虚拟磁盘

（2）在【选择存储池】对话框中选择【SP2】，单击【确定】按钮，如图 4-5 所示。

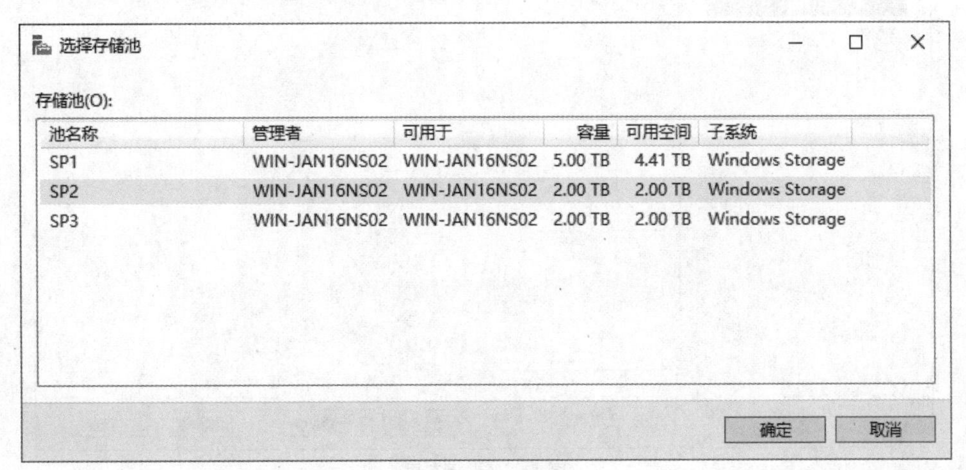

图 4-5　选择存储池

（3）在弹出的【新建虚拟磁盘向导】对话框中单击【下一步】按钮，在【虚拟磁盘名称】的【名称】文本框中输入名称【虚拟化 M1】，单击【下一步】按钮，如图 4-6 所示。

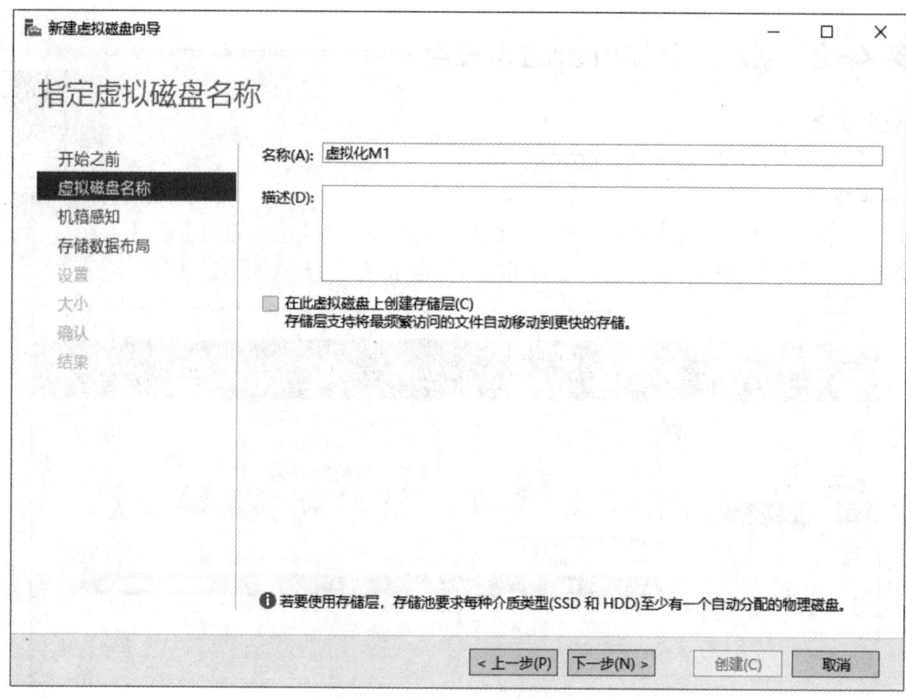

图 4-6　输入虚拟磁盘名称

（4）在【存储数据布局】中选择【Mirror】，单击【下一步】按钮，如图 4-7 所示。

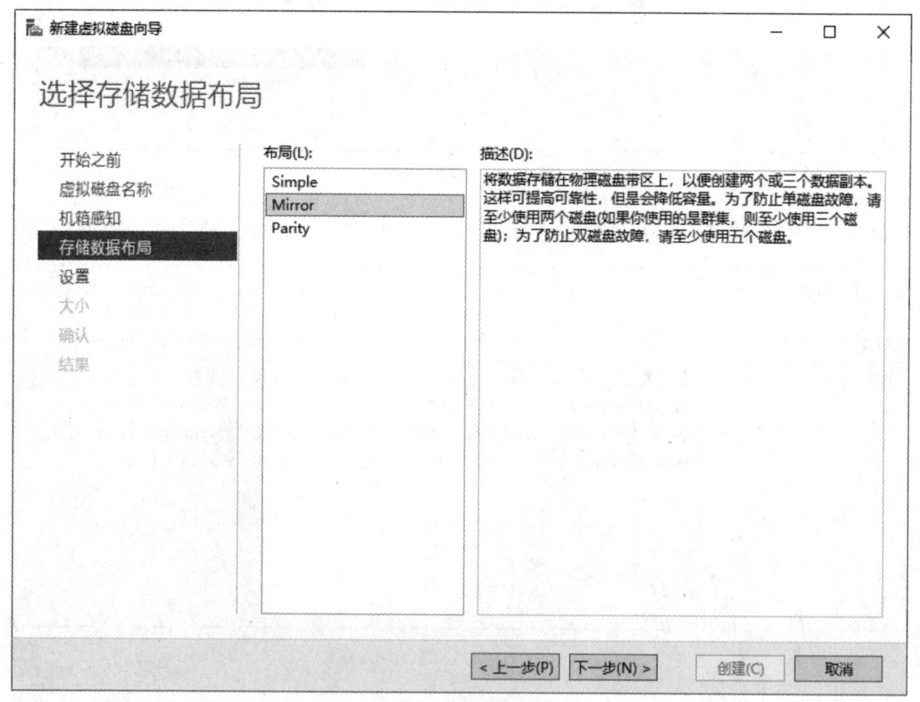

图 4-7　选择布局

（5）在【设置】中设置【设置类型】为【固定】（默认设置），单击【下一步】按钮，如图 4-8 所示。

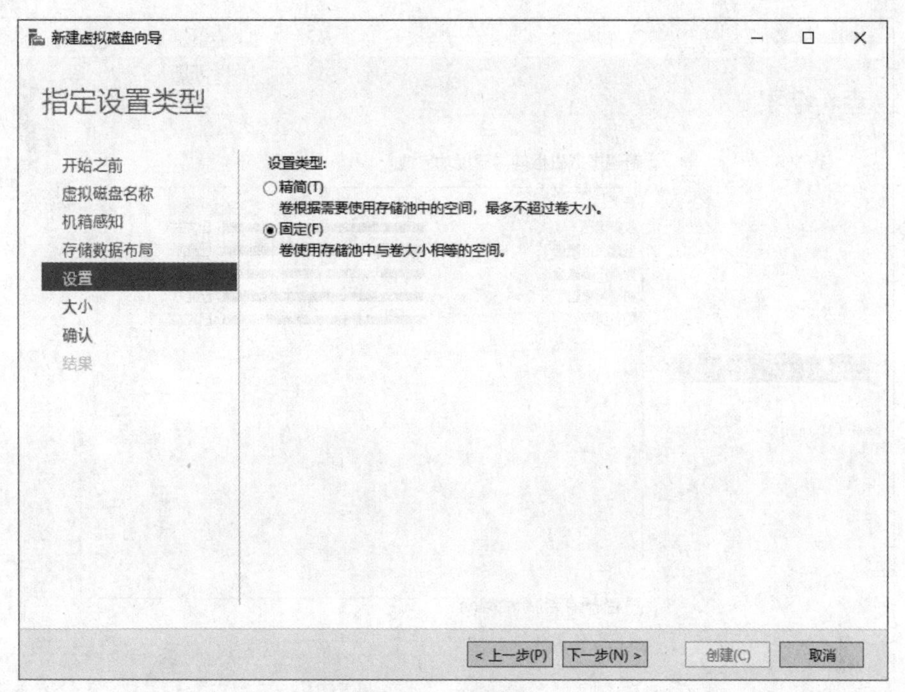

图 4-8　设置类型

（6）在【大小】中选中【最大大小】，单击【下一步】按钮，如图 4-9 所示。确认无误后单击【创建】按钮。

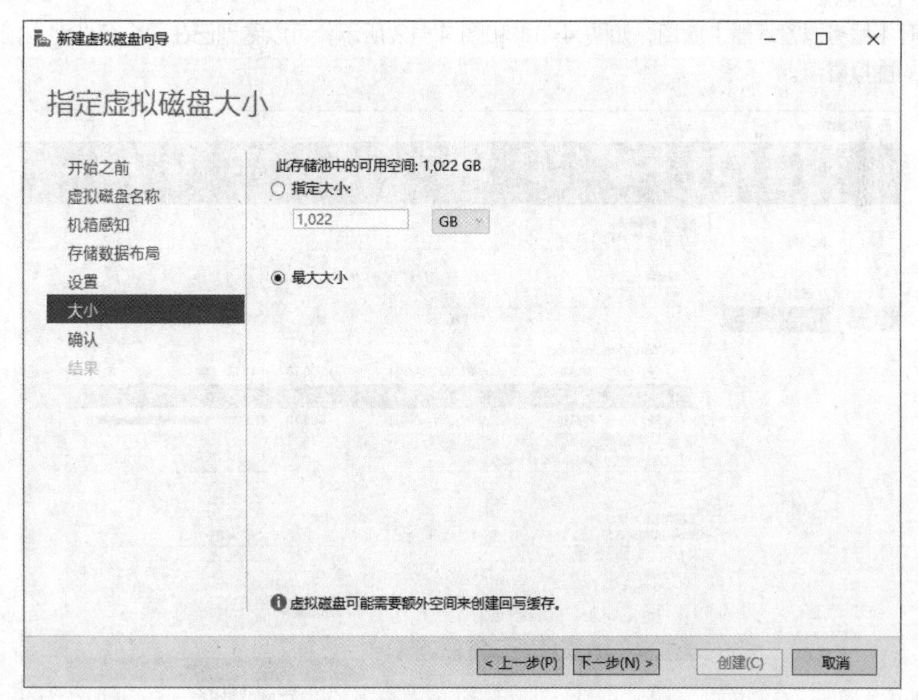

图 4-9　指定大小

（7）在【查看结果】界面查看最终结果，所有任务的状态都为已完成，取消勾选【在此向导关闭时创建卷】复选框，单击【关闭】按钮，如图 4-10 所示。

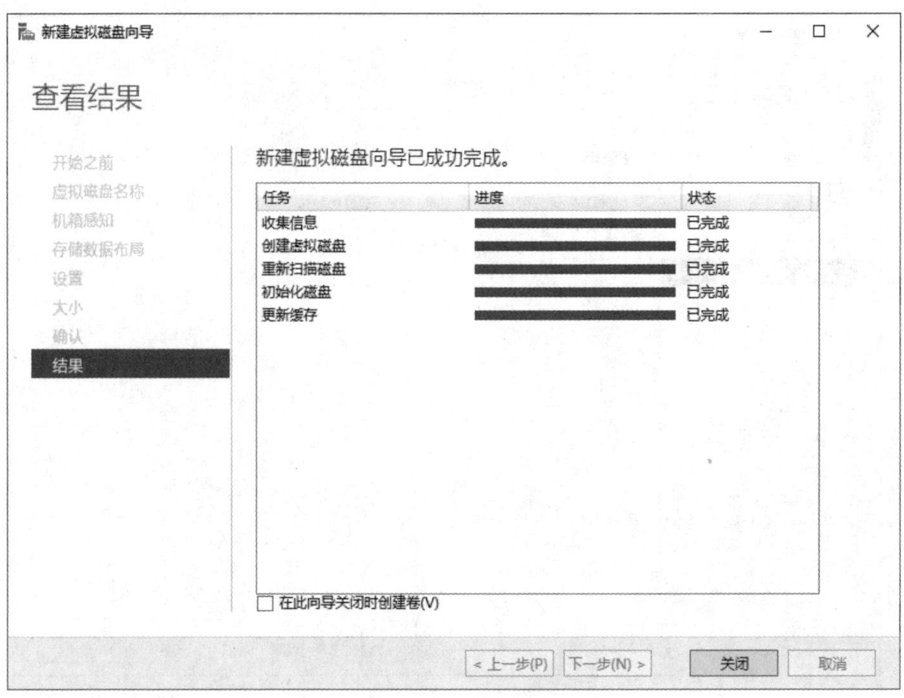

图 4-10　关闭向导

（8）参考以上步骤，在存储池 SP3 中创建另一个虚拟磁盘。

3. 任务验证

打开【服务器管理器】窗口，如图 4-11 和图 4-12 所示，可以看到已在两个存储池上创建了符合要求的虚拟磁盘。

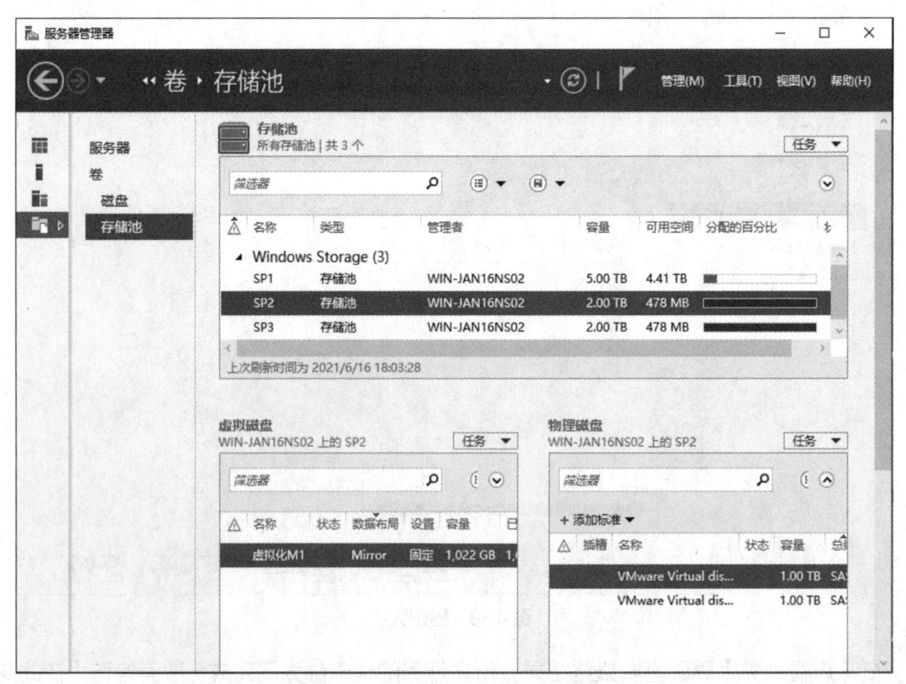

图 4-11　存储池 SP2 对应界面

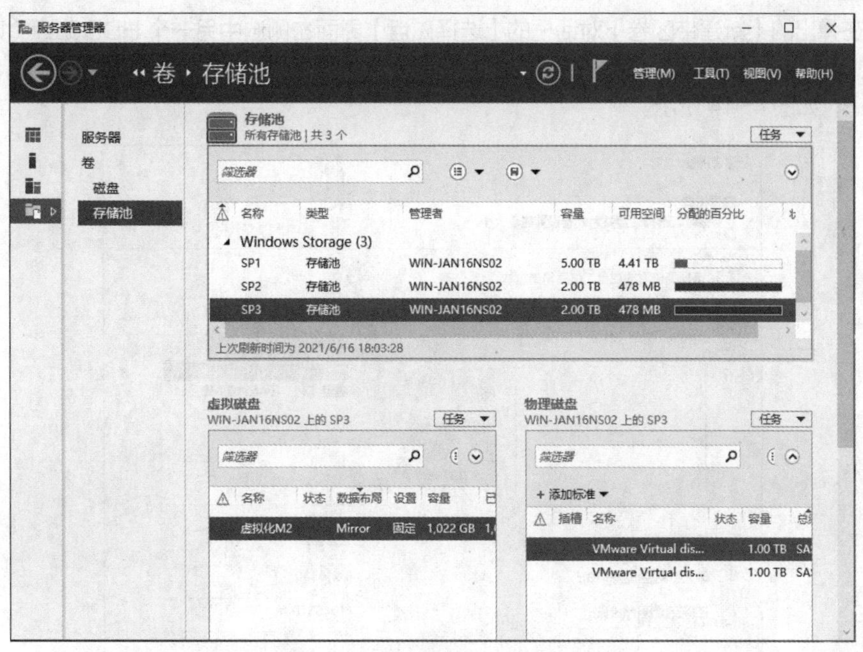

图 4-12　存储池 SP3 对应界面

任务 4-3　创建 RAID 10 卷区

1. 任务描述

通过磁盘管理将两个虚拟磁盘创建为一个带区卷。

2. 任务操作

（1）打开【磁盘管理】窗口，在其中一个虚拟磁盘【磁盘 12】上右击，选择【新建带区卷】，如图 4-13 所示。

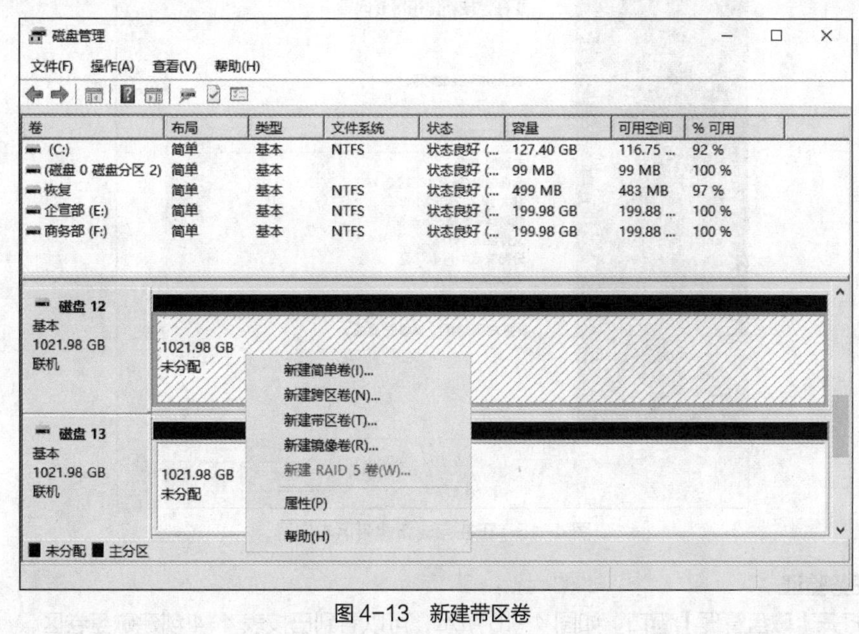

图 4-13　新建带区卷

（2）在弹出的【新建带区卷】对话框的【选择磁盘】界面左侧选中另一个HDD磁盘（磁盘13），单击【添加】按钮，将磁盘加入带区卷。【选择空间量】文本框保持默认设置（即全部空间），单击【下一步】按钮，如图4-14所示。

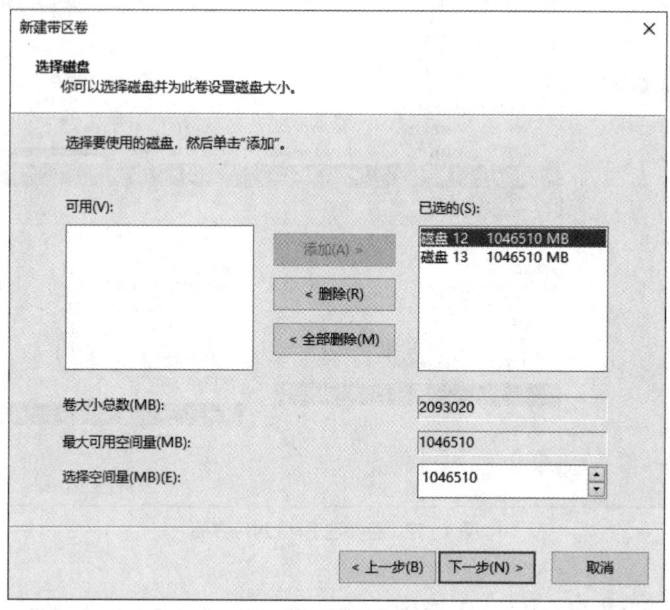

图4-14　选择空间量

（3）在【分配驱动器号和路径】界面中设置【分配以下驱动器号】为【G】，在下一步【卷区格式化】中修改卷标为【虚拟化 RAID 10】，勾选【执行快速格式化】复选框，单击【下一步】按钮后的对话框如图4-15所示，然后单击【完成】按钮。

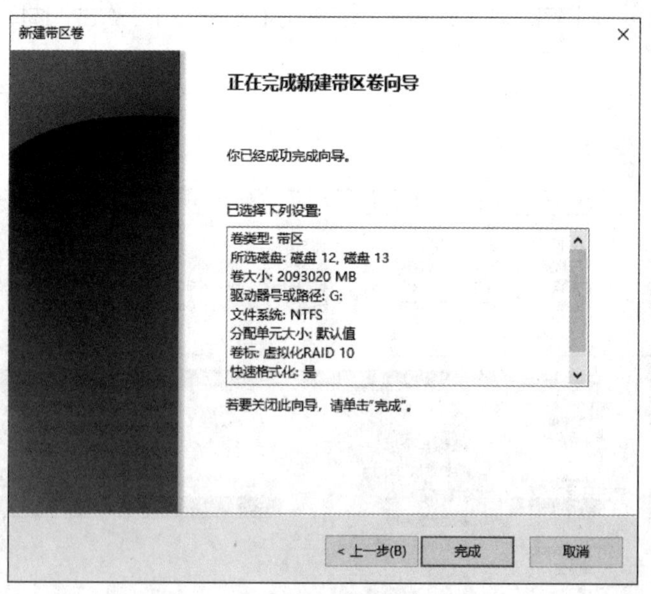

图4-15　正在完成新建带区卷向导

3. 任务验证

（1）打开【磁盘管理】窗口，如图4-16所示，可以看到已按表4-4创建磁盘卷区。

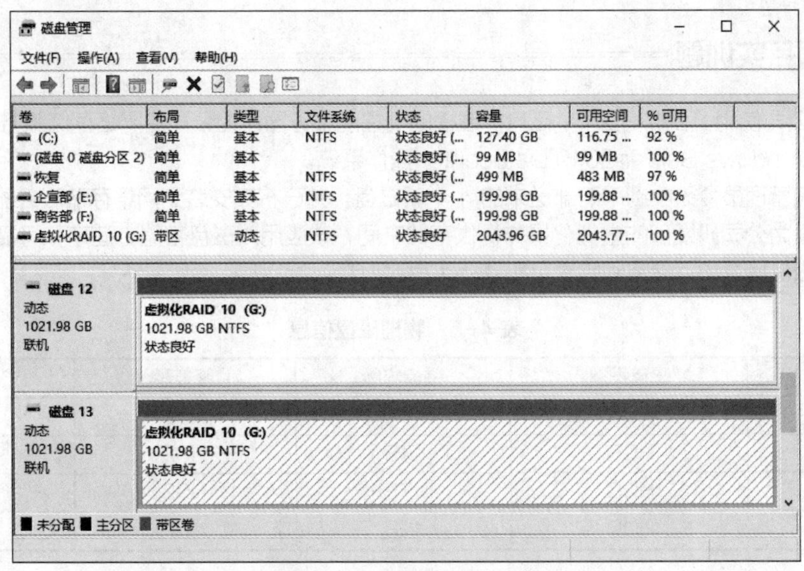

图 4-16 创建磁盘卷区成功

（2）打开文件资源管理器，可以看到创建的磁盘分区已正常识别，如图 4-17 所示。

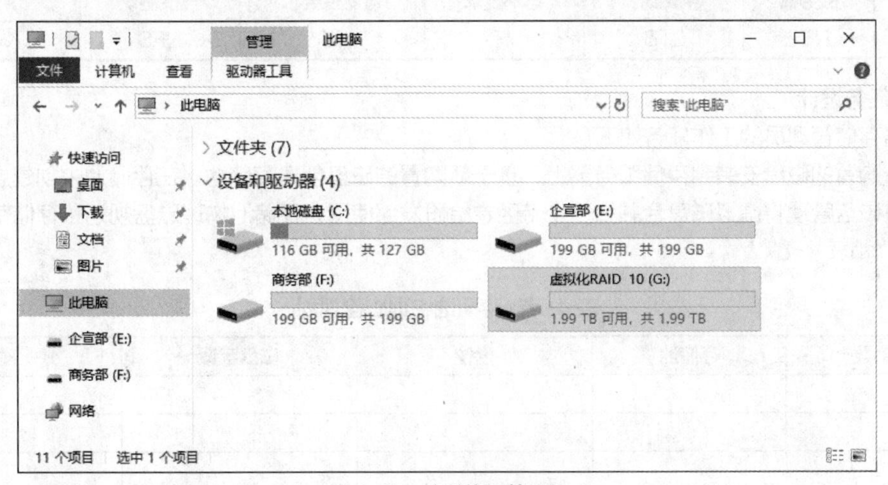

图 4-17 文件资源管理器

练习与实践

一、理论习题（选择题）

（1）实现跨磁盘抽取数据，RAID 50 最少需要（　　）个磁盘。

A. 1　　B. 3　　C. 4　　D. 6

（2）RAID 10 的磁盘利用率为（　　）。

A. 30%　　B. 40%　　C. 50%　　D. 60%

（3）组成 RAID 10 至少需要（　　）个磁盘。

A. 1　　B. 3　　C. 4　　D. 6

二、项目实训题

Jan16 公司使用一台拥有 24 个磁盘扩展槽的高性能服务器作为公司的网络存储服务器（NS2），并且安装了 Windows Server 2019 Datacenter 操作系统。

网络存储管理员今天收到采购部送来的 4 个新磁盘，并已将其安装到网络存储服务器上。计划使用这几个磁盘为公司研发部的虚拟化操作提供存储空间，该应用对磁盘容量、速率和可靠性均有较高要求。物理磁盘信息和存储空间需求见表 4-5 和表 4-6。

表 4-5 物理磁盘信息

编号	磁盘类型	磁盘容量	服务器	盘位
HDD13	HDD	1TB	NS2	06
HDD14	HDD	1TB	NS2	07
HDD15	HDD	1TB	NS2	08
HDD16	HDD	1TB	NS2	09

表 4-6 存储空间需求

序号	服务器	容量要求	速率要求	可靠性要求	连接协议	用途
01	NS2	2TB	高	高	NFS	KVM

1. 任务设计

网络存储管理员的工作任务如下。

将新购置的磁盘安装到存储服务器上，基于新购置的磁盘创建存储池。在存储池中创建虚拟磁盘后，通过磁盘管理将虚拟磁盘合并为一个带区卷给研发部使用，存储池物理磁盘规划和存储空间规划见表 4-7 和表 4-8。

表 4-7 存储池物理磁盘规划

服务器	存储池	盘位	磁盘容量	分配模式

表 4-8 存储空间规划

服务器	存储池	虚拟磁盘类型	虚拟磁盘空间	卷集类型	卷集容量	文件系统	盘符	卷标

2. 项目实践

（1）提供存储服务器 NS2 的两个存储池配置界面，确认物理磁盘和虚拟磁盘配置正确。

（2）提供存储服务器 NS2 的磁盘管理界面，确认磁盘卷区配置正确。

（3）提供存储服务器 NS2 的文件资源管理器界面，确认已创建了符合要求的存储空间。

第 2 篇
NAS 服务的配置与管理

项目5
文件共享与磁盘映射

项目描述

Jan16 公司使用一台拥有 24 个磁盘扩展槽的高性能服务器作为公司的网络存储服务器（NS2），并且安装了 Windows Server 2019 Datacenter 操作系统。企宣部、商务部的个人计算机（Personal Computer，PC）已接入公司网络。公司网络拓扑如图 5-1 所示（其中，表示交换机）。

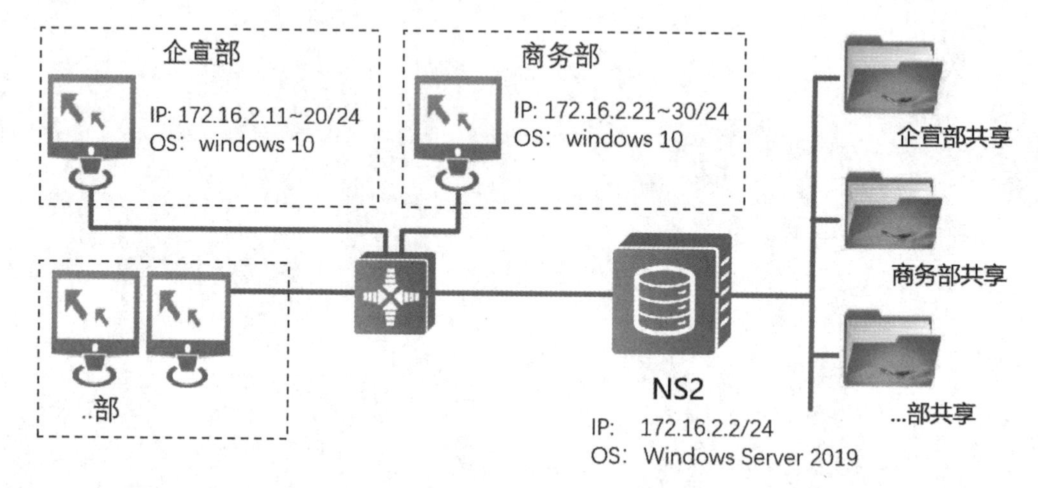

图 5-1　公司网络拓扑

网络存储管理员已经在 NS2 上为企宣部、商务部创建了磁盘空间，现在需要将磁盘共享给各部门使用，存储空间信息见表 5-1。部门员工访问共享磁盘时需要使用各自的用户名和密码登录到共享磁盘中，部门成员信息见表 5-2。存储服务器 NS2 与各部门 PC 处于同一网段，使用不同的 IP 地址范围，服务器及 PC 的 IP 地址信息见表 5-3。

表 5-1　存储空间信息

服务器	存储池	虚拟磁盘类型	虚拟磁盘空间	文件系统	盘符	卷标
NS2	SP1	Simple	200GB	NTFS	E	企宣部
NS2	SP1	Mirror	200GB	NTFS	F	商务部
……	……	……	……	……	……	……

表 5-2 部门成员信息

部门	职务	人员
企宣部	部长	王部长
企宣部	成员	小李
商务部	部长	张部长
商务部	成员	小陈
……	……	……

表 5-3 IP 地址信息

部门	服务器/PC	接口	IP 地址	网关
全公司	NS2	Ethernet0	172.16.2.2/24	172.16.2.254
企宣部	PC01	Ethernet0	172.16.2.11/24	172.16.2.254
商务部	PC02	Ethernet0	172.16.2.21/24	172.16.2.254
……	……	……	……	……

项目规划设计

网络存储管理员的工作任务如下。

在存储服务器 NS2 上根据部门成员信息创建用户组和用户，创建的用户和组规划见表 5-4。将磁盘分别共享给两个部门的用户，文件共享规划见表 5-5。

表 5-4 用户和组规划

部门（用户组）	姓名	用户	初始密码
企宣部	王部长	Wang	Jan16@QX
企宣部	小李	Li	Jan16@QX
商务部	张部长	Zhang	Jan16@SW
商务部	小陈	Chen	Jan16@SW
……	……	……	……

表 5-5 文件共享规划

服务器	共享协议	物理路径	访问路径	用户组	权限
NS2	CIFS	E:\	\\172.16.2.2\企宣部共享	企宣部	读写
		F:\	\\172.16.2.2\商务部共享	商务部	读写
……	……	……	……	……	……

项目相关知识

5.1 文件共享

文件共享是指在计算机上共享文件以供局域网内其他计算机使用。在 Windows Server 操作系统中的文件夹上右击，弹出的快捷菜单中会提供目录共享设置链接。配置用户共享时，系统会自动安装文件共享服务的角色和功能。

5.2 文件共享权限

在文件服务器上部署共享可以设置多种用户访问权限，常见的有读取权限和写入权限。

- 读取权限：允许用户浏览和下载共享目录及子目录的文件和文件夹。
- 写入权限：用户除具备读取权限外，还可以新建、删除和修改共享目录及子目录的文件和文件夹。

5.3 文件共享的访问账户类型

文件服务器针对访问账户设置了两种类型：匿名账户和实名账户。

- 匿名账户：在 Windows 系统中匿名账户一般指“Guest”账户，但在对匿名账户进行共享目录授权时通常使用“Everyone”账户来实现。需要特别注意的是：部署匿名共享时要启用“Guest”账户（该账户默认是禁用的）。
- 实名账户：顾名思义，用户在访问共享目录时需要输入特定的账户名称和密码。默认情况下，这些账户都是由文件服务器创建的，并用于共享目录的授权。如果文件服务器需对大量的账户进行授权，则需要创建组账户，然后将用户加入该组账户，最后对组账户授权即可（用户继承组账户的权限）。

5.4 磁盘映射

磁盘映射，即映射网络驱动器，是指将局域网中的一台计算机上的共享文件夹，变为另一台计算机上的一个逻辑驱动器符，映射后的计算机就可以通过访问本地驱动器符来访问该共享文件夹，既方便了用户访问网络共享文件夹，又提高了访问效率。

项目实施

任务 5-1 用户与组的创建

1. 任务描述

在存储服务器 NS2 上根据表 5-4 创建用户和组。

2. 任务操作

（1）在存储服务器 NS2 上的开始按钮上右击，选择【计算机管理】，打开【计算机管理】窗口，依次单击【系统工具】→【本地用户和组】→【用户】，进入【用户】管理界面，右击空白处，选择【新用户】，如图 5-2 所示。

微课视频

任务 5-1 用户与组的创建

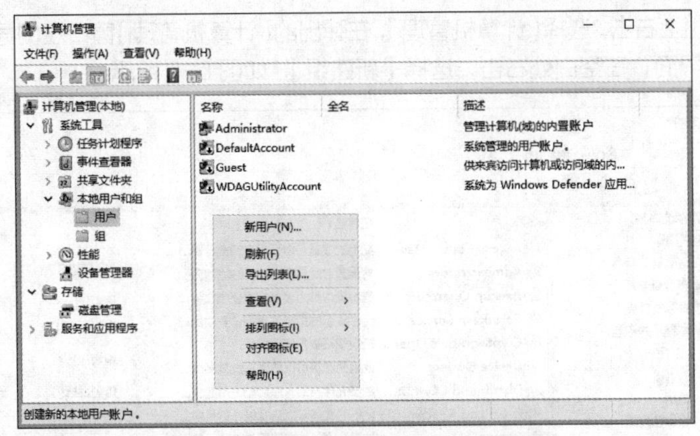

图 5-2　在【用户】管理界面中进行设置

（2）在弹出的【新用户】对话框的文本框中输入用户名和密码等，勾选【密码永不过期】复选框，单击【创建】按钮，如图 5-3 所示。

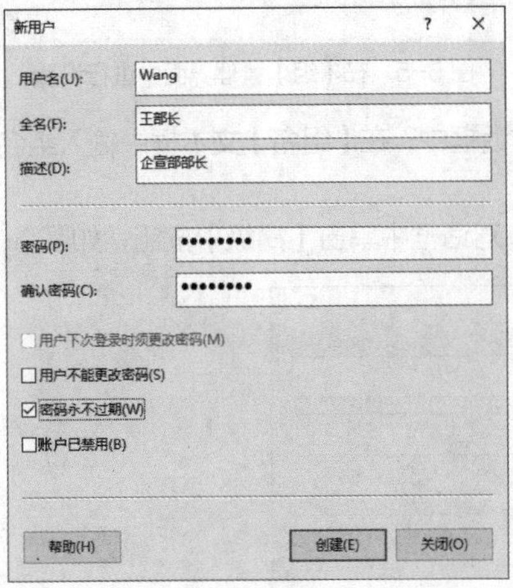

图 5-3　创建新用户

（3）在【新用户】对话框中继续创建其他用户，如图 5-4 所示。

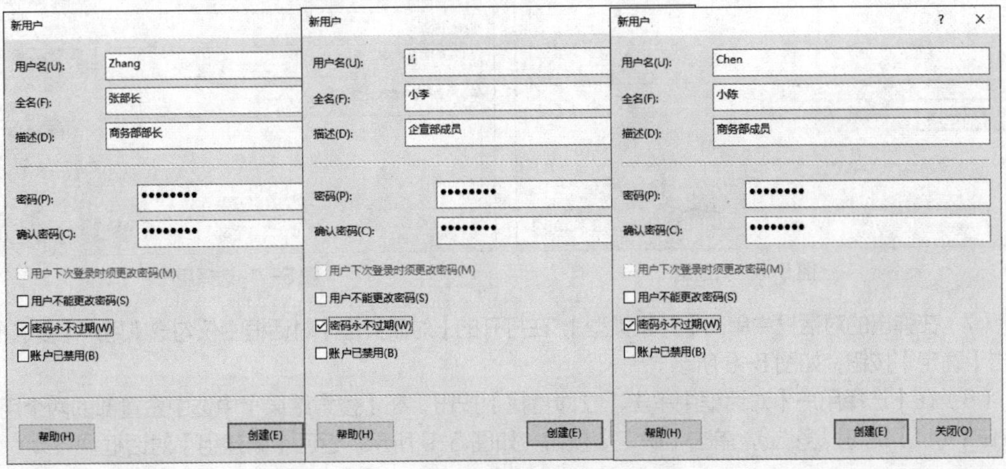

图 5-4　继续创建新用户

（4）在开始按钮上右击，选择【计算机管理】，在弹出的【计算机管理】窗口左侧导航栏中单击【组】，切换到【组】管理界面，在空白处右击，选择【新建组】，如图5-5所示。

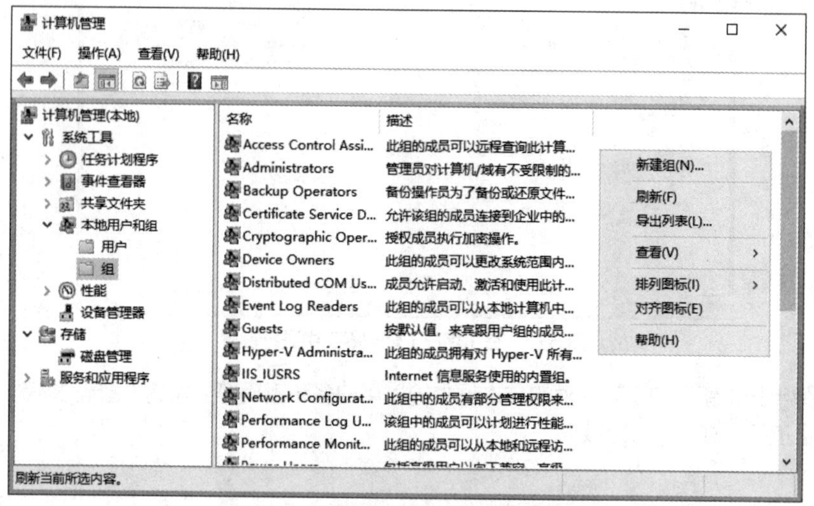

图5-5 在【组】管理界面中进行设置

（5）在弹出的【新建组】对话框中，在【组名】文本框中输入组名，单击【添加】按钮，如图5-6所示。

（6）在弹出的【选择用户】对话框中单击【高级】按钮，如图5-7所示。

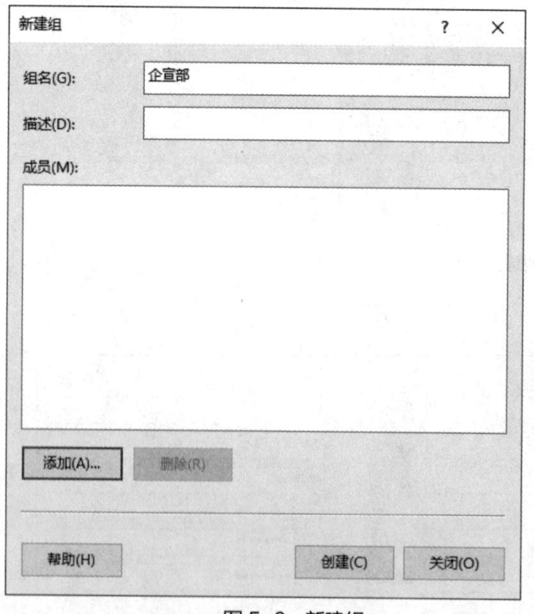

图5-6 新建组

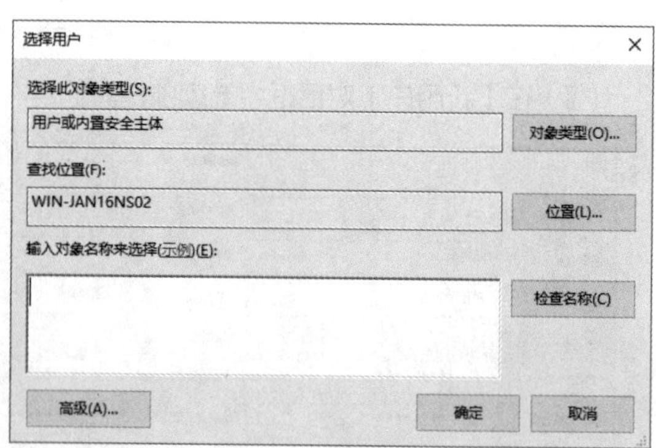

图5-7 选择用户

（7）在弹出的对话框中单击【对象类型】，在打开的【对象类型】对话框中仅勾选【用户】复选框，单击【确定】按钮，如图5-8所示。

（8）在【选择用户】对话框中单击【立即查找】按钮，在【搜索结果】中选中企宣部的两个用户（按住【Ctrl】键可以多选），单击【确定】按钮，如图5-9所示。返回【新建组】对话框。

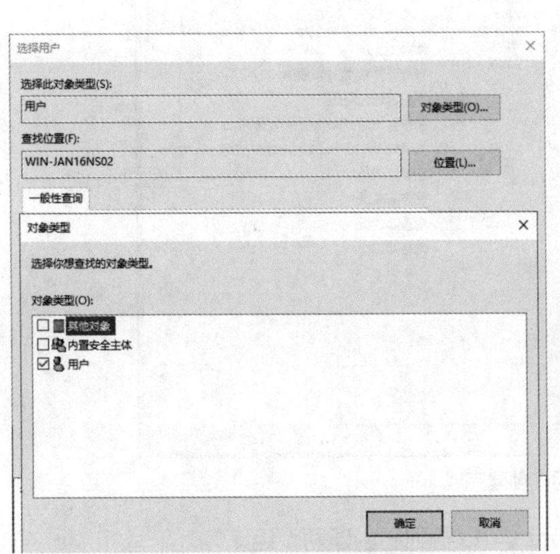

图 5-8　勾选【用户】复选框

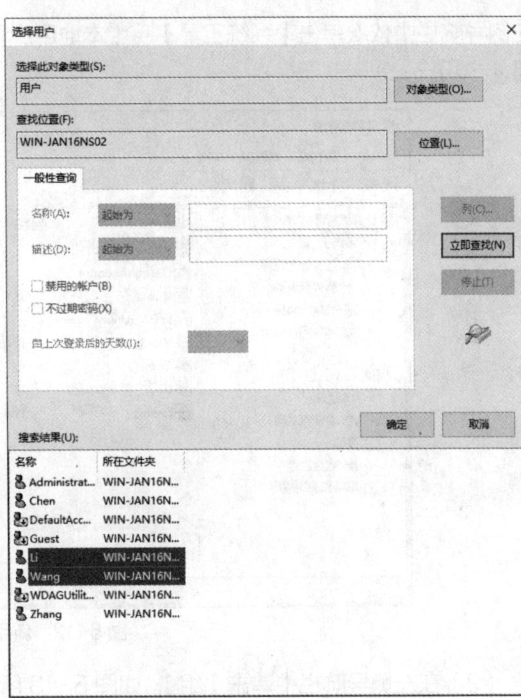

图 5-9　立即查找用户

（9）在【新建组】对话框中，确认已添加成员后，单击【创建】按钮，完成【组】的创建，如图 5-10 所示。

（10）使用同样的方法，为商务部创建【组】，如图 5-11 所示。

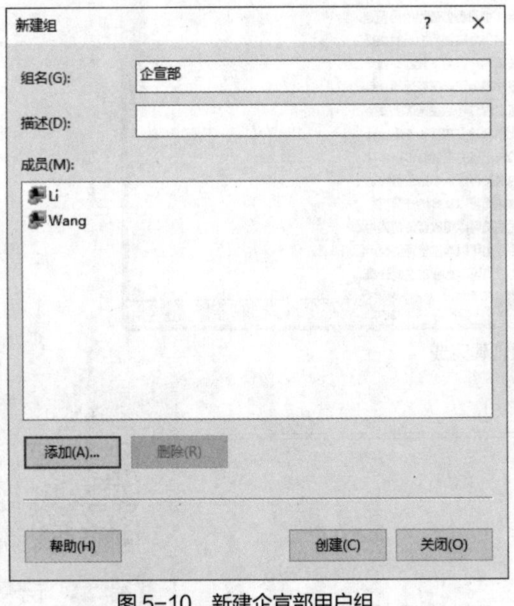

图 5-10　新建企宣部用户组

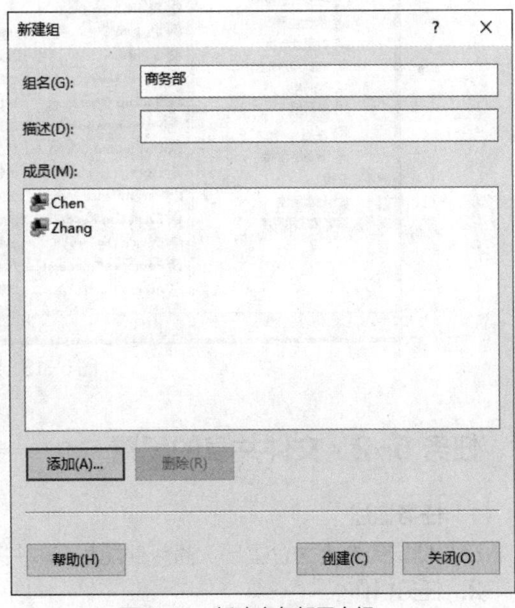

图 5-11　新建商务部用户组

3. 任务验证

（1）在开始按钮上右击，在弹出的快捷菜单中选择【计算机管理】，在弹出的【计算机管理】窗口左侧导航栏中依次单击【系统工具】→【本地用户和组】→【用户】，如图5-12所示，可以看到已创建4个用户。

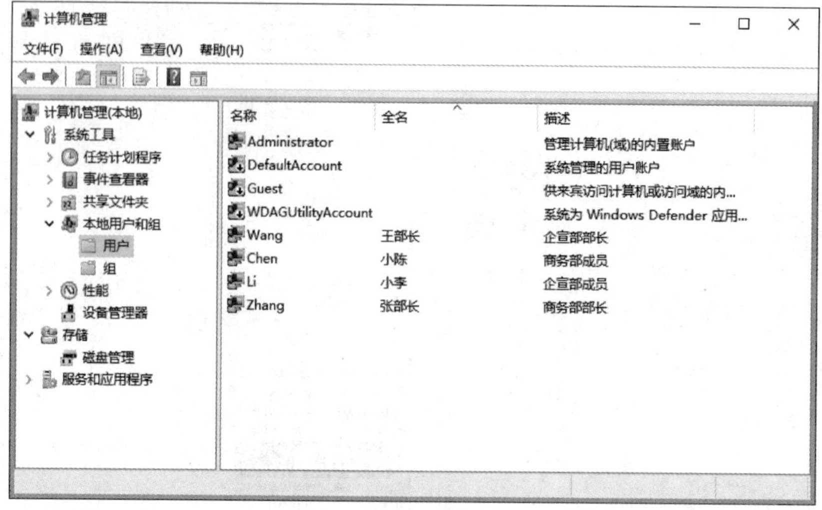

图5-12　新用户创建完成

（2）在左侧导航栏中单击【组】，如图5-13所示，可以看到已创建两个组。

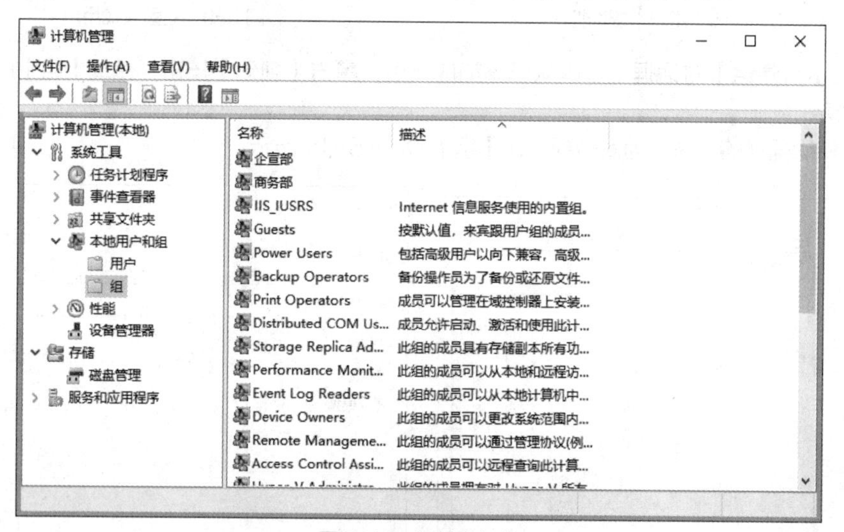

图5-13　组创建完成

任务5-2　文件共享的配置

任务5-2　文件共享的配置

1. 任务描述

在存储服务器上为企宣部、商务部配置文件共享。

2. 任务操作

（1）在存储服务器NS2上打开文件资源管理器，在【企宣部（E:）】上右击，选择【属性】，如图5-14所示。

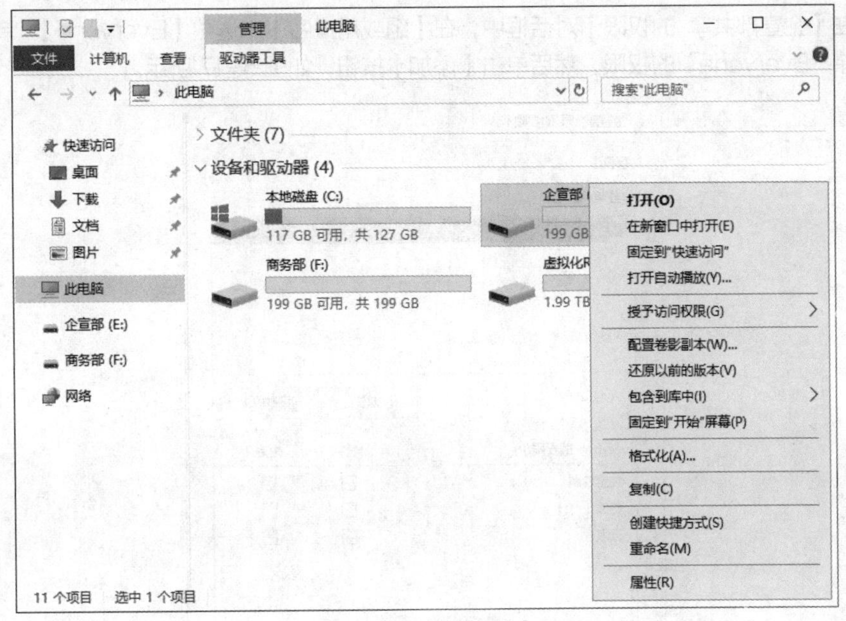

图 5-14 选择【属性】

（2）在弹出的属性对话框中切换到【共享】选项卡，单击【高级共享】按钮，如图 5-15 所示。

（3）在弹出的【高级共享】对话框中勾选【共享此文件夹】复选框，设置【共享名】，单击【权限】按钮，如图 5-16 所示。

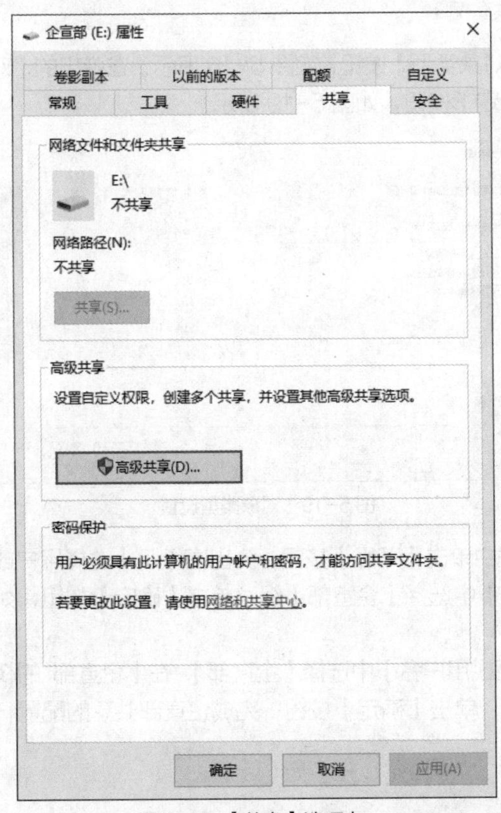

图 5-15 【共享】选项卡

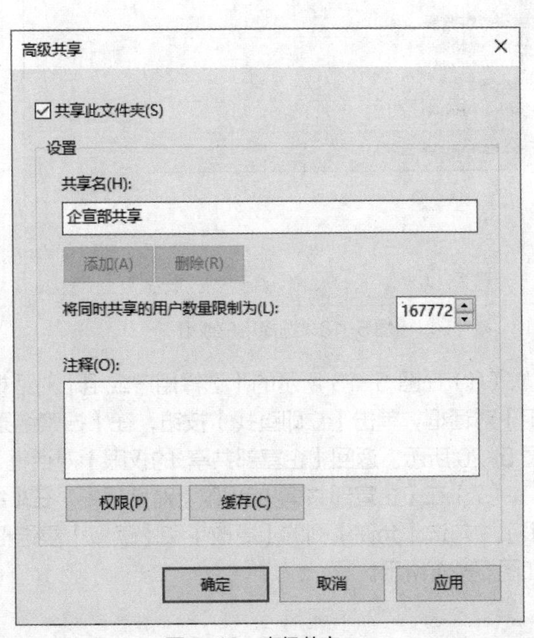

图 5-16 高级共享

（4）在【企宣部共享 的权限】对话框中，在【组或用户名】中选中【Everyone】，单击【删除】按钮，删除“Everyone”的权限，然后单击【添加】按钮，如图5-17所示。

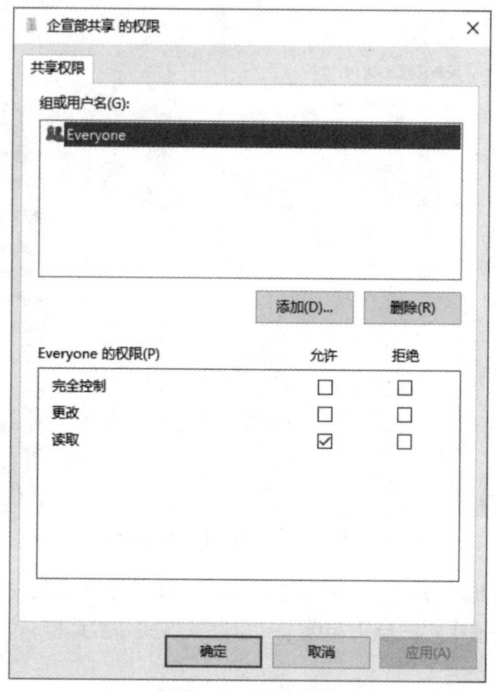

图5-17　共享权限

（5）在弹出的【选择用户或组】对话框中单击【对象类型】按钮，如图5-18所示。在弹出的【对象类型】对话框中，仅勾选【组】复选框，单击【确定】按钮，如图5-19所示。

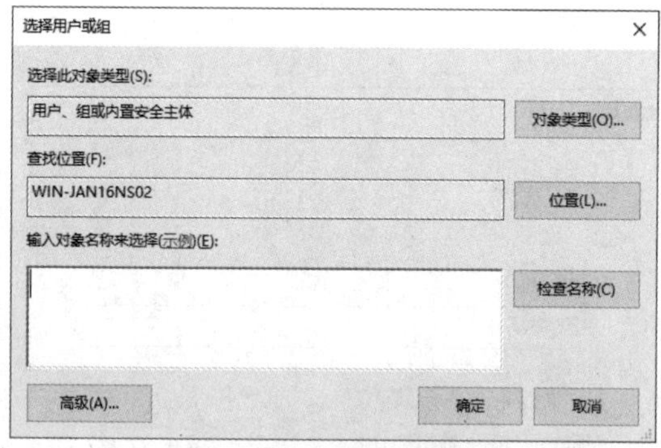

图5-18　选择用户或组

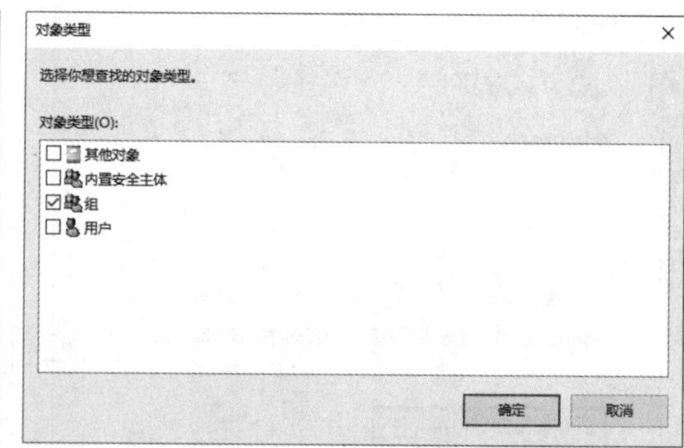

图5-19　对象类型设置

（6）在图5-18所示的【选择用户或组】对话框中单击【高级】按钮，弹出高级版【选择用户或组】对话框，单击【立即查找】按钮，在【搜索结果】中选择【企宣部】组，单击【确定】按钮，如图5-20所示。返回【企宣部共享 的权限】对话框。

（7）在【企宣部共享 的权限】对话框中，在【组或用户名】中选择【企宣部】，在【企宣部 的权限】中勾选【允许】列的【更改】和【读取】复选框，单击【确定】按钮，完成企宣部共享的配置，如图5-21所示。

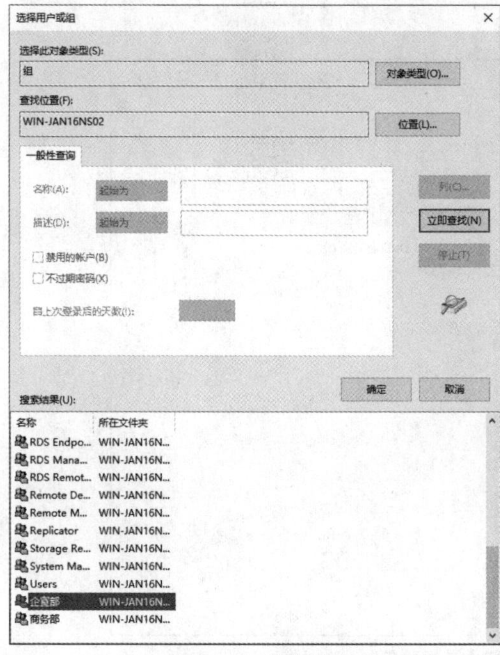

图 5-20　选择组

图 5-21　完成企宣部共享的配置

（8）使用同样的方法，为【商务部（F:）】配置共享。

3．任务验证

在存储服务器 NS2 上打开【计算机管理】窗口，依次单击【系统工具】→【共享文件夹】→【共享】，如图 5-22 所示，可以看到已经配置了两个部门的磁盘共享。

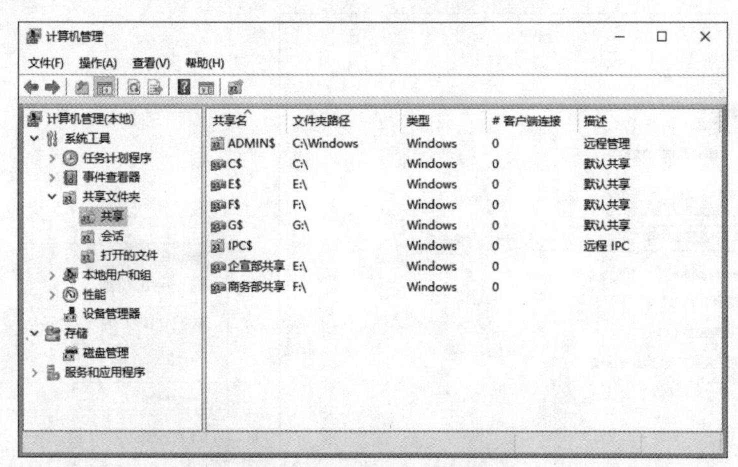

图 5-22　已经配置好磁盘共享

任务 5-3　磁盘映射的配置

1．任务描述

在部门 PC 上进行磁盘映射，即进行映射网络驱动器操作。

2．任务操作

（1）在企宣部 PC01 上打开文件资源管理器，在左侧导航栏中的【此电脑】

上右击，选择【映射网络驱动器】，如图5-23所示。

图5-23 【此电脑】快捷菜单

（2）在弹出的【映射网络驱动器】对话框中，在【文件夹】中输入【\\172.16.2.2\企宣部共享】，单击【完成】按钮，如图5-24所示。

（3）在弹出的【Windows 安全中心】对话框中，在文本框中输入企宣部的账号，勾选【记住我的凭据】复选框，单击【确定】按钮，如图5-25所示。

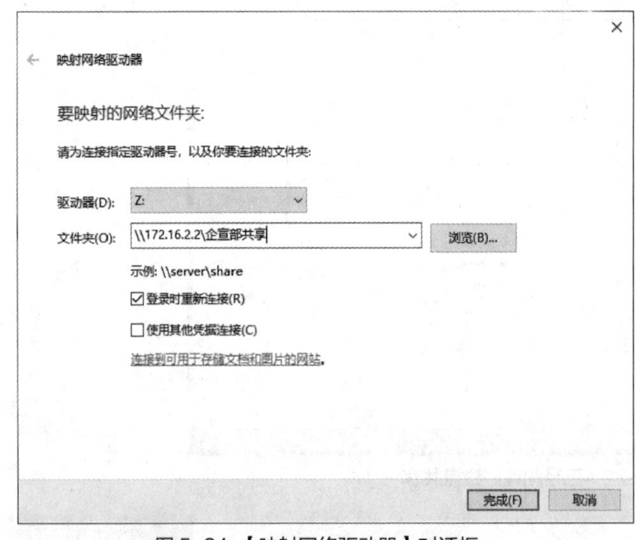

图5-24 【映射网络驱动器】对话框

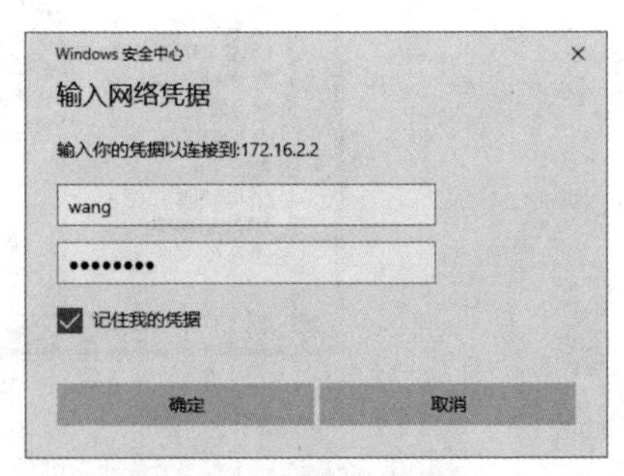

图5-25 输入网络凭据

（4）使用同样的方法，在商务部PC02上映射网络驱动器。

3. 任务验证

（1）在企宣部PC01上打开文件资源管理器，如图5-26所示，可以看到已成功映射了网络驱动器。

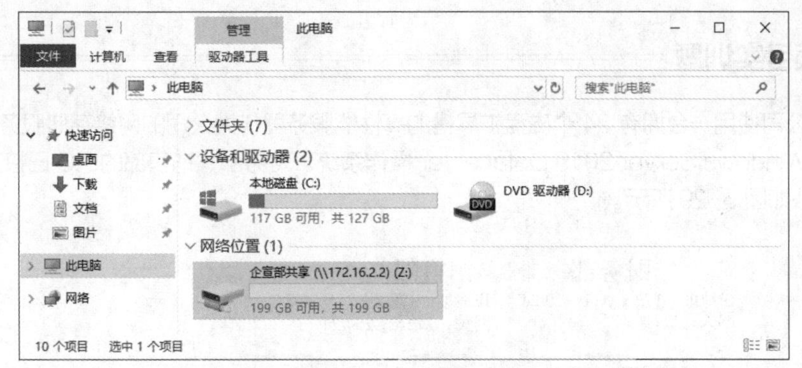

图 5-26　在部门 PC 上查看文件资源管理器

（2）进入 Z 盘，可以在 Z 盘中新建文件夹，并在文件夹中创建文件，如图 5-27 和图 5-28 所示。

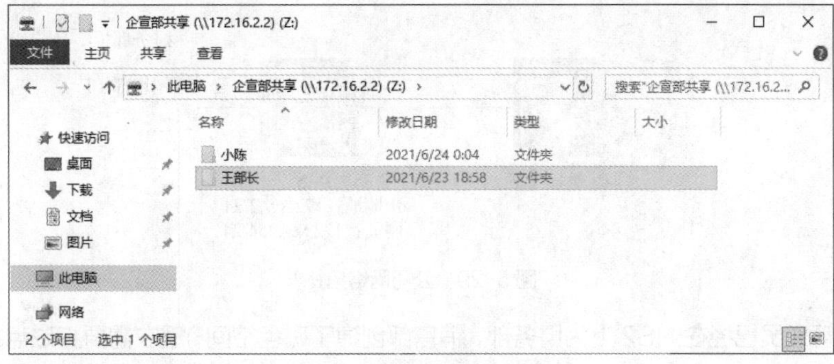

图 5-27　新建文件夹

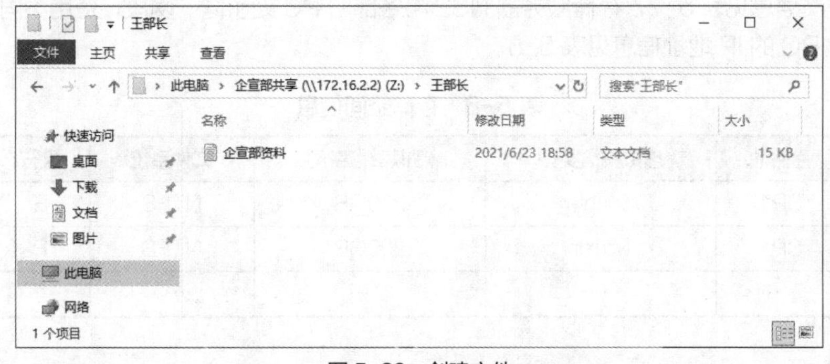

图 5-28　创建文件

练习与实践

一、理论习题（判断题）

（1）读取权限：允许用户浏览和下载共享子目录的文件。（　　）

（2）开启匿名共享时，客户端访问共享文件夹是以 Guest 的身份进行的，而 Windows Server 2019 默认情况下是启用 Guest 的。（　　）

（3）读取权限：用户除具备读取权限外，还可以新建、删除和修改共享目录及子目录的文件和文件夹。（　　）

二、项目实训题

Jan16 公司使用一台拥有 24 个磁盘扩展槽的高性能服务器作为公司的网络存储服务器（NS2），并且安装了 Windows Server 2019 Datacenter 操作系统。财务部、销售部的 PC 已接入公司网络。公司网络拓扑如图 5-29 所示。

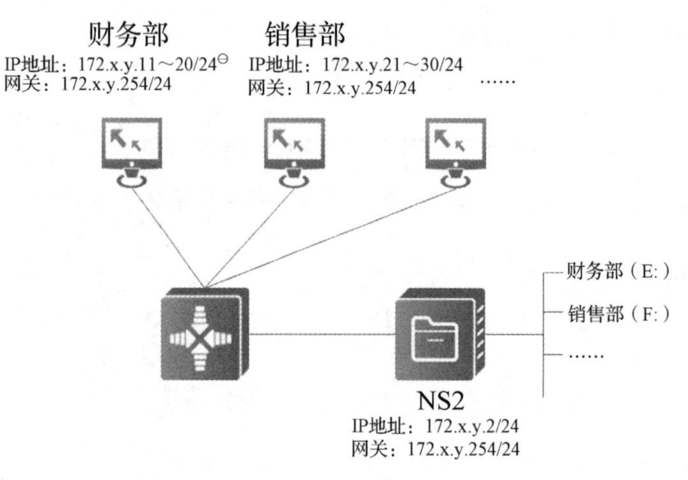

图 5-29　公司网络拓扑

网络存储管理员已经在 NS2 上为财务部、销售部创建了磁盘空间，现在需要将磁盘共享给各部门使用，存储空间信息见表 5-6。部门员工访问共享磁盘时需要使用各自的用户名和密码登录到共享磁盘中，部门成员信息见表 5-7。存储服务器 NS2 与各部门 PC 处于同一网段，使用不同的 IP 地址范围，服务器及 PC 的 IP 地址信息见表 5-8。

表 5-6　存储空间信息

服务器	存储池	虚拟磁盘类型	虚拟磁盘空间	文件系统	盘符	卷标
NS2	SP1	Simple	200GB	NTFS	E	财务部
NS2	SP1	Mirror	200GB	NTFS	F	销售部
……	……	……	……	……	……	……

表 5-7　部门成员信息

部门	职务	姓名
财务部	部长	赵部长
财务部	成员	小钱
销售部	部长	孙部长
销售部	成员	小吴
……	……	……

⊖ 172.x.y.11～20/24：x 为部门（一位数），y 为员工号（两位数）。对于学生练习而言，x 可用班级号（一位数）来表示，y 可用短学号（两位数）来表示。后文项目实训中，亦采用此表示方式。

表 5-8 IP 地址信息

部门	服务器/PC	接口	IP 地址	网关
全公司	NS2	Ethernet0	172.x.y.2/24	172.x.y.254
财务部	PC01	Ethernet0	172.x.y.11/24	172.x.y.254
销售部	PC02	Ethernet0	172.x.y.21/24	172.x.y.254
……	……	……	……	……

1. 任务设计

网络存储管理员的工作任务如下。

在存储服务器 NS2 上根据部门成员信息创建用户组和用户，创建的用户和组规划见表 5-9，将磁盘分别共享给两个部门的用户，文件共享规划见表 5-10。

表 5-9 用户和组规划

部门（用户组）	姓名	用户	初始密码

表 5-10 文件共享规划

服务器	共享协议	物理路径	访问路径	用户组	权限

2. 项目实践

（1）提供存储服务器 NS2【计算机管理】窗口中的用户界面和组界面，确认已根据用户和组规划创建了用户和组。

（2）提供存储服务器 NS2【计算机管理】窗口中的共享文件夹界面，确认已根据规划配置了共享。

（3）提供部门 PC 上映射网络驱动器的界面，确认各部门 PC 可以正常访问共享。

项目6 NAS服务器磁盘配额

06

项目描述

Jan16 公司使用一台拥有 24 个磁盘扩展槽的高性能服务器作为公司的网络存储服务器（NS2），并且安装了 Windows Server 2019 Datacenter 操作系统。企宣部、商务部的 PC 已接入公司网络。公司网络拓扑如图 6-1 所示。服务器和 PC 的 IP 地址信息见表 6-1。

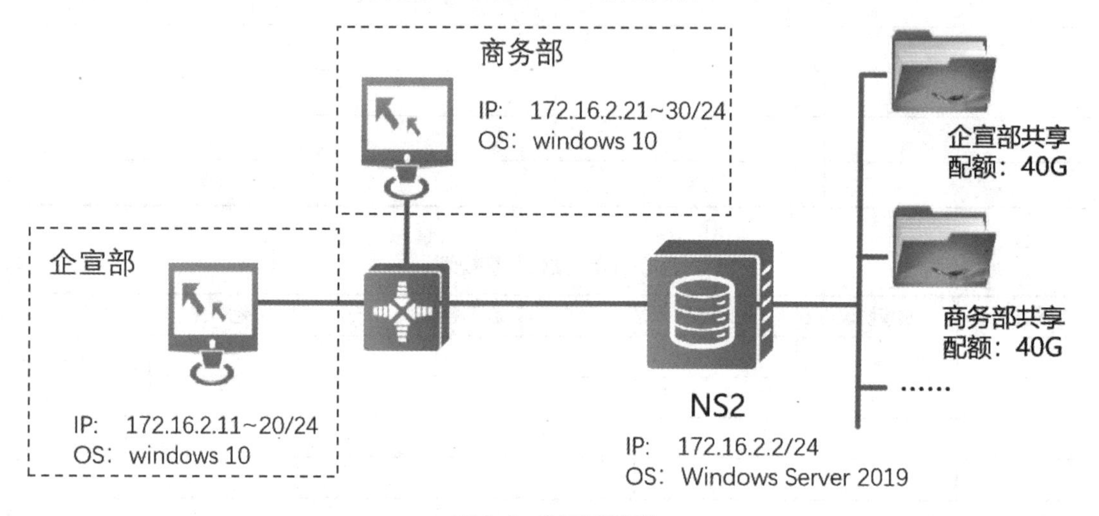

图 6-1 公司网络拓扑

表 6-1 服务器和 PC 的 IP 地址信息

部门	服务器/PC	接口	IP 地址	网关
Jan16 公司	NS2	Ethernet0	172.16.2.2/24	172.16.2.254
企宣部	PC01	Ethernet0	172.16.2.11/24	172.16.2.254
商务部	PC02	Ethernet0	172.16.2.21/24	172.16.2.254
……	……	……	……	……

存储服务器 NS2 已根据部门成员信息创建用户组和用户，并将磁盘分别共享给两个部门的用户使用，创建的用户和组规划见表 6-2，文件共享规划见表 6-3。

为了提高磁盘空间的利用率，减低公司在存储空间方面的投入成本，公司希望各部门共享仅用于存放公司业务相关的工作文件，并限制每个用户可使用的磁盘空间为 20%（40GB）。

表 6-2 用户和组规划

部门（用户组）	姓名	用户	初始密码
企宣部	王部长	Wang	Jan16@QX
企宣部	小李	Li	Jan16@QX
商务部	张部长	Zhang	Jan16@SW
商务部	小陈	Chen	Jan16@SW
……	……	……	……

表 6-3 文件共享规划

服务器	共享协议	物理路径	访问路径	总空间	用户组	权限
NS2	CIFS	E:\	\\172.16.2.2\企宣部共享	200GB	企宣部	读写
		F:\	\\172.16.2.2\商务部共享	200GB	商务部	读写
……	……	……	……	……	……	……

项目规划设计

网络存储管理员的工作任务如下。

在存储服务器 NS2 上为各部门的共享配置磁盘配额，限制每个用户可使用的磁盘空间为 40GB，将警告级别设为 32GB（警告级别的推荐设置为磁盘空间的 80%）。配置后的文件共享规划见表 6-4。

表 6-4 文件共享规划（配置磁盘配额后）

服务器	共享协议	物理路径	访问路径	总空间	磁盘配额	用户组	权限
NS2	CIFS	E:\	\\172.16.2.2\企宣部共享	200GB	40GB	企宣部	读写
		F:\	\\172.16.2.2\商务部共享	200GB	40GB	商务部	读写
……	……	……	……	……	……	……	……

项目相关知识

磁盘配额

系统管理员可以对用户所能使用的磁盘空间进行配额限制，被限制的用户只能使用最大配额范围内的磁盘空间，这种限制用户使用磁盘空间容量的技术称为磁盘配额。磁盘配额可以用于避免因某个用户过度使用磁盘空间而降低磁盘空间利用率，也可以在空间租用服务中限制用户的最大租用空间。

在 Windows 2000 Server 及以后版本系统中，磁盘配额仅能在 NTFS 下实现，它通过 NTFS 卷的磁盘配额跟踪并控制磁盘空间的使用。启动磁盘配额时，可以设置两个值：磁盘配额限制和磁盘配额警告级别。例如，可以将用户的磁盘配额限制设为 500 MB，并把磁盘配额警告级别设为 450 MB。

在这种情况下，用户可在卷上存储不超过 500 MB 的文件。如果用户在卷上存储的文件超过 450 MB，则磁盘配额系统会生成告警标识，并可通过事件记录通知管理员。

只要用 NTFS 将卷格式化，就可以在本地卷、网络卷以及可移动驱动器上启用配额。另外，网络卷必须从卷的根目录中得到共享，可移动驱动器也必须是共享的。Windows 安装将自动升级使用 Windows NT 中的 NTFS 版本格式化的卷。

如果不想限制用户对磁盘空间的使用额度，但又希望记录每一个用户使用磁盘空间的情况，在 Windows 中启用磁盘配额即可，系统会从启用磁盘配额的时间节点开始自动跟踪、记录用户对磁盘空间的使用情况。

项目实施

任务 6-1　磁盘配额的配置

1. 任务描述

在存储服务器 NS2 上根据规划为两个磁盘配置配额。

2. 任务操作

（1）在存储服务器 NS2 上打开文件资源管理器，右击【企宣部（E:）】，选择【属性】，如图 6-2 所示。

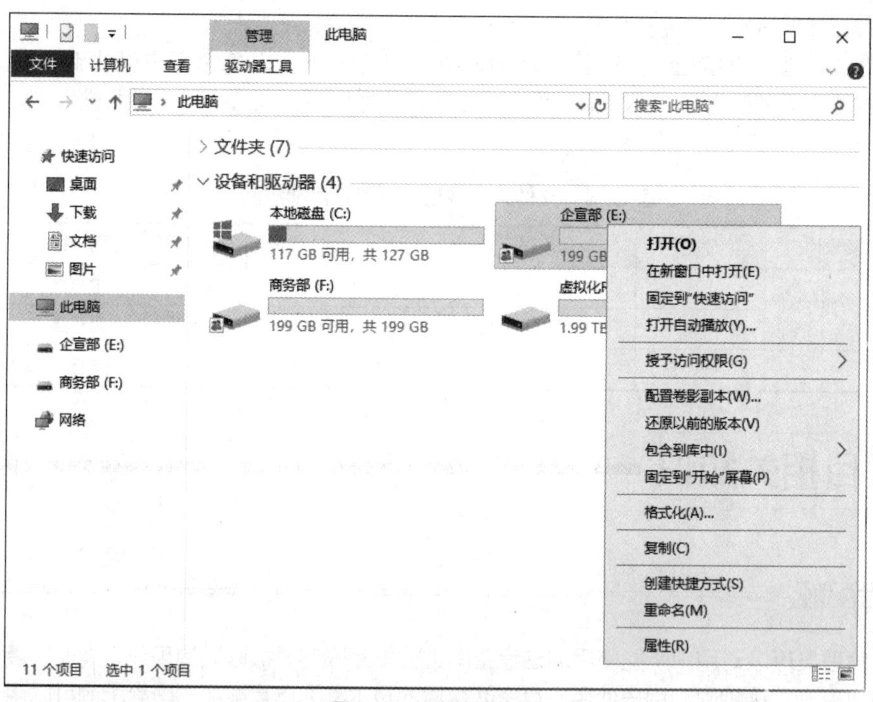

图 6-2　E 盘快捷菜单

（2）在弹出的【企宣部(E:)属性】对话框中切换到【配额】选项卡，如图 6-3 所示。

（3）在【配额】选项卡中勾选【启用配额管理】和【拒绝将磁盘空间给超过配额限制的用户】，在【为该卷上的新用户选择默认配额限制：】中选择【将磁盘空间限制为】并设置值为【40GB】，将【将警告等级设为】的值设置为【32GB】，单击【应用】按钮，如图 6-4 所示。

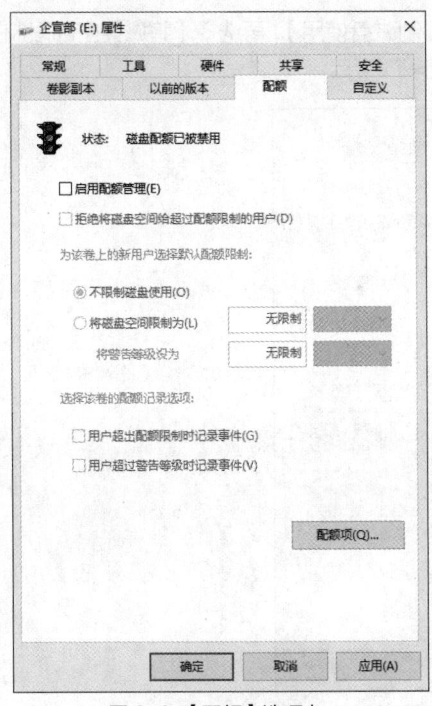

图 6-3 【配额】选项卡

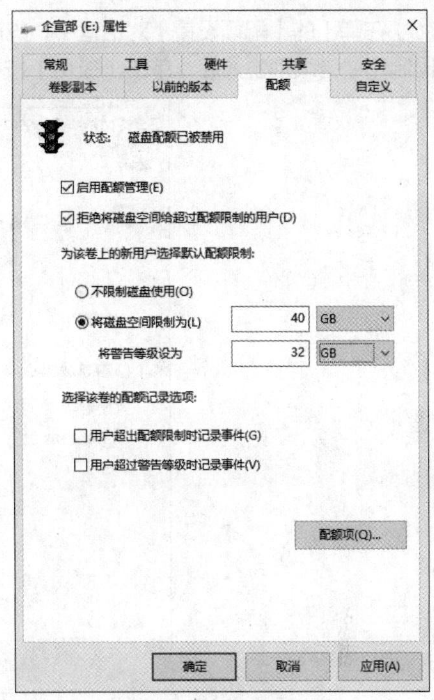

图 6-4 启用配额管理

（4）在弹出的【磁盘配额】对话框中单击【确定】按钮，如图 6-5 所示。

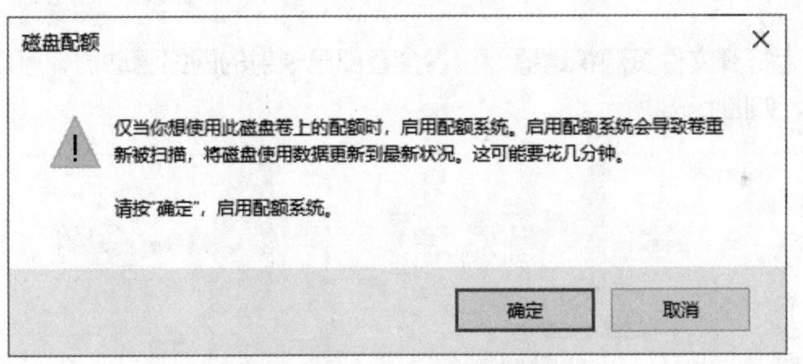

图 6-5 确认磁盘配额警告信息

（5）在图 6-4 所示的【配额】选项卡中单击【配额项】按钮，进入配额项窗口（部分用户在启用配额项之前已经使用过磁盘空间，此时配额限制不生效），右击该用户，选择【属性】选项，如图 6-6 所示。

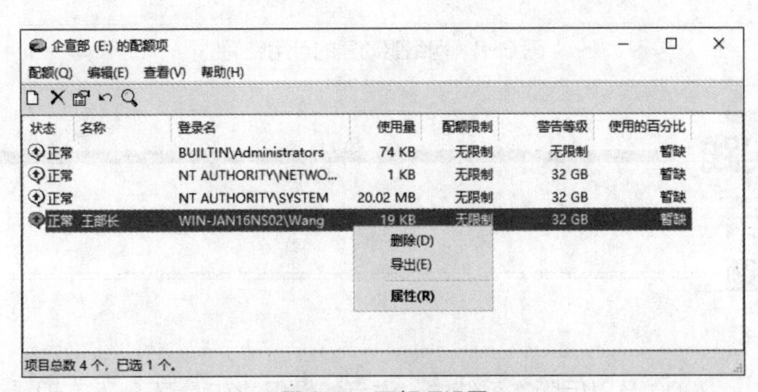

图 6-6 配额项设置

（6）在弹出的【配额设置】对话框中，先选择【不限制磁盘使用】，再选择【将磁盘空间限制为】，配额限制和警告级别生效后，单击【应用】按钮，如图6-7所示。

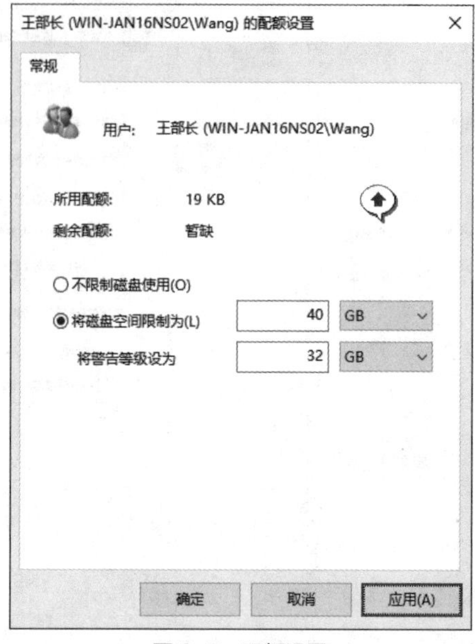

图6-7 配额设置

（7）使用同样的方法为商务部的磁盘空间启用配额。

3. 任务验证

在部门PC01上打开文件资源管理器，查看企宣部已映射的网络驱动器，可以看到网络驱动器的可用空间为40GB，如图6-8所示。

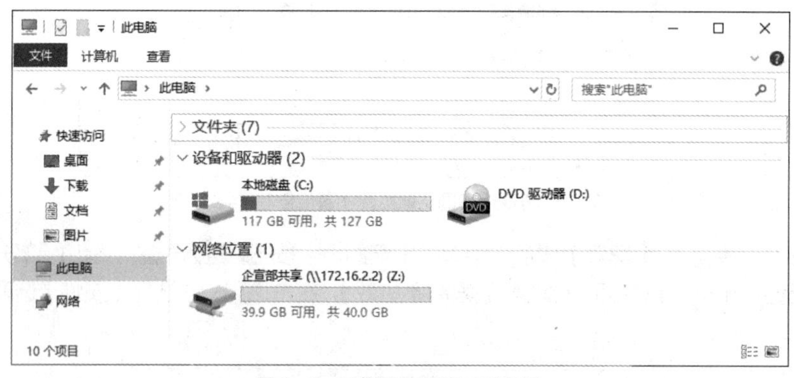

图6-8 网络驱动器的可用空间

练习与实践

一、理论习题

1. 判断题

（1）在Windows 2000及以后版本系统中，磁盘配额仅能在NTFS下实现，它通过NTFS卷的

磁盘配额跟踪并控制磁盘空间的使用。(　　)

(2) 磁盘配额可以避免因某个用户过度使用磁盘空间而提高磁盘空间利用率。(　　)

(3) 只要用 NTFS 将卷格式化，就可以在本地卷、网络卷以及可移动驱动器上启用配额。(　　)

2. 选择题

(1) 将用户的磁盘配额限制设为 500 MB，并把磁盘配额警告级别设为 450 MB。在这种情况下，用户可在卷上存储不超过(　　)MB 的文件。

A. 100　　B. 200　　C. 400　　D. 500

(2) 存在当前用户的独立配额时，以(　　)为准。

A. 全局配额　　B. 最小配额　　C. 独立配额　　D. 最大配额

二、项目实训题

Jan16 公司使用一台拥有 24 个磁盘扩展槽的高性能服务器作为公司的网络存储服务器 (NS2)，并且安装了 Windows Server 2019 Datacenter 操作系统。销售部、财务部的 PC 已接入公司网络。公司网络拓扑如图 6-9 所示。服务器和 PC 的 IP 地址信息见表 6-5。

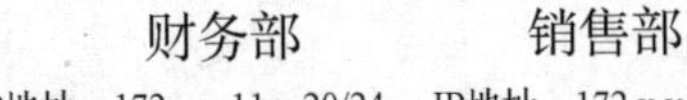

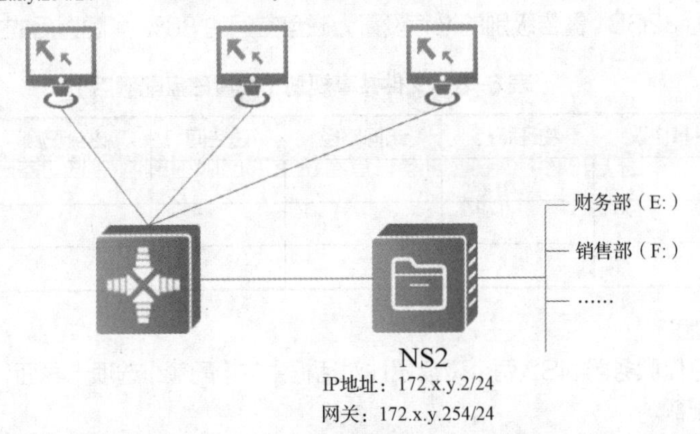

图 6-9　公司网络拓扑

表 6-5　服务器和 PC 的 IP 地址信息

部门	服务器/PC	接口	IP 地址	网关
Jan16 公司	NS2	Ethernet0	172.x.y.2/24	172.x.y.254
财务部	PC01	Ethernet0	172.x.y.11/24	172.x.y.254
销售部	PC02	Ethernet0	172.x.y.21/24	172.x.y.254
......	......	......	......	......

存储服务器 NS2 已根据部门成员信息创建用户组和用户，并将磁盘分别共享给两个部门的用户使用，创建的用户和组规划见表 6-6，文件共享规划见表 6-7。

为了提高磁盘空间的利用率，减低公司在存储空间方面的投入成本，公司希望各部门共享仅用于存放公司业务相关的工作文件，并限制每个用户可使用的磁盘空间为 20% (40GB)。

表 6-6 用户和组规划

部门(用户组)	姓名	用户	初始密码
财务部	赵部长	Zhao	Jan16@CW
财务部	小钱	Qian	Jan16@CW
销售部	孙部长	Sun	Jan16@XS
销售部	小吴	Wu	Jan16@XS
……	……	……	……

表 6-7 文件共享规划

服务器	共享协议	物理路径	访问路径	总空间	用户组	权限
NS2	CIFS	E:\	\\172.x.y.2\CW	200GB	财务部	读写
		F:\	\\172.x.y.2\XS	200GB	销售部	读写
……	……	……	……	……	……	……

1. 任务设计

网络存储管理员的工作任务如下。

在存储服务器 NS2 上为各部门的共享配置磁盘配额，限制每个用户可使用的磁盘空间为 40GB，将警告级别设为 32GB(警告级别的推荐设置为磁盘空间的 80%)。配置后的文件共享规划见表 6-8。

表 6-8 文件共享规划(配置磁盘配额后)

服务器	共享协议	物理路径	访问路径	总空间	磁盘配额	用户组	权限

2. 项目实践

(1)提供存储服务器 NS2 两个磁盘属性对话框中的【配额】选项卡界面，确认已根据文件共享规划配置了磁盘配额。

(2)提供客户 PC 在文件共享中写入文件后，服务器 NS2 的配额项管理界面，确认配额项已记录用户的磁盘使用信息。

项目7
NFS共享的配置与管理

07

项目描述

Jan16 公司使用一台拥有 24 个磁盘扩展槽的高性能服务器作为公司的网络存储服务器（NS2），并且安装了 Windows Server 2019 Datacenter 操作系统。研发部使用的 VM 服务器已接入存储服务器所在的网络。公司网络拓扑如图 7-1 所示。

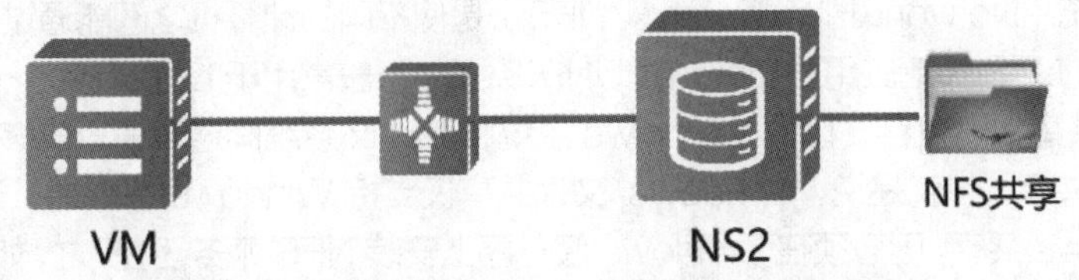

图 7-1 公司网络拓扑

网络存储管理员已经在 NS2 上为研发部创建了磁盘空间，现在需要将磁盘共享给研发部使用。研发部反馈，该共享用于虚拟化开发，使用的服务器为 CentOS 7，网络存储管理员需要利用 CentOS 支持的协议（NFS）来共享磁盘空间。两台服务器的 IP 地址信息见表 7-1，存储服务器 NS2 的存储空间规划见表 7-2。

表 7-1 IP 地址信息

部门	服务器/PC	接口	IP 地址	网关
Jan16 公司	NS2	Ethernet0	172.16.2.2/24	172.16.2.254
研发部	VM	ens32	172.16.2.101/24	172.16.2.254
……	……	……	……	……

表 7-2 存储空间规划

服务器	存储池	虚拟磁盘类型	虚拟磁盘空间	卷集类型	卷集容量	文件系统	盘符	卷标
NS2	SP2	Mirror	1TB	带区卷	2TB	NTFS	G	虚拟化
NS2	SP3	Mirror	1TB					

 项目规划设计

网络存储管理员的工作任务如下。

在存储服务器NS2上添加NFS服务器角色，并在G盘上配置NFS共享。文件共享规划见表7-3。

表7-3 文件共享规划

服务器	共享协议	物理路径	访问路径	用户组	权限
NS2	NFS	G:\VM	172.16.2.2:/VM	所有计算机	读写
……	……	……	……	……	……

 项目相关知识

7.1 NFS

网络文件系统（Network File System，NFS）是使不同的计算机之间能通过网络进行文件共享的一种网络协议。NFS广泛应用于Linux或UNIX系统，一般常用于Linux系统。由于Linux系统与Windows文件共享但不兼容，因此Windows系统和Linux系统间通常通过安装NFS服务器和客户端来实现资源共享。也就是说，Windows 文件共享仅支持Windows客户端，如果要让Linux客户端访问Windows共享，则必须在Windows服务器上安装NFS服务器；反之，如果要让Windows系统访问Linux上的文件共享，则必须在Windows客户端上安装NFS客户端。

7.2 NFS优点

以下是NFS的优点。

（1）节省本地存储空间，将常用的数据存放在一台 NFS 服务器上且可以通过网络访问，那么本地终端可以减少自身存储空间的使用。

（2）用户不需要在网络中的每台机器上都创建Home目录，Home目录可以放在NFS服务器上且可以在网络上被访问、使用。

（3）一些存储设备如软驱、CD-ROM 和 Zip（一种高储存密度的磁盘驱动器与磁盘）等都可以在网络上被其他机器使用。这可以减少整个网络上可移动介质设备的数量。

 项目实施

任务7-1 NFS共享的安装与配置

微课视频

任务7-1 NFS共享的安装与配置

1. 任务描述

在存储服务器NS2上添加NFS服务器角色，并配置VM文件夹的NFS共享。

2. 任务操作

（1）在存储服务器NS2的【服务器管理器】窗口中依次单击【管理】→【添加角色和功能】，如图7-2所示。

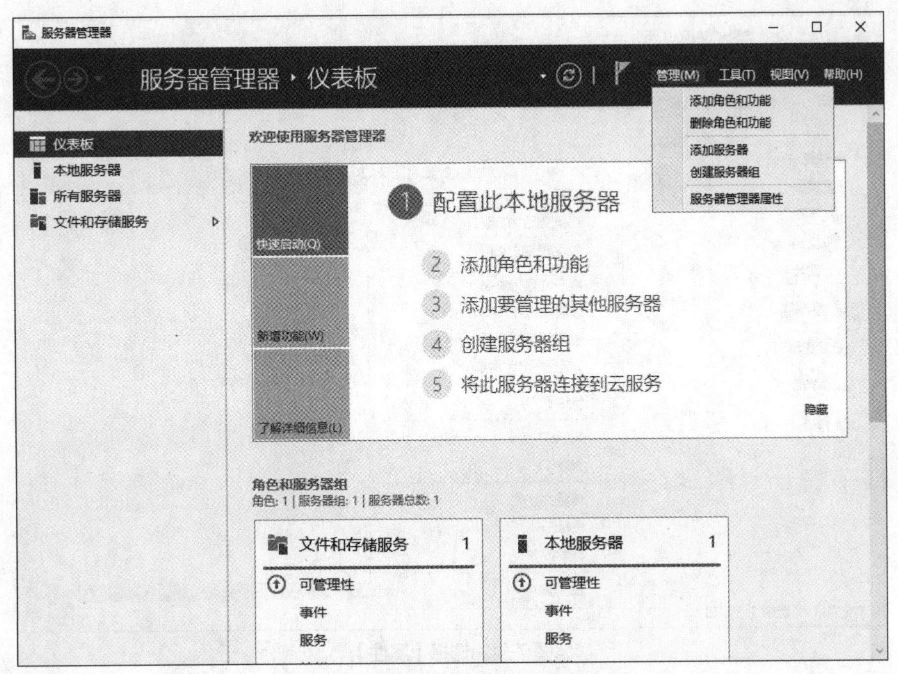

图 7-2 单击【添加角色和功能】

（2）在【添加角色和功能向导】对话框中选择【服务器角色】选项，执行【文件和存储服务】→【文件和 iSCSI 服务】命令，勾选【NFS 服务器】，单击【下一步】按钮，如图 7-3 所示。

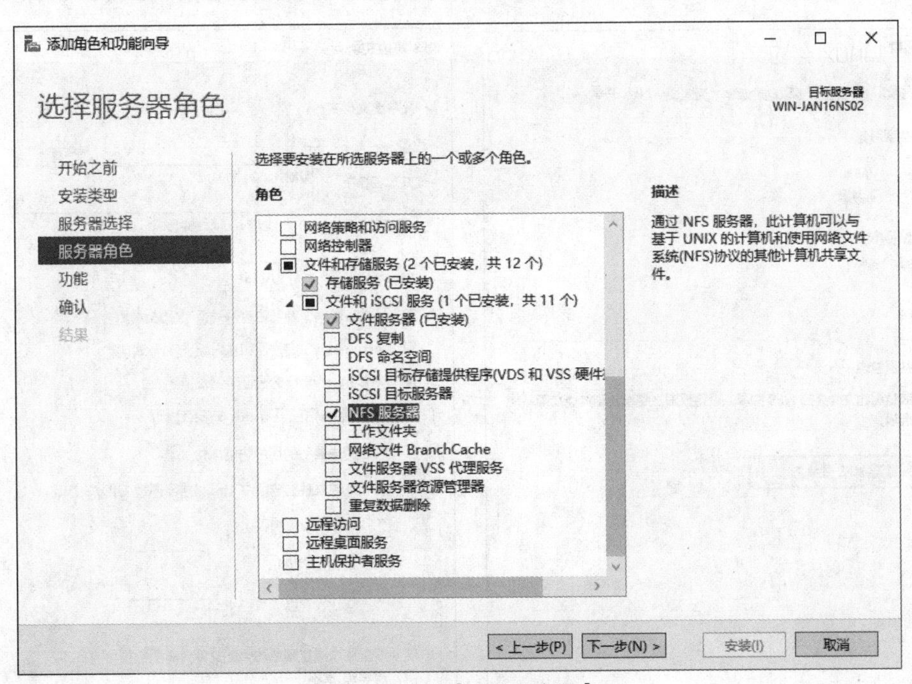

图 7-3 勾选【NFS 服务器】

（3）打开文件资源管理器，进入 G 盘，新建 VM 文件夹，在 VM 文件夹上右击，选择【属性】，如图 7-4 所示。

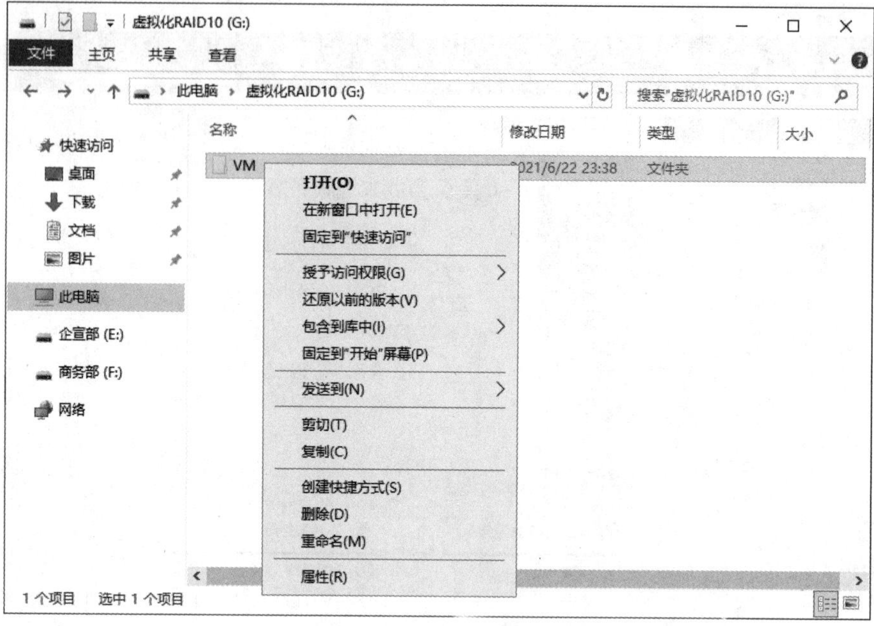

图7-4　选择【属性】

（4）在弹出的【VM属性】对话框中选择【NFS共享】选项卡，单击【管理NFS共享】按钮，如图7-5所示。

（5）在弹出的【NFS高级共享】对话框中勾选【共享此文件夹】复选框，如图7-6所示。

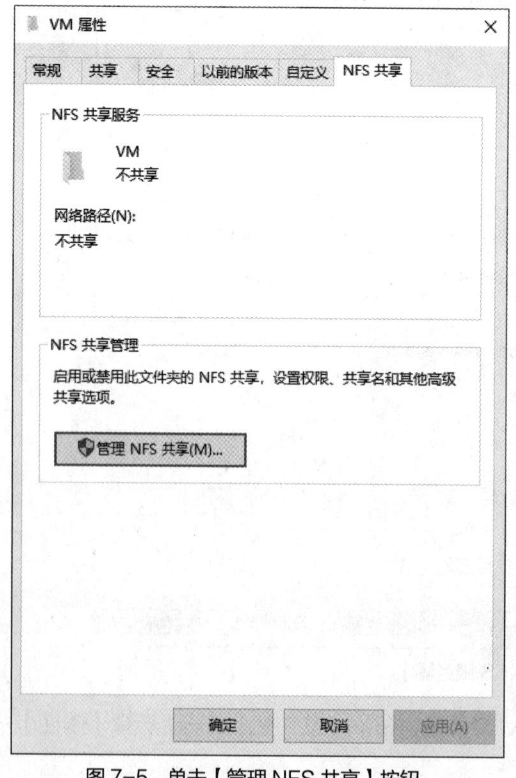

图7-5　单击【管理NFS共享】按钮

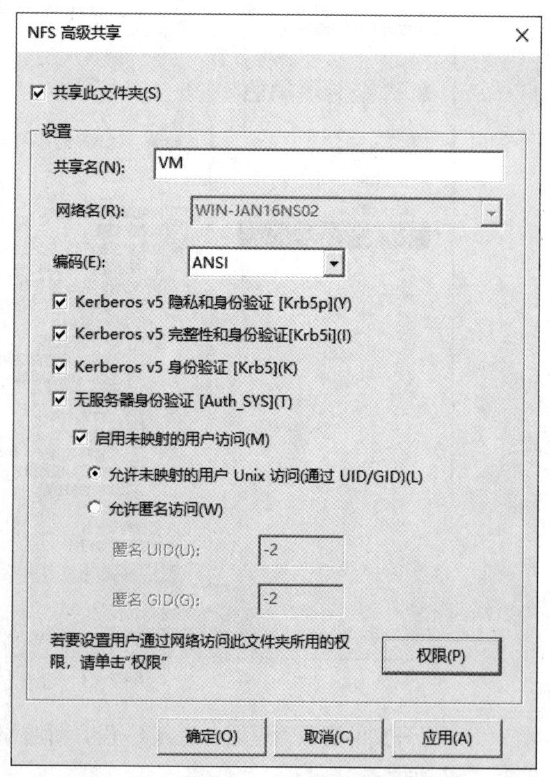

图7-6　共享此文件夹

（6）在图 7-6 所示的对话框中单击【权限】按钮，打开【NFS 共享权限】对话框，将【访问类型】设置为【读写】，单击【确定】按钮，如图 7-7 所示。

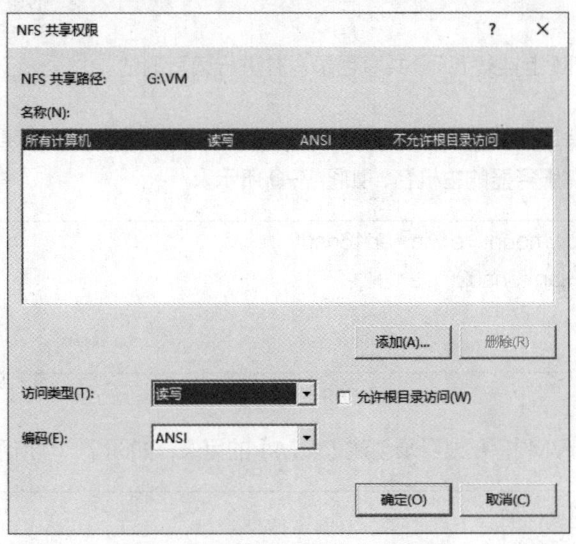

图 7-7　设置【访问类型】为【读写】

3. 任务验证

在存储服务器 NS2 上打开文件资源管理器，进入 G 盘，查看共享文件夹 VM 的【NFS 共享】属性，【网络路径】变为【WIN-JAN16NS02:/VM】，如图 7-8 所示。其中 WIN-JAN16NS02 是服务器的名称，VM 是共享文件夹的名称。

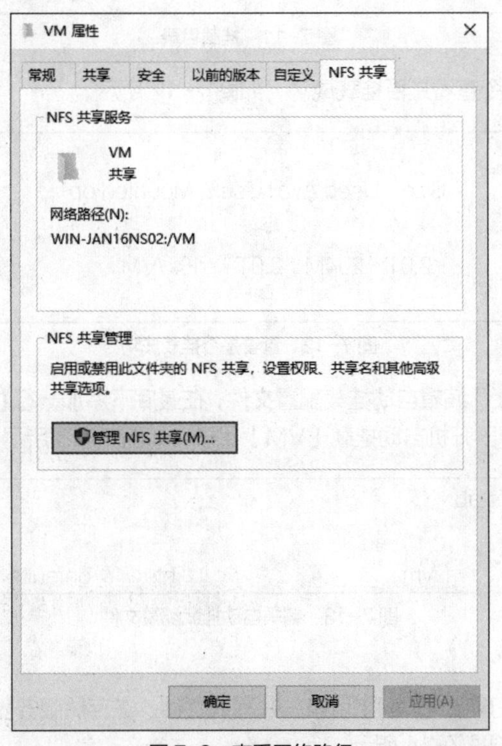

图 7-8　查看网络路径

任务 7-2 通过 CentOS 访问 NFS 共享

任务 7-2 通过 CentOS 访问 NFS 共享

1. 任务描述

在虚拟化服务器 VM 上挂载 NFS 共享目录，并进行读写测试。

2. 任务操作

(1)在虚拟化服务器 VM 上执行【showmount -e win-jan16ns02】，其中，win-jan16ns02 是存储服务器的主机名，如图 7-9 所示。

```
[root@vm ~]# showmount -e win-jan16ns02
Export list for win-jan16ns02:
/VM (everyone)
[root@vm ~]#
```

图 7-9 查看共享目录

(2)执行【mkdir /VM】，在根目录创建【/VM】的目录，如图 7-10 所示。

```
[root@vm ~]# mkdir /VM
[root@vm ~]#
```

图 7-10 创建目录

(3)执行【mount win-jan16ns02:/vm /VM】，将共享目录挂载到【/VM】上，如图 7-11 所示。

```
[root@vm ~]# mount win-jan16ns02:/vm /VM
[root@vm ~]#
```

图 7-11 挂载目录

(4)使用【df -h】命令查看是否挂载成功，如图 7-12 所示。

```
[root@vm ~]# df -h
Filesystem              Size   Used Avail Use% Mounted on
省略部分内容
win-jan16ns02:/vm        2.0T   204M   2.0T    1% /VM
[root@vm ~]#
```

图 7-12 查看是否挂载成功

(5)使用【vi /etc/fstab】编辑自动挂载配置文件，在最底下添加一行【win-jan16ns02:/VM /vm nfs defaults 0 0】，使服务器开机自动挂载【VM】目录，如图 7-13 所示。

```
[root@vm ~]# vi /etc/fstab
省略部分内容
win-jan16ns02:/VM        /vm                    nfs      defaults        0 0
```

图 7-13 编辑自动挂载配置文件

3. 任务验证

在虚拟服务器 VM 上切换到【VM】目录，并写入文件。在存储服务器 NS2 上打开 VM 文件夹，可以看到已创建的文件，如图 7-14 所示。

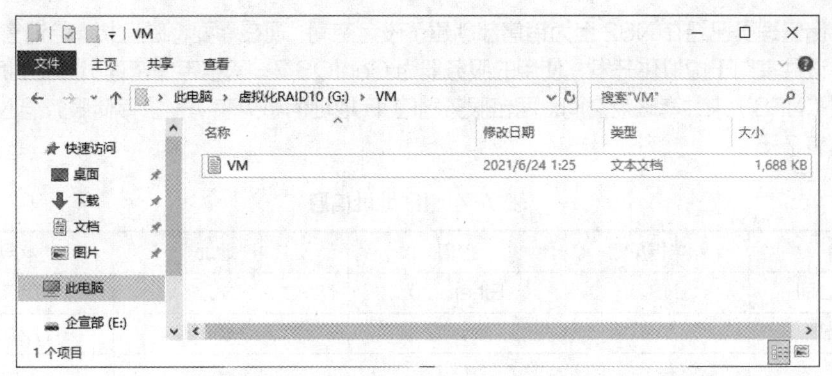

图 7-14　在存储服务器 NS2 上查看 VM 文件夹

练习与实践

一、理论习题

1．判断题

（1）NFS 即网络文件系统，是使不同的计算机之间能通过网络进行文件共享的一种网络协议。(　　)

（2）NFS 广泛应用于 Linux/UNIX 系统，Linux 系统和 Windows 文件共享不兼容，因此 Windows 系统和 Linux 系统间通常通过安装 NFS 服务器和客户端来实现资源共享。(　　)

（3）NFS 传输协议用于服务器和客户端之间文件访问和共享的通信，从而使客户端远程地访问保存在存储设备上的数据。(　　)

2．选择题

（1）文件通常以“块”为单位进行传输，其大小是（　　）KB。

A．2　　B．4　　C．8　　D．10

（2）NFS 至少由（　　）这两个主要部分组成。

A．NFS 服务器和 FTP 服务器　　B．NFS 服务器和 NFS 客户端

C．FTP 服务器和 NFS 客户端　　D．FTP 服务器和 FTP 客户端

二、项目实训题

Jan16 公司使用一台拥有 24 个磁盘扩展槽的高性能服务器作为公司的网络存储服务器（NS2），并且安装了 Windows Server 2019 Datacenter 操作系统。销售部使用的 VM 服务器已接入存储服务器所在的网络。公司网络拓扑如图 7-15 所示。

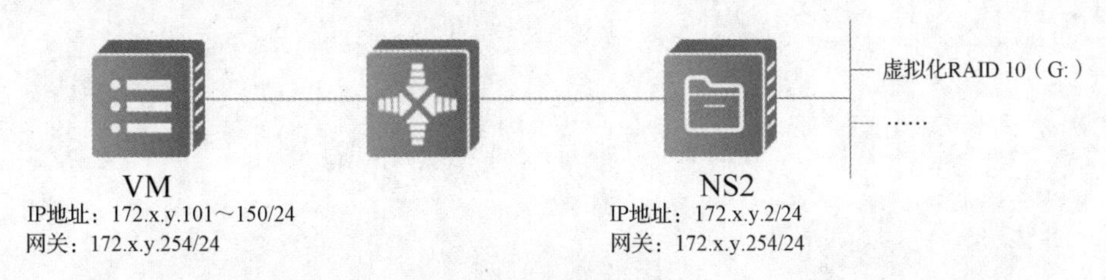

图 7-15　公司网络拓扑

网络存储管理员已经在 NS2 上为销售部创建了磁盘空间，现在需要将磁盘共享给销售部使用。销售部反馈，该共享用于虚拟化开发，使用的服务器为 CentOS 7，网络存储管理员需要利用 CentOS 支持的协议（NFS）来共享磁盘空间。两台服务器的 IP 地址信息见表 7-4。存储服务器 NS2 的存储空间规划见表 7-5。

表 7-4　IP 地址信息

部门	服务器/PC	接口	IP 地址	网关
Jan16 公司	NS2	Ethernet0	172.x.y.2/24	172.x.y.254
销售部	VM	ens32	172.x.y.101/24	172.x.y.254
……	……	……	……	……

表 7-5　存储空间规划

<table>
<tr><th>服务器</th><th>存储池</th><th>虚拟磁盘类型</th><th>虚拟磁盘空间</th><th>卷集类型</th><th>卷集容量</th><th>文件系统</th><th>盘符</th><th>卷标</th></tr>
<tr><td>NS2</td><td>SP2</td><td>Mirror</td><td>1TB</td><td rowspan="2">带区卷</td><td rowspan="2">2TB</td><td rowspan="2">NTFS</td><td rowspan="2">G</td><td rowspan="2">虚拟化</td></tr>
<tr><td>NS2</td><td>SP3</td><td>Mirror</td><td>1TB</td></tr>
</table>

1. 任务设计

网络存储管理员的工作任务如下。

在存储服务器 NS2 上添加 NFS 服务器角色，并在 G 盘上配置 NFS 共享。文件共享规划见表 7-6。

表 7-6　文件共享规划

服务器	共享协议	物理路径	访问路径	用户组	权限

2. 项目实践

（1）提供存储服务器 NS2 上 G:\VM 文件夹属性对话框的【NFS 共享】选项卡界面，确认已配置 NFS 共享。

（2）提供销售部 VM 服务器正确挂载共享的界面，确认 NFS 共享能正常使用。

第 3 篇
SAN 服务的配置与管理

项目8
基于iSCSI传输的配置与管理

项目描述

Jan16 公司使用一台拥有 8 个磁盘扩展槽的服务器作为公司的网络存储服务器（NS1），并且安装了 Windows Server 2019 Datacenter 操作系统。FTP 服务器、Web 服务器已接入公司存储网络，公司存储网络拓扑如图 8-1 所示。

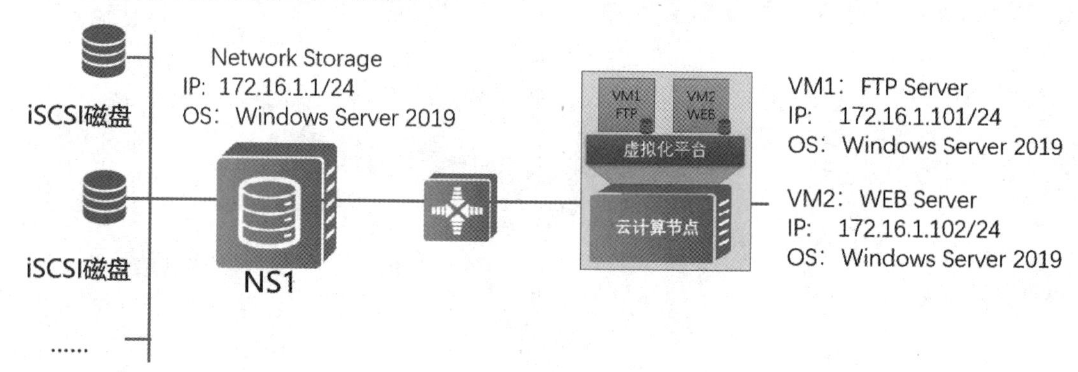

图 8-1 公司存储网络拓扑

网络存储管理员已经为各应用创建了存储空间，现需要将磁盘空间以 iSCSI 磁盘的方式提供给各应用服务器使用，网络存储服务器 NS1 上已创建的磁盘存储空间规划见表 8-1，各服务器 IP 地址信息见表 8-2。

表 8-1 存储空间规划

服务器	宿主磁盘编号	分区/卷集类型	卷集容量	文件系统	盘符	卷标
NS1	HDD01	主分区	500GB	NTFS	D	FTP
NS1	HDD01	主分区	200GB	NTFS	E	Web
NS1	HDD02	主分区	1TB	NTFS	F	Backup

表 8-2 服务器 IP 地址信息

服务器	接口	IP 地址	网关
NS1	Ethernet0	172.16.1.1/24	172.16.1.254
FTP01	Ethernet0	172.16.1.101/24	172.16.1.254

续表

服务器	接口	IP 地址	网关
Web01	Ethernet0	172.16.1.102/24	172.16.1.254
……	……	……	……

项目规划设计

网络存储管理员的工作任务如下。

在存储服务器 NS1 上为两个应用服务器创建 iSCSI 磁盘和 iSCSI 目标，创建的 iSCSI 共享规划见表 8-3。

表 8-3 创建的 iSCSI 共享规划

服务器	磁盘容量	存放位置	目标类型	目标值	认证
NS1	500GB	D:	IP 地址	172.16.1.101	否
NS1	200GB	E:	IP 地址	172.16.1.102	否
……	……	……	……	……	……

项目相关知识

8.1 SAN

存储区域网（Storage Area Network，SAN）是一种在服务器和存储服务器之间实现高速、可靠访问的存储网络。

存储服务器基于小型计算机系统接口（Small Computer System Interface，SCSI）协议将卷上的一个存储区块租赁给服务器，服务器通过 SCSI 客户端将这个区块识别为一个本地磁盘，初始化该磁盘后即可用于存取数据。

SCSI 的主要功能是在主机和存储设备之间传送命令、状态和块数据。SAN 基于 SCSI 提供两种磁盘服务：FC SAN 和 IP SAN。FC SAN 是基于光纤的存储网络服务，IP SAN 是基于 TCP/IP 的存储网络服务。

8.2 FC SAN

在 SAN 网络中，所有的数据传输需要在高速、高带宽的网络中进行，而光纤通道（Fiber Channel，FC）技术因能提供优质的传输带宽被广泛应用于 SAN。FC SAN 需要购置专门的 FC 卡、FC SAN 光纤交换机等设备，成本较高。这种服务可以在服务器和存储之间提供快速、高效、可靠传输的块级存储访问，被广泛应用于中高端存储网络中，但由于服务器和存储之间需要采用专门的光纤链路连接，因此连接距离较短。

8.3 IP SAN 与 iSCSI

当多数企业由于 FC SAN 的高成本而对 SAN“敬而远之”时，iSCSI 技术的出现，推动了 IP SAN 在企业中的应用。大多数中小企业都以 TCP/IP 为基础建立了网络环境，iSCSI 可以在 IP 网络上实现 SCSI 的功能，允许用户通过 TCP/IP 网络构建 SAN，为众多要求经济合理和便于管理的中小企业的存储设备提供了直接访问的功能。

由此可见，IP SAN 实际上就是使用 IP 将服务器与存储设备连接起来的技术，基于 IP 网络实现数据块级别的存储。

在 IP SAN 的标准中，除了已通过的 iSCSI，还有 FCIP、iFCP 等协议标准。其中，iSCSI 发展较快，它已经成为 IP 存储技术的一个典型代表。基于 iSCSI 的 SAN 的目的就是要使用本地 iSCSI 发起方（Initiator）和 iSCSI 目标（Target）来建立 SAN。iSCSI 的两个组件如下。

- 目标（服务端）：存储设备上的 iSCSI 服务，用于转换 TCP/IP 包中的 SCSI 命令和数据，服务端的端口号默认为 3260。
- 发起方（客户端）：iSCSI 客户端软件，一般安装在应用服务器上，它接收应用层的 SCSI 请求，并将 SCSI 命令和数据封装到 TCP/IP 包中后再发送到 IP 网络中。

项目实施

任务 8-1 iSCSI 服务的安装与配置

1. 任务描述

在存储服务器 NS1 上添加 iSCSI 目标服务器，并将 D 盘和 E 盘分别作为 FTP 服务器和 Web 服务器的 iSCSI 虚拟磁盘。

微课视频

任务 8-1 iSCSI 服务的安装与配置

2. 任务操作

（1）在存储服务器 NS1 的【服务器管理器】窗口中依次单击【管理】→【添加角色和功能】。在【添加角色和功能向导】对话框的【选择服务器角色】界面中单击【服务器角色】选项，依次单击【文件和存储服务】→【文件和 iSCSI 服务】命令，勾选【iSCSI 目标服务器】，单击【下一步】按钮，如图 8-2 所示。

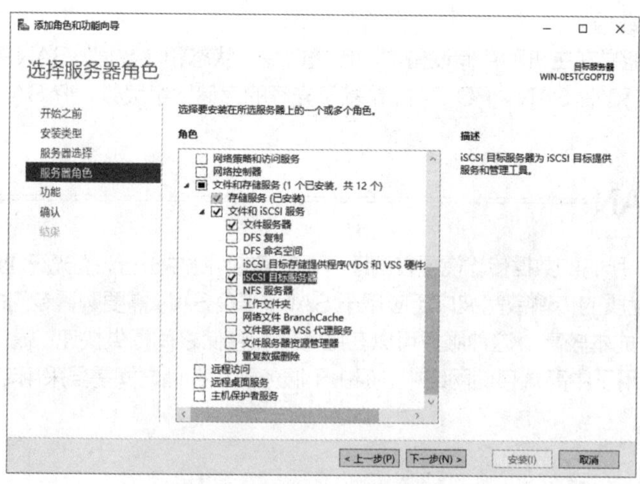

图 8-2 勾选【iSCSI 目标服务器】

（2）在【服务器管理器】窗口中单击【文件和存储服务】，选中【iSCSI】，单击【任务】，选择【新建 iSCSI 虚拟磁盘】，如图 8-3 所示。

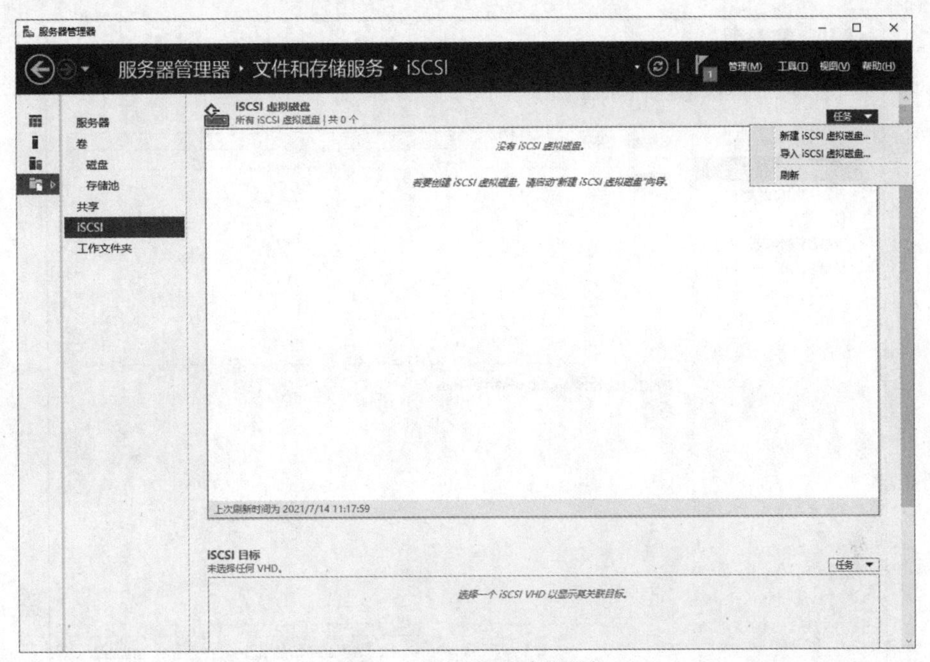

图 8-3 新建 iSCSI 虚拟磁盘

（3）在【新建 iSCSI 虚拟磁盘向导】对话框中，在【iSCSI 虚拟磁盘位置】中选择【D:】，单击【下一步】按钮，如图 8-4 所示。

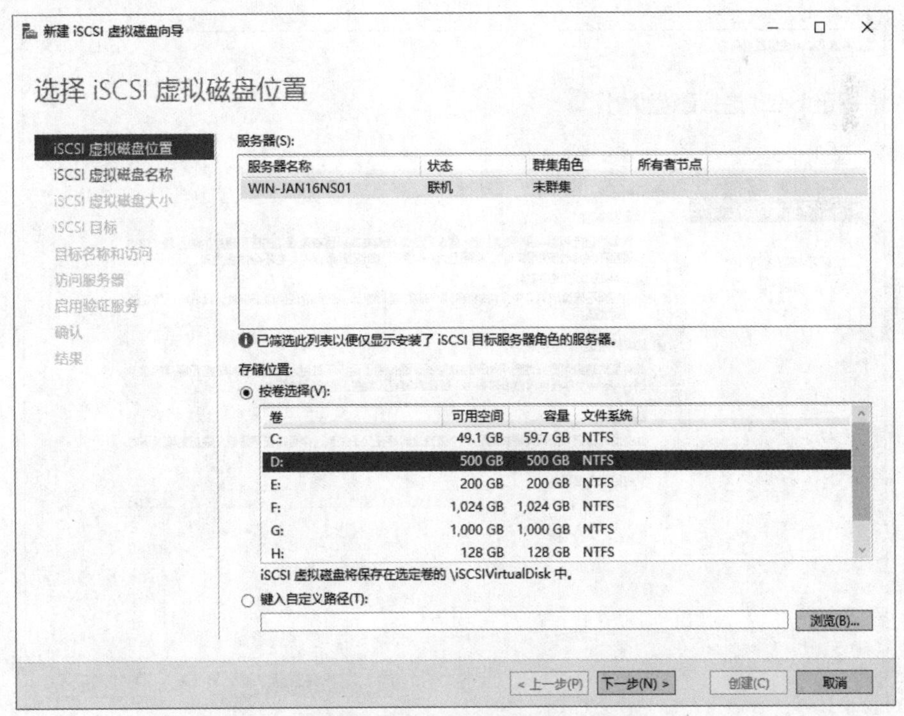

图 8-4 选择 iSCSI 虚拟磁盘位置

（4）在【iSCSI 虚拟磁盘名称】的【名称】文本框中输入【FTP01】（可自定义），单击【下一步】按钮，如图 8-5 所示。

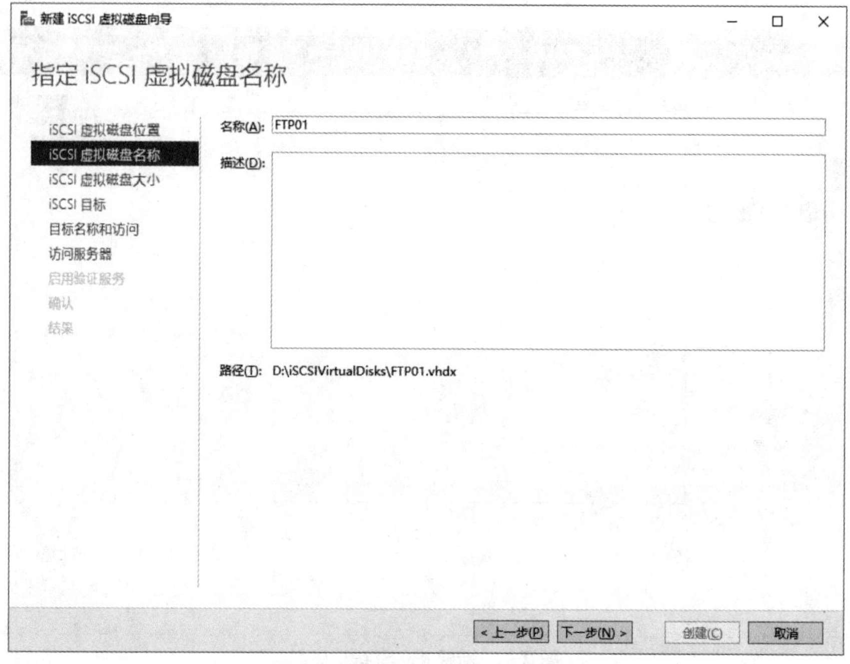

图 8-5 指定 iSCSI 虚拟磁盘名称

（5）在【iSCSI 虚拟磁盘大小】的【大小】文本框中输入【500】，单击【下一步】按钮，如图 8-6 所示。

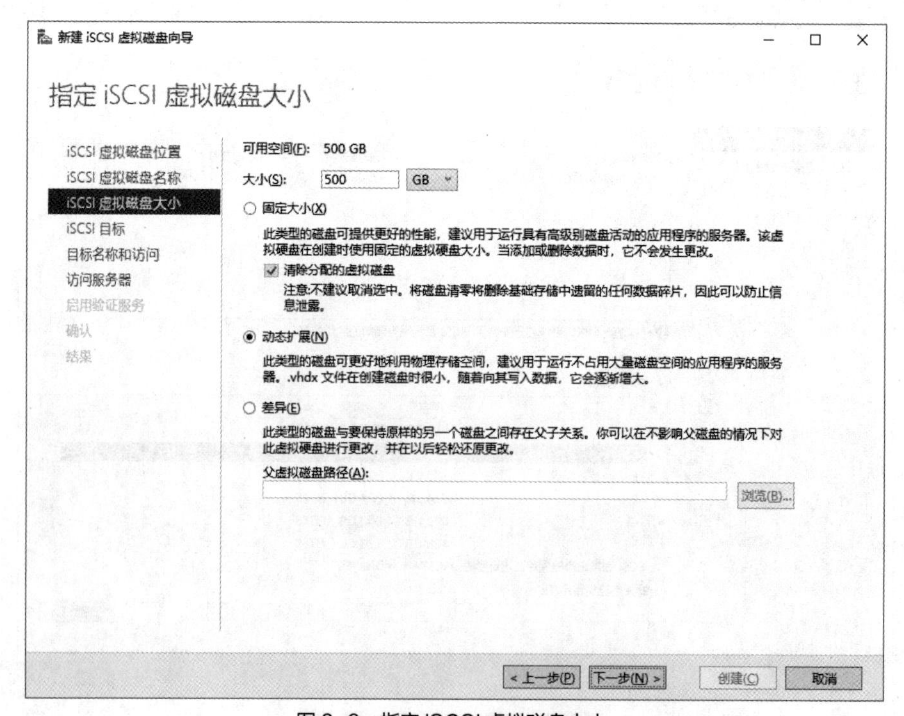

图 8-6 指定 iSCSI 虚拟磁盘大小

（6）在【目标名称和访问】的【名称】文本框中输入【FTP01 服务器】，单击【下一步】按钮，如图 8-7 所示。

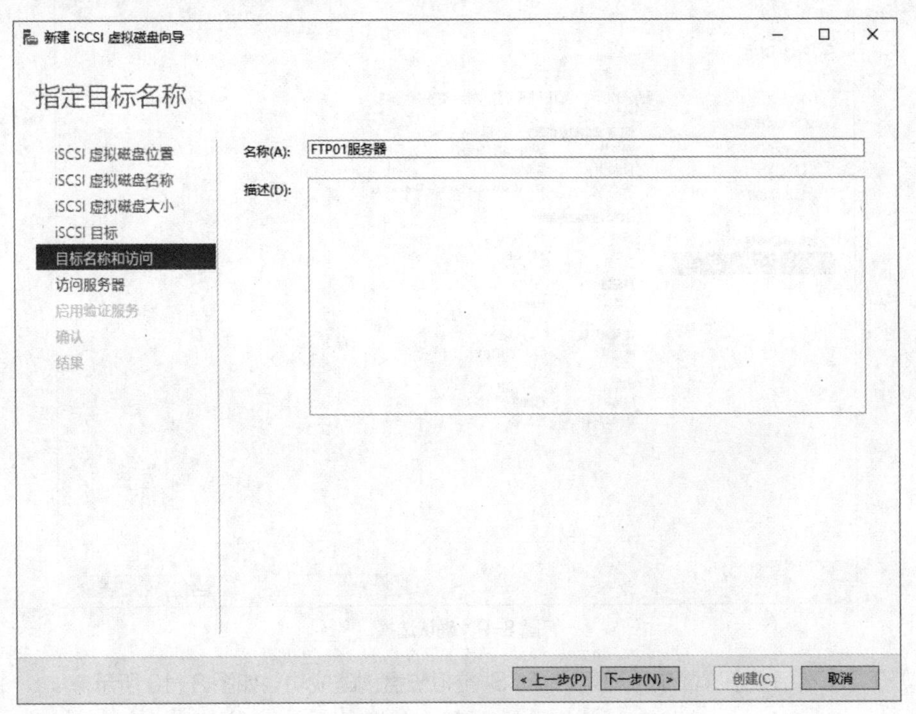

图 8-7　指定目标名称

（7）在【访问服务器】中单击【添加】按钮。在弹出的【添加发起程序 ID】对话框中选择【输入选定类型的值】，设置【类型】为【IP 地址】且输入 FTP01 服务器的 IP 地址【172.16.1.101】，单击【确定】按钮，如图 8-8 所示。

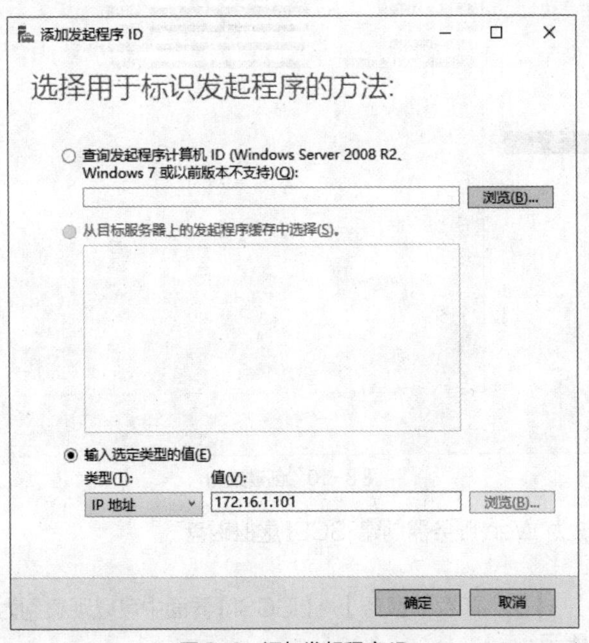

图 8-8　添加发起程序 ID

（8）在【确认选择】界面中可以查看前面所配置的信息，单击【创建】按钮，如图 8-9 所示。

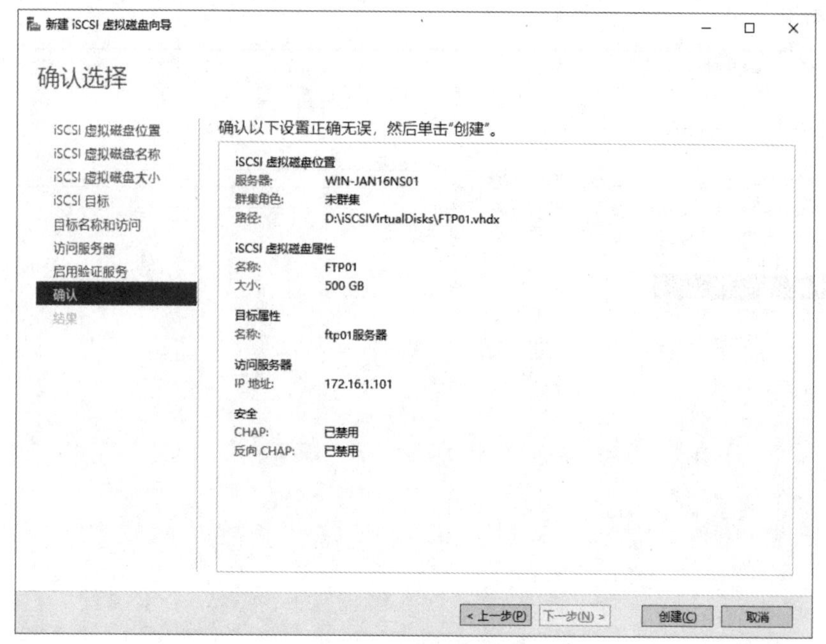

图 8-9　确认选择

（9）在【查看结果】界面中可观察到 iSCSI 虚拟磁盘创建成功，如图 8-10 所示。

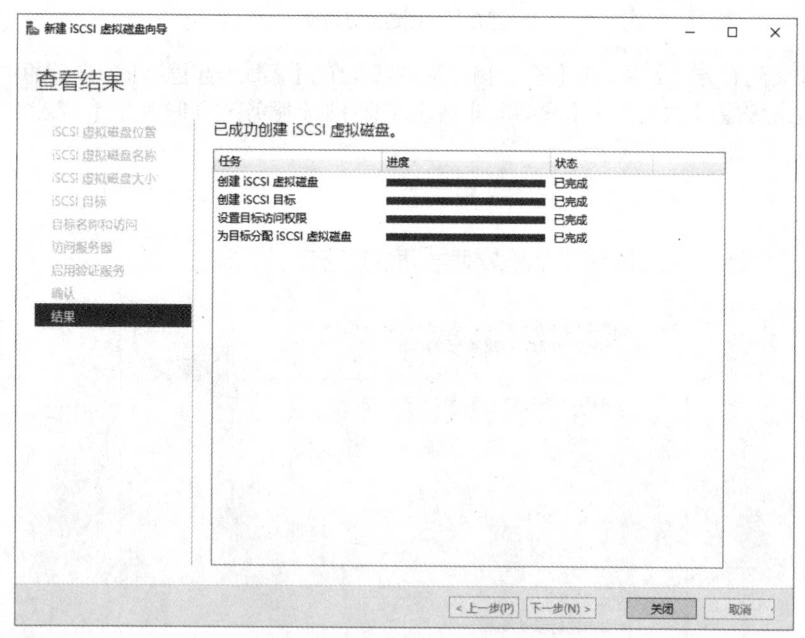

图 8-10　创建成功

（10）使用相同方法为 Web 服务器创建 iSCSI 虚拟磁盘。

3. 任务验证

在【服务器管理器】→【文件和存储服务】→【iSCSI】界面中可以观察到为 FTP01 创建的 iSCSI 虚拟磁盘，如图 8-11 所示。

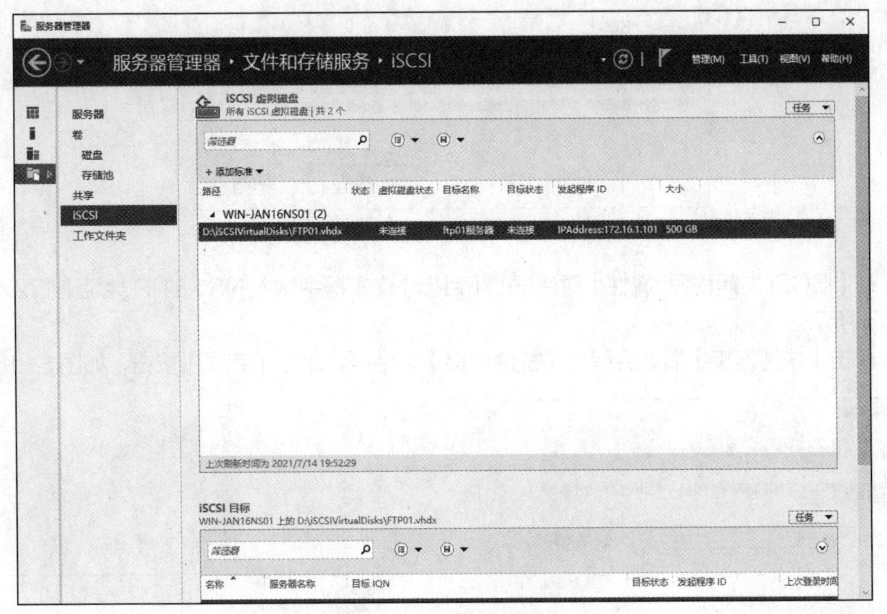

图 8-11 iSCSI 虚拟磁盘

任务 8-2 iSCSI 虚拟磁盘的连接与使用

微课视频

任务 8-2 iSCSI 虚拟磁盘的连接与使用

1. 任务描述

在 FTP 服务器和 Web 服务器中，通过 iSCSI 发起程序连接 iSCSI 虚拟磁盘，使用 IP 地址且无验证连接的虚拟磁盘新建分区并格式化。

2. 任务操作

（1）在 FTP01 服务器的【服务器管理器】窗口中依次单击【工具】→【iSCSI 发起程序】，如图 8-12 所示。

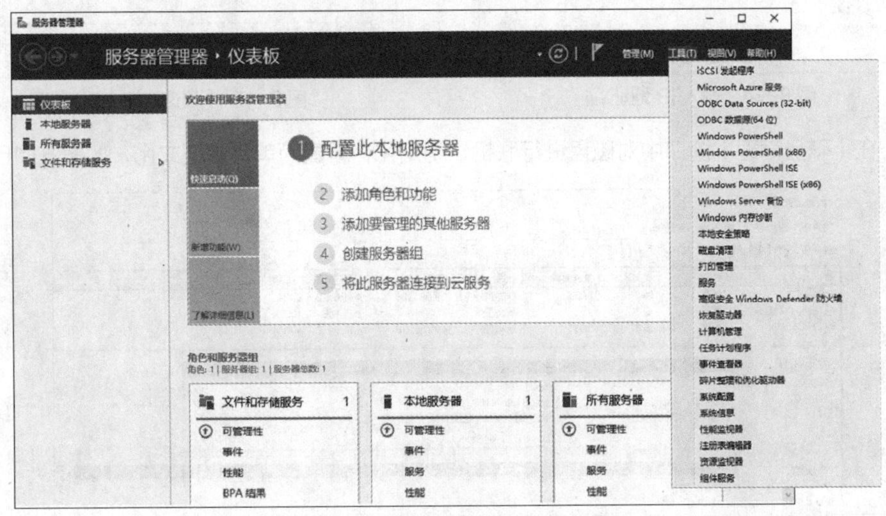

图 8-12 单击【iSCSI 发起程序】

（2）第一次打开 iSCSI 发起程序，会出现【Microsoft iSCSI】弹窗，提示未运行 Microsoft iSCSI 服务，单击【是】按钮，如图 8-13 所示。将弹出【iSCSI 发起程序 属性】对话框。

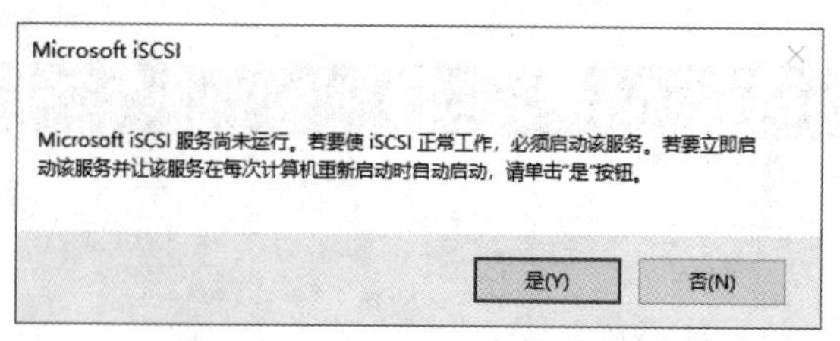

图 8-13 【Microsoft iSCSI】弹窗

（3）在【iSCSI 发起程序 属性】对话框的【目标】文本框中输入 NS1 的 IP 地址【172.16.1.1】，如图 8-14 所示。

（4）单击【快速连接】后，会弹出【快速连接】对话框，单击【完成】按钮，如图 8-15 所示。

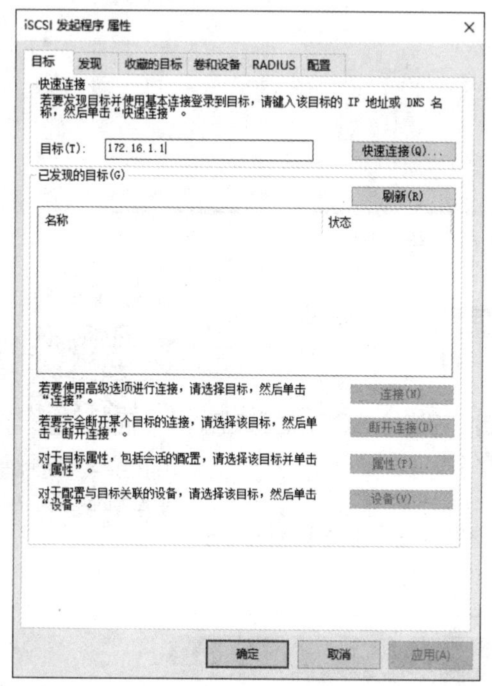

图 8-14 输入 IP 地址

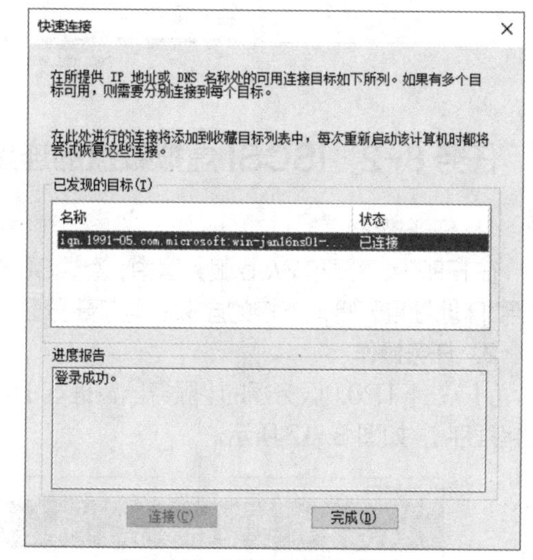

图 8-15 【快速连接】对话框

（5）在【磁盘管理】窗口中对磁盘进行联机、初始化，新建简单卷并格式化，如图 8-16 所示。

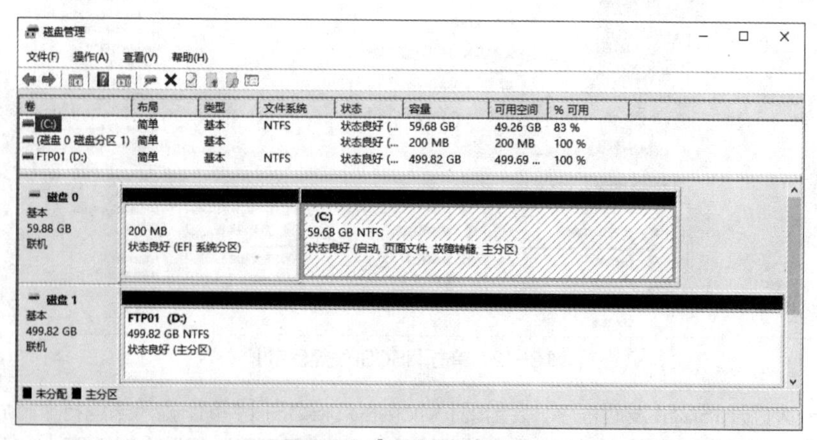

图 8-16 【磁盘管理】窗口

（6）使用相同方法使 Web 服务器连接及使用 iSCSI 虚拟磁盘。

3. 任务验证

（1）在存储服务器 NS1 的文件资源管理器中打开 D 盘，如图 8-17 所示，可以观察到为 FTP01 创建的 iSCSI 虚拟磁盘 FTP01。

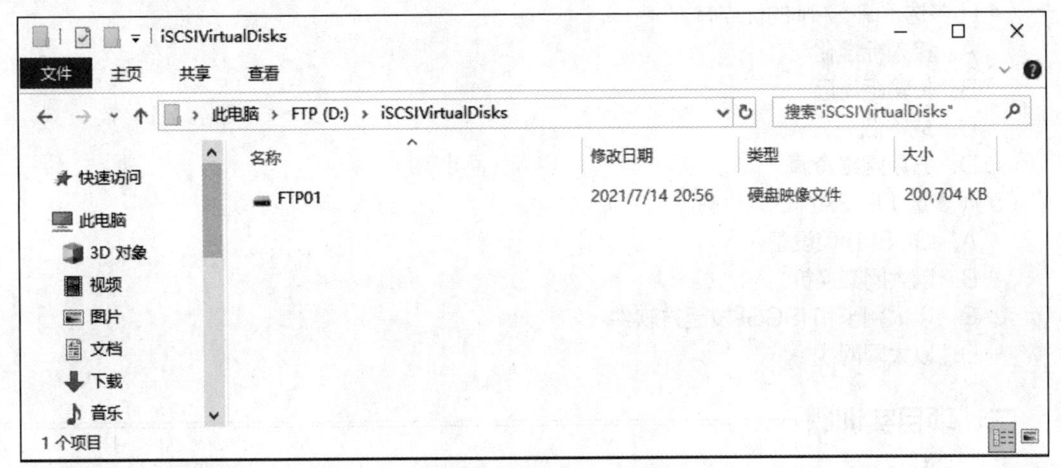

图 8-17　NS1 中的 FTP01

（2）在应用服务器 FTP01 中，可以在该虚拟磁盘中创建文件夹，如图 8-18 所示。

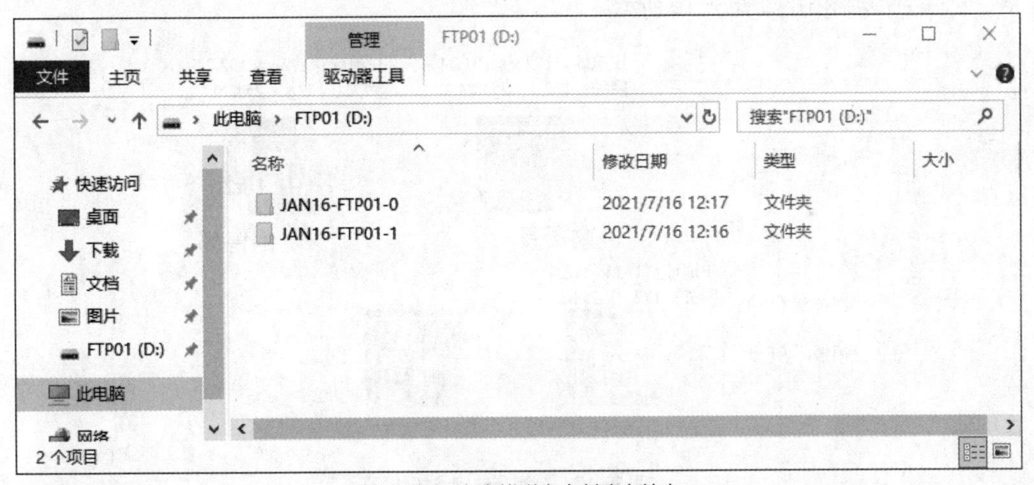

图 8-18　在虚拟磁盘中创建文件夹

练习与实践

一、理论习题（选择题）

（1）（　　）网络对于那些流量要求不太高的应用场合以及预算不充足的用户，是一种非常好的选择。

A. SAN　　B. FC SAN　　C. iSCSI　　D. DAS

（2）iSCSI 的目标（即服务端）的端口号默认是（　　）。

A. 1086　　B. 1022　　C. 3260　　D. 3261

（3）创建 iSCSI 虚拟磁盘时，需要指定标识，发起方要满足（　　）种标识。

A. 一　　B. 二　　C. 三　　D. 四

（4）（多选）IP SAN 的优点有（　　）。

A. 接入标准化

B. 传输距离远

C. 成本低

D. 占用网络资源

（5）（多选）IP SAN 的组件有（　　）。

A. iSCSI 存储设备

B. 以太网交换机

C. 以太网卡和 ISCSI 发起方软件

D. 以太网网线

二、项目实训题

Jan16 公司使用一台拥有 8 个磁盘扩展槽的服务器作为公司的网络存储服务器（NS1），并且安装了 Windows Server 2019 Datacenter 操作系统。财务部服务器、销售部服务器已接入公司存储网络，公司存储网络拓扑如图 8-19 所示。

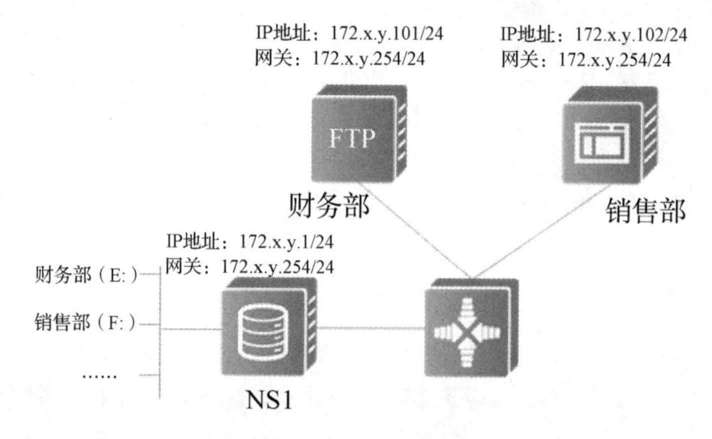

图 8-19　公司存储网络拓扑

网络存储管理员已经为各应用创建了存储空间，现需要将磁盘空间以 iSCSI 磁盘的方式提供给各应用服务器使用，网络存储服务器 NS1 上已创建的磁盘存储空间规划见表 8-4，各服务器 IP 地址信息见表 8-5。

表 8-4　存储空间规划

服务器	宿主磁盘编号	卷集类型	分区/卷集容量	文件系统	盘符	卷标
NS1	HDD01	主分区	500GB	NTFS	E	财务部
NS1	HDD02	主分区	1TB	NTFS	F	销售部

表 8-5　服务器 IP 地址信息

服务器	接口	IP 地址	网关
NS1	Ethernet0	172.x.y.1/24	172.x.y.254
财务部	Ethernet0	172.x.y.101/24	172.x.y.254
销售部	Ethernet0	172.x.y.102/24	172.x.y.254
……	……	……	……

1. 任务设计

网络存储管理员的工作任务如下。

在存储服务器 NS1 上为两个应用服务器创建 iSCSI 磁盘和 iSCSI 目标，创建的 iSCSI 共享规划见表 8-6。

表 8-6　iSCSI 共享规划

服务器	磁盘容量	存放位置	目标类型	目标值	认证

2. 项目实践

（1）提供存储服务器 NS1 的 iSCSI 管理界面，确认已创建 iSCSI 磁盘和目标。

（2）提供财务部服务器和销售部服务器的 iSCSI 发起程序目标界面，确认已连接 iSCSI 磁盘。

（3）提供财务部服务器和销售部服务器的文件资源管理器界面，确认 iSCSI 磁盘可以正常使用。

项目9 iSCSI的安全配置

09

项目描述

Jan16 公司使用一台拥有 24 个磁盘扩展槽的高性能服务器作为公司的网络存储服务器（NS2），并且安装了 Windows Server 2019 Datacenter 操作系统。各部门 PC 已接入公司网络，公司网络拓扑如图 9-1 所示。

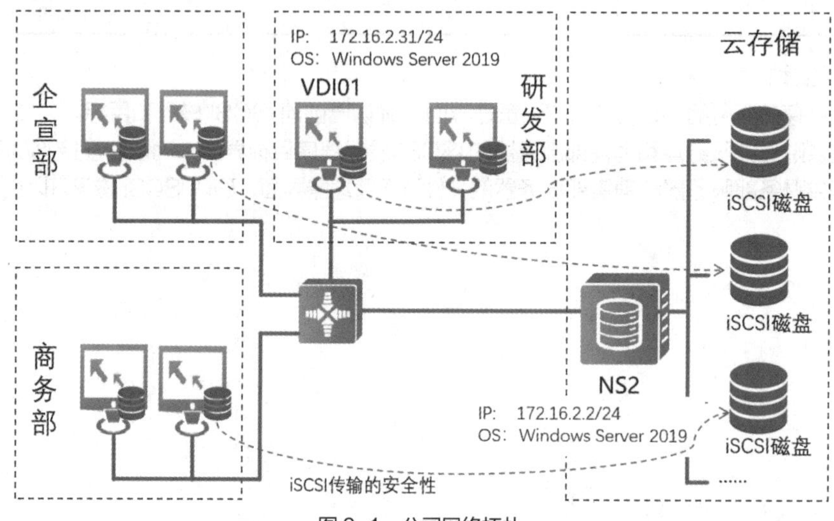

图 9-1 公司网络拓扑

存储服务器 NS2 与各部门 PC 处于同一网段，使用不同的 IP 地址范围，服务器及 PC 的 IP 地址信息见表 9-1。

表 9-1 IP 地址信息

部门	服务器/PC	接口	IP 地址	网关
Jan16 公司	NS2	Ethernet0	172.16.2.2/24	172.16.2.254
研发部	VDI01	Ethernet0	172.16.2.31/24	172.16.2.254
......	......	......	......	......

网络存储管理员已经在 NS2 上为研发部创建了存储空间，现在需要将磁盘共享给研发部使用，存储空间信息见表 9-2。研发部使用的应用程序需要将磁盘空间识别为本地存储空间，网络存储管理员将存储空间以 iSCSI 磁盘的方式提供给研发部使用。同时，为防止其他部门错误地连接到该磁盘，需要为 iSCSI 磁盘配置一定的传输安全性。

表 9-2 存储空间信息

服务器	存储池	虚拟磁盘类型	虚拟磁盘空间	文件系统	盘符	卷标
NS2	BP1	Simple	3TB	NTFS	D	研发部
……	……	……	……	……	……	……

项目规划设计

网络存储管理员的工作任务如下。

在存储服务器 NS2 上为研发部创建 iSCSI 磁盘和 iSCSI 目标，创建的 iSCSI 存储规划见表 9-3。

表 9-3 iSCSI 存储规划

服务器	磁盘容量	存放位置	目标类型	目标值	认证	用户名	密码
NS2	3TB	D:	IQN	iqn.2021-06.cn.jan16:win-jan16vdi01	是	YF	YanFa@Jan16.cn
……	……	……	……	……	……	……	……

项目相关知识

CHAP

挑战握手身份认证协议（Challenge Handshake Authentication Protocol，CHAP）是指通过三次握手机制与远程节点建立可靠连接。

在 iSCSI 客户端需要连接网络存储的 iSCSI 逻辑磁盘时，客户端会向网络存储服务器发起 iSCSI 请求，双方通过协商后将采用 CHAP 进行身份验证，验证报文将使用 MD5 进行加密然后发送。

CHAP 验证过程如图 9-2 所示。

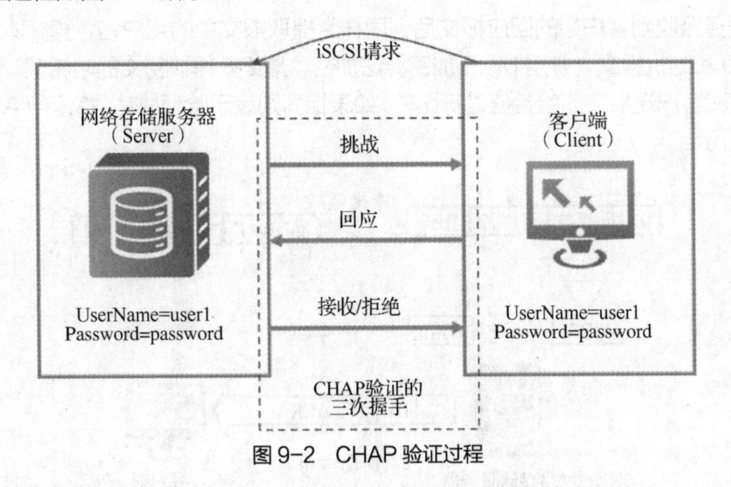

图 9-2 CHAP 验证过程

1. 挑战阶段

网络存储服务器收到客户端的 CHAP 验证请求后，网络存储服务器会向客户端发送一段随机的报文，并加上用户名user1，这个过程称为“挑战”。

如图9-3所示，网络存储服务器向客户端发送的挑战报文包含：挑战分组类型标识符（01）、标识挑战分组的序列号（ID）、随机数、挑战方的用户名（这里为user1）。

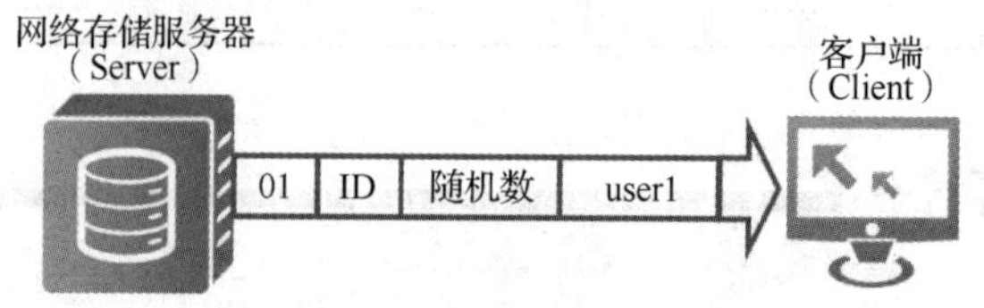

图9-3　CHAP身份验证挑战阶段

服务端发送的挑战报文数据将会保留在网络存储服务器数据库中。

2. 回应阶段

当客户端收到网络存储服务器发送的挑战报文后，将从中提取出网络存储服务器发送过来的用户名，然后在后台数据库中查找用户名为user1的记录，并获取对应的密码，这里为password。再将用户名、密码、报文ID和随机报文用MD5加密算法进行加密，并获得密文的哈希值。最后把这个哈希值放到CHAP回应报文中发送给网络存储服务器，CHAP身份验证回应阶段如图9-4所示。

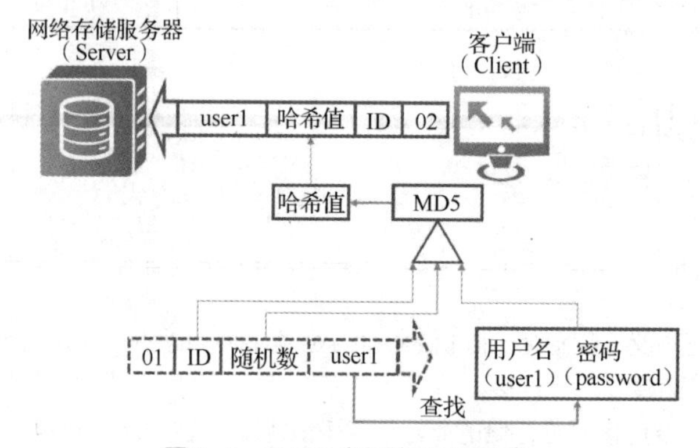

图9-4　CHAP身份验证回应阶段

3. 接收/拒绝阶段

网络存储服务器收到客户端的回应报文后，同样会提取报文中的用户名，查找本地数据库中对应的密码、报文ID和随机报文，并用MD5加密算法加密，最终获得该密文的哈希值。网络存储服务器将自己的哈希值和客户端报文的哈希值进行比较，如果相同则表示验证成功，将返回ACK（验证成功），报文如图9-5所示。

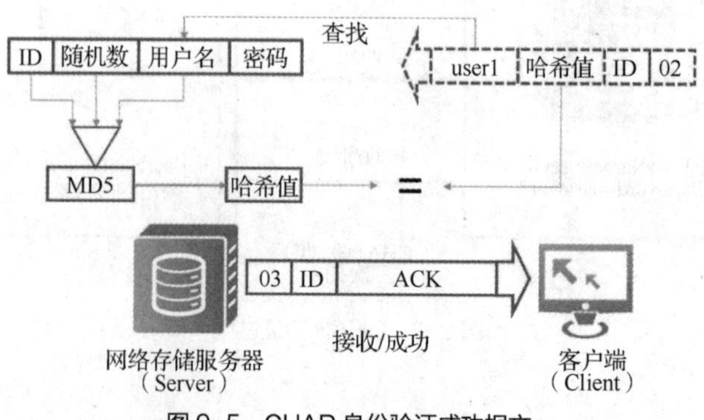

图9-5　CHAP身份验证成功报文

如果哈希值不相同，表示验证失败，将返回 NAK（验证失败），报文如图 9-6 所示。

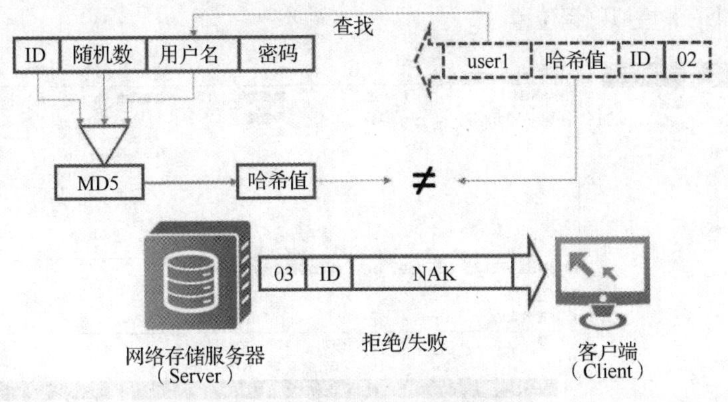

图 9-6　CHAP 身份验证失败报文

项目实施

任务 9-1　iSCSI 服务器的安全配置

1. 任务描述

在存储服务器 NS2 上添加 iSCSI 目标服务器角色，采用 IQN 类型及认证模式，并将 D 盘作为研发部的 iSCSI 虚拟磁盘。

任务 9-1　iSCSI 服务器的安全配置

2. 任务操作

（1）在存储服务器 NS2 上添加 iSCSI 目标服务器角色后，在【服务器管理器】窗口中依次单击【文件和存储服务】→【iSCSI】，单击【任务】，选择【新建 iSCSI 虚拟磁盘】，如图 9-7 所示。

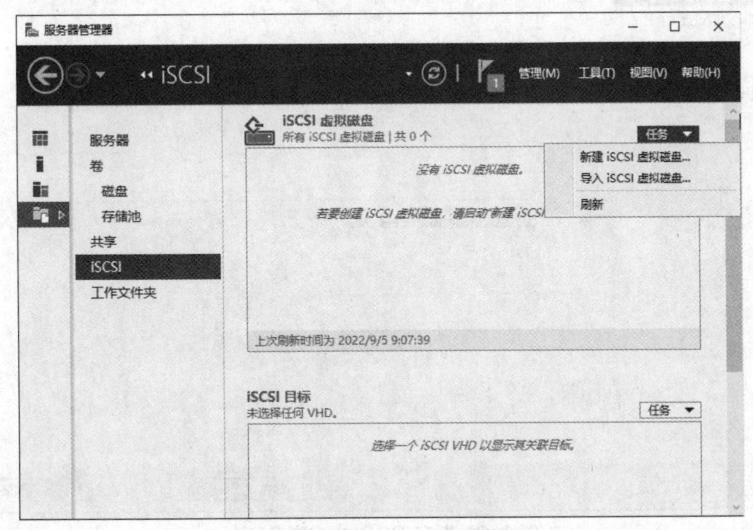

图 9-7　新建 iSCSI 虚拟磁盘

（2）在【新建 iSCSI 虚拟磁盘向导】对话框中，在【存储位置】中选择【D:】，单击【下一步】按钮，如图 9-8 所示。

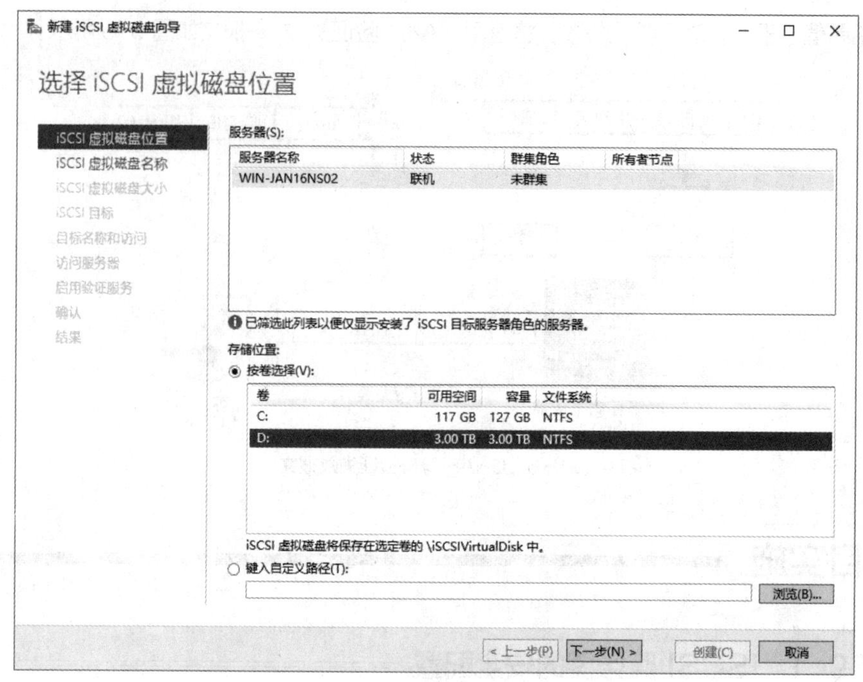

图 9-8　选择 iSCSI 虚拟磁盘位置

（3）在【iSCSI 虚拟磁盘名称】的【名称】文本框中输入【研发部】，单击【下一步】按钮，如图 9-9 所示。

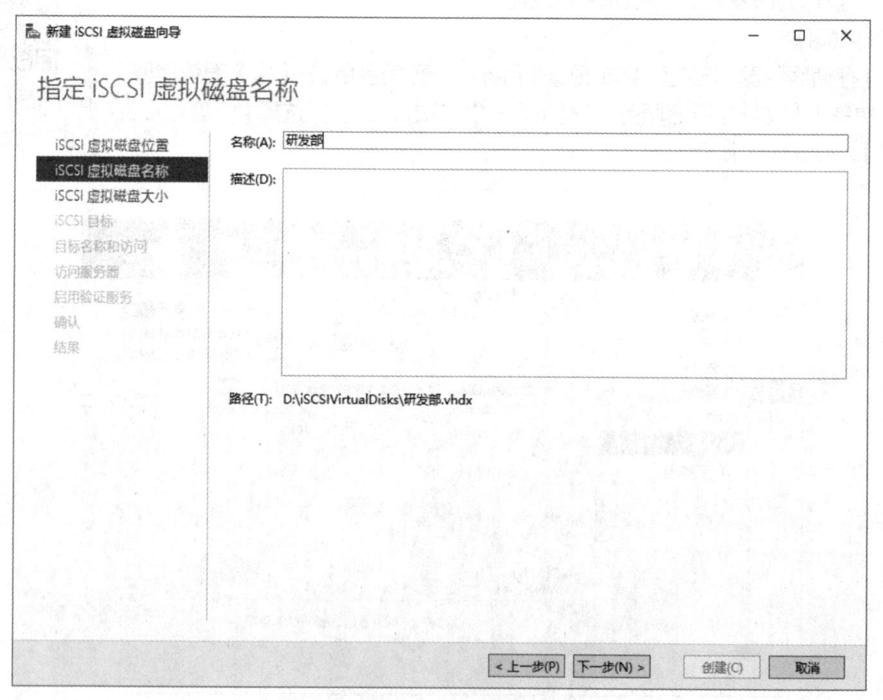

图 9-9　指定 iSCSI 虚拟磁盘名称

（4）在【iSCSI 虚拟磁盘大小】的【大小】文本框中输入【3】，单击【下一步】按钮，如图 9-10 所示。

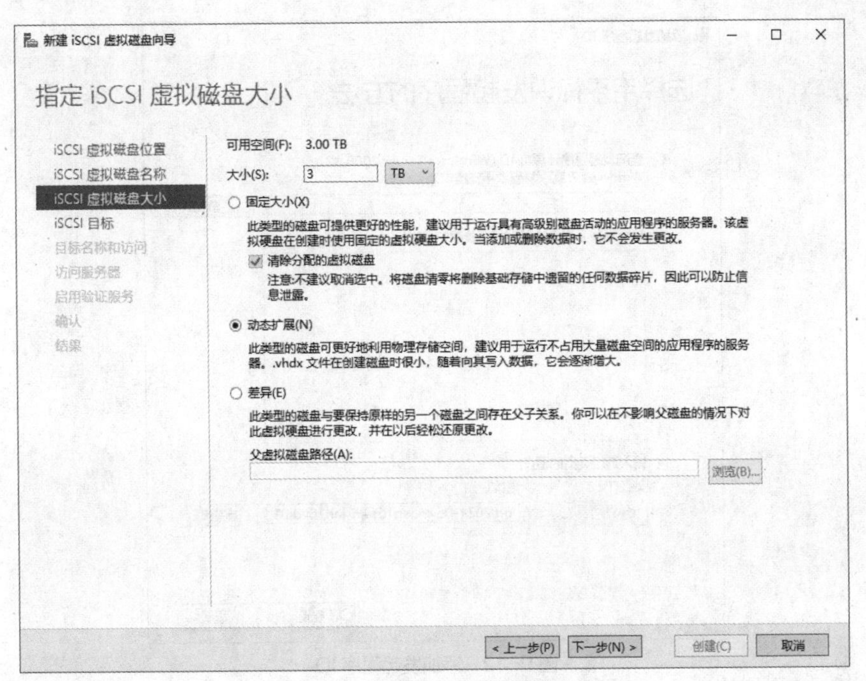

图 9-10　指定 iSCSI 虚拟磁盘大小

（5）在【目标名称和访问】的【名称】文本框中输入【研发部 VDI01】，单击【下一步】按钮，如图 9-11 所示。

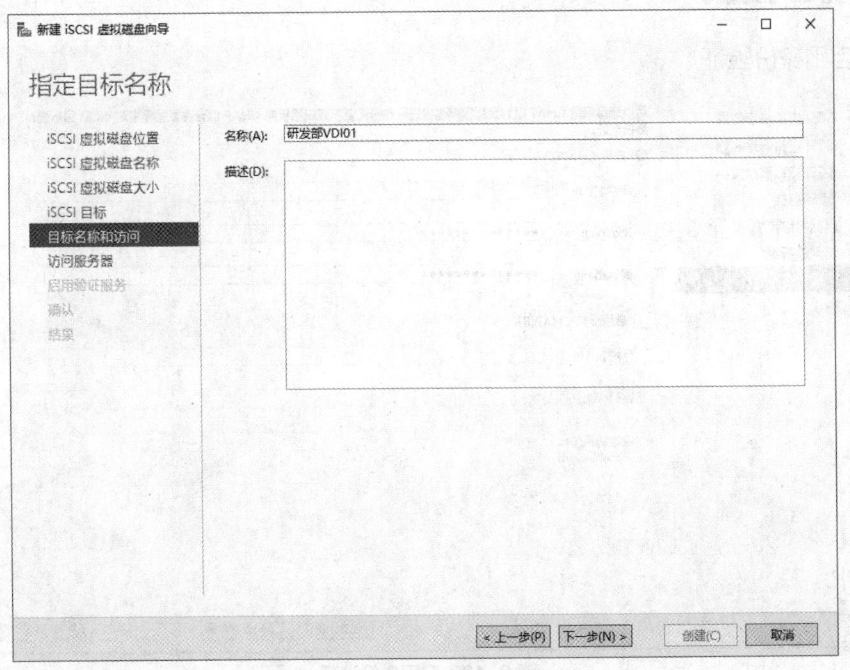

图 9-11　指定目标名称

（6）在【访问服务器】中单击【添加】按钮。在弹出的【添加发起程序 ID】对话框中选择【输入选定类型的值】，设置【类型】为【IQN】且输入研发部 VDI01 的 IQN 值【iqn.2021-06.cn.jan16:win-jan16vdi01】，单击【确定】按钮，如图 9-12 所示。

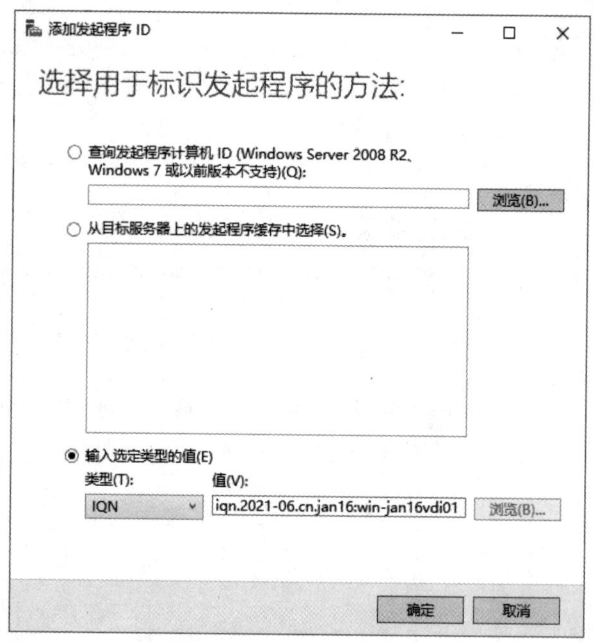

图 9-12　添加发起程序 ID

（7）在【启用验证服务】中勾选【启用 CHAP】，输入用户名【YF】及密码【YanFa@Jan16.cn】，单击【下一步】按钮，如图 9-13 所示。

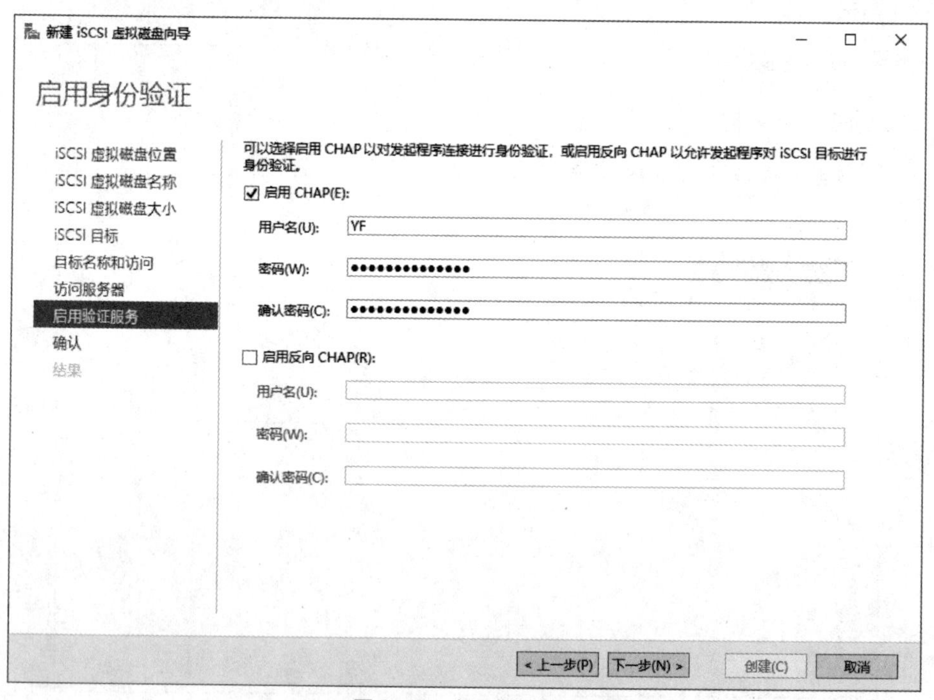

图 9-13　启用身份验证

（8）在【确认】中可以观察到配置信息中显示 CHAP 已启用，单击【创建】按钮，如图 9-14 所示。

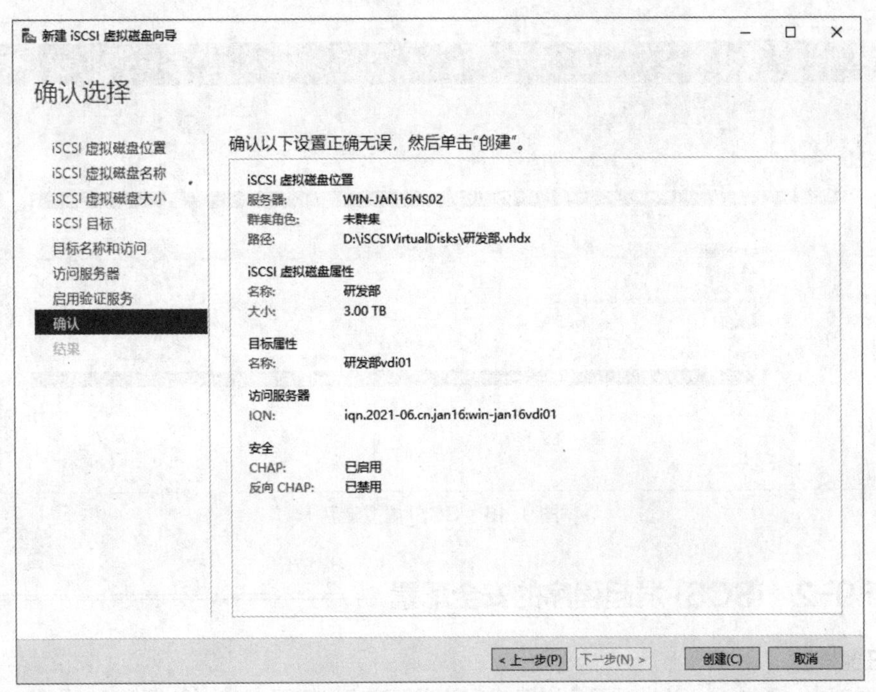

图 9-14　确认选择

（9）在【结果】中可以观察到 iSCSI 虚拟磁盘创建成功，并且可以看到设置 CHAP 已完成，如图 9-15 所示。

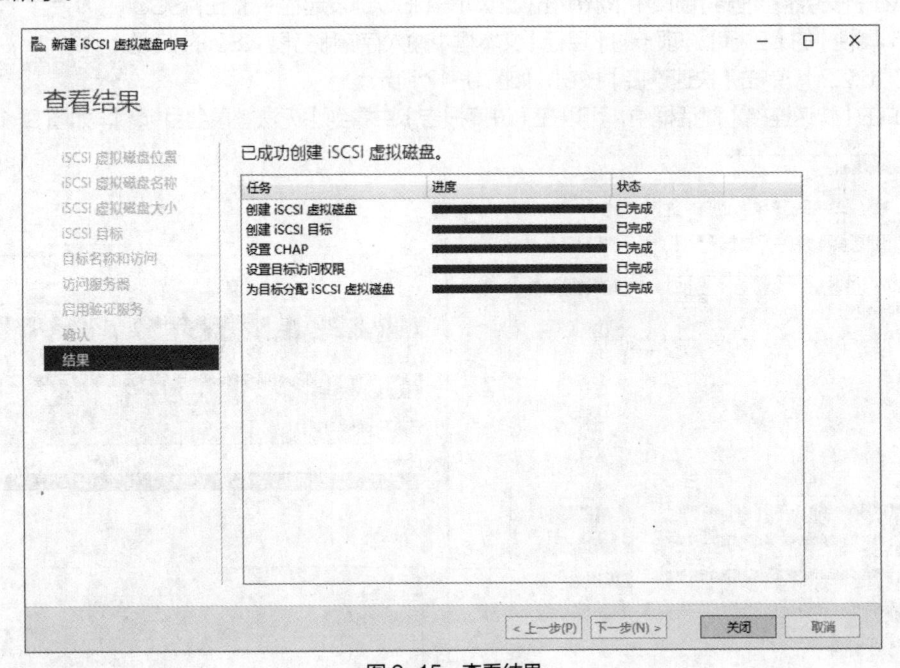

图 9-15　查看结果

3. 任务验证

在【服务器管理器】→【文件和存储服务】→【iSCSI】界面中可以观察到为研发部创建的 iSCSI 虚拟磁盘，如图 9-16 所示。

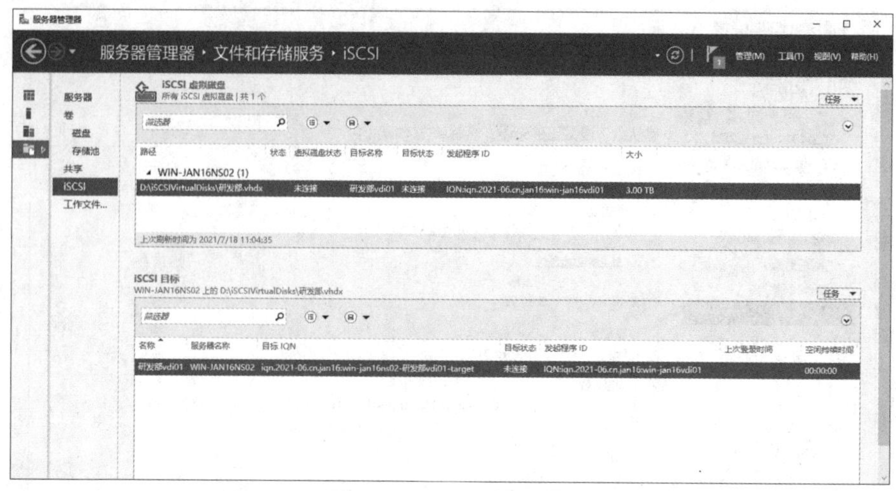

图 9-16　iSCSI 虚拟磁盘

任务 9-2　iSCSI 发起程序的安全配置

1. 任务描述

在研发部中，通过 iSCSI 发起程序连接 iSCSI 虚拟磁盘，使用 IQN 并验证模式来连接 iSCSI 虚拟磁盘新建分区并格式化。

微课视频

任务 9-2　iSCSI 发起程序的安全配置

2. 任务操作

（1）在【服务器管理器】窗口中依次单击【工具】→【iSCSI 发起程序】，在【iSCSI 发起程序 属性】的【目标】选项卡的【目标】文本框中输入存储服务器 NS2 的 IP 地址【172.16.2.2】，单击【快速连接】按钮，如图 9-17 所示。

（2）在【快速连接】对话框中，可以在【进度报告】中看到【无法登录到目标。】，如图 9-18 所示。

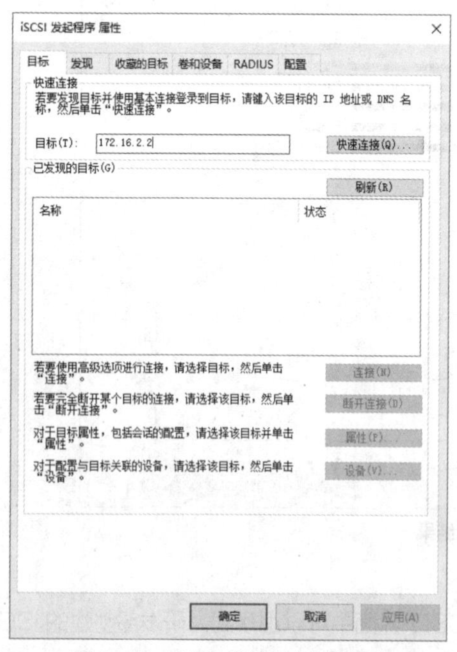

图 9-17　iSCSI 发起程序属性设置

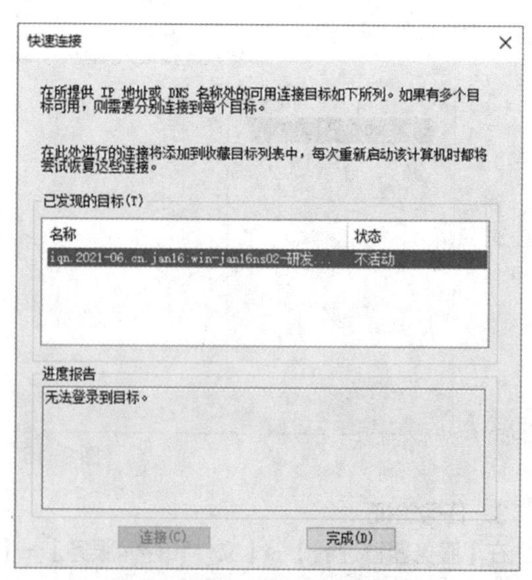

图 9-18　无法登录到目标

（3）在【iSCSI 发起程序 属性】对话框中选择【目标】选项卡，单击【连接】按钮，如图 9-19 所示。

（4）在【连接到目标】中单击【高级】按钮。在【高级设置】对话框中，勾选【启用 CHAP 登录】，并输入名称【YF】及密码【YanFa@Jan16.cn】，如图 9-20 所示。

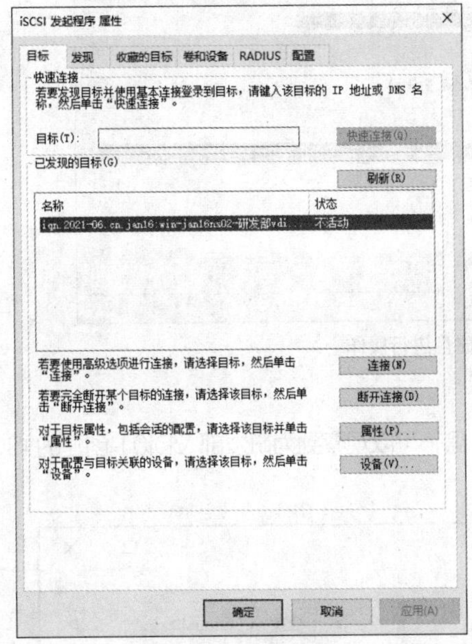

图 9-19　连接目标

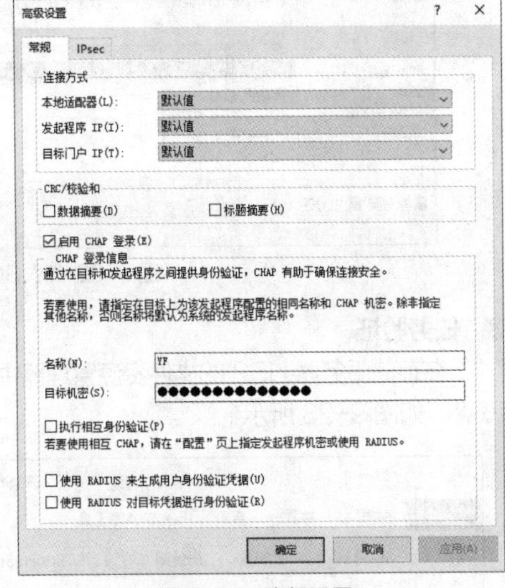

图 9-20　高级设置

（5）在【iSCSI 发起程序 属性】对话框中可以观察到目标的状态为【已连接】，如图 9-21 所示。

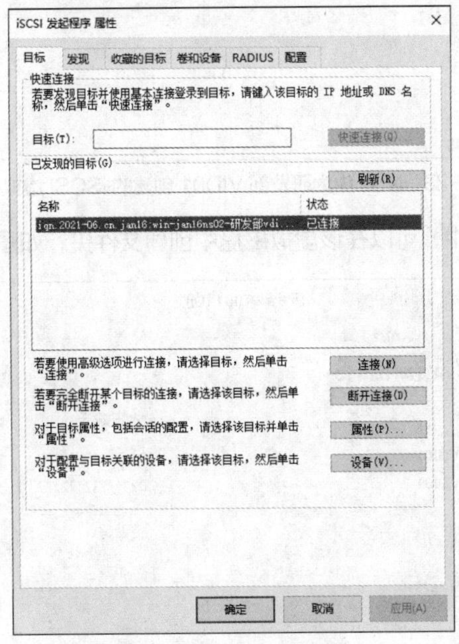

图 9-21　目标已连接

（6）在研发部的 VDI01 的【磁盘管理】窗口中对连接的 iSCSI 磁盘进行联机、初始化、新建简单卷，如图 9-22 所示。

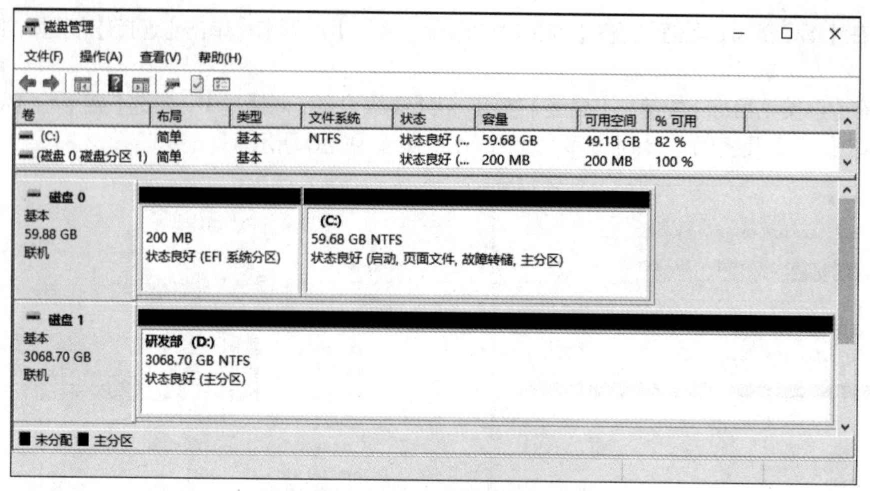

图 9-22　对 iSCSI 虚拟磁盘进行操作

3. 任务验证

（1）在存储服务器 NS2 的文件资源管理器中打开 D 盘，可以观察到为研发部 VDI01 创建的 iSCSI 虚拟磁盘，如图 9-23 所示。

图 9-23　NS2 中为研发部 VID01 创建的 iSCSI 虚拟磁盘

（2）在研发部的 VDI01 中，可以在该虚拟磁盘中创建文件夹，如图 9-24 所示。

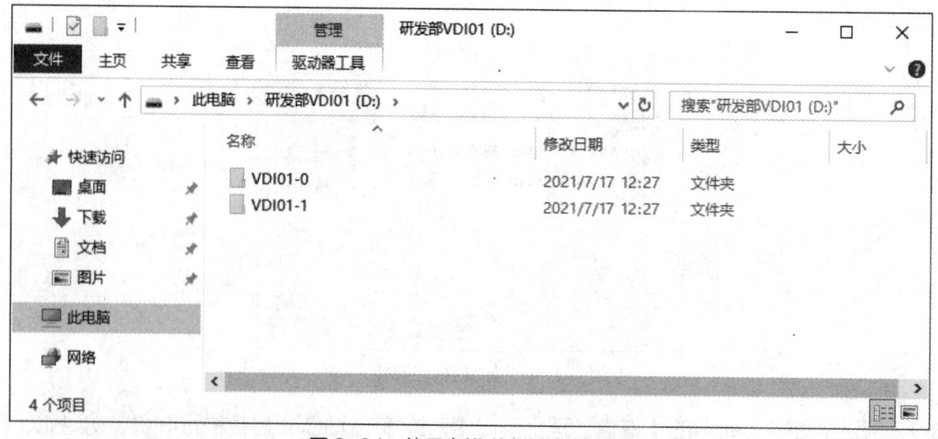

图 9-24　使用虚拟磁盘创建文件夹

练习与实践

一、理论习题（选择题）

（1）CHAP 通过（　　）次握手机制来与远程节点建立可靠连接。

A. 一　　B. 二　　C. 三　　D. 四

（2）IQN 用于标识 iSCSI 客户端，以下格式正确的是（　　）。

A. “iqn” + “.” + “年月” + “.” + “域名的倒序” + “:” + “设备名称”

B. “设备名称” + “.” + “年月” + “.” + “域名的倒序” + “:” + “iqn”

C. “iqn” + “.” + “域名的倒序” + “.” + “年月” + “:” + “设备名称”

D. “iqn” + “.” + “年月” + “.” + “设备名称” + “:” + “域名的倒序”

（3）若 CHAP 身份验证成功，服务器将返回（　　）给客户端。

A. NAK　　B. Fck　　C. ACK　　D. Kck

（4）（多选）iSCSI 的标识有（　　）。

A. IQN　　B. DNS 域名　　C. IP 地址　　D. MAC 地址

（5）（多选）服务器向客户端发送的挑战报文有（　　）。

A. 挑战分组类型标识符　　B. 标识挑战分组的序列号

C. 随机数　　D. 挑战方的用户名

二、项目实训题

Jan16 公司使用一台拥有 24 个磁盘扩展槽的高性能服务器作为公司的网络存储服务器（NS2），并且安装了 Windows Server 2019 Datacenter 操作系统。各部门 PC 已接入公司网络，公司网络拓扑如图 9-25 所示。

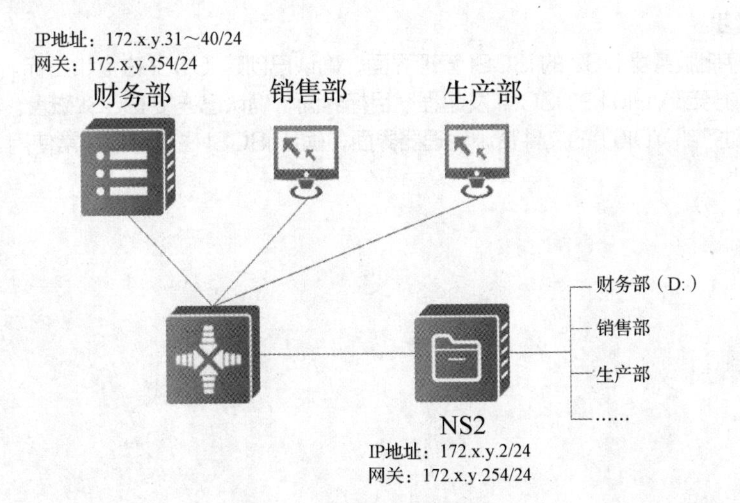

图 9-25　公司网络拓扑

存储服务器 NS2 与各部门 PC 处于同一网段，使用不同的 IP 地址范围，服务器及 PC 的 IP 地址信息见表 9-4。

表 9-4　IP 地址信息

部门	服务器/PC	接口	IP 地址	网关
Jan16 公司	NS2	Ethernet0	172.x.y.2/24	172.x.y.254
财务部	VDI01	Ethernet0	172.x.y.31/24	172.x.y.254
……	……	……	……	……

网络存储管理员已经在 NS2 上为财务部创建了存储空间，现在需要将磁盘共享给财务部使用，存储空间信息见表 9-5。财务部使用的应用程序需要将磁盘空间识别为本地存储空间，网络存储管理员将存储空间以 iSCSI 磁盘的方式提供给财务部使用。同时，为防止其他部门错误地连接到该磁盘，需要为 iSCSI 磁盘配置一定的传输安全性。

表 9-5　存储空间信息

服务器	存储池	虚拟磁盘类型	虚拟磁盘空间	文件系统	盘符	卷标
NS2	BP1	Simple	3TB	NTFS	D	财务部
……	……	……	……	……	……	……

1. 任务设计

网络存储管理员的工作任务如下。

在存储服务器 NS2 上为财务部创建 iSCSI 磁盘和 iSCSI 目标，iSCSI 存储规划见表 9-6。

表 9-6　iSCSI 存储规划

服务器	磁盘容量	存放位置	目标类型	目标值	认证	用户名	密码

2. 项目实践

（1）提供存储服务器 NS2 的 iSCSI 管理界面，确认已创建 iSCSI 磁盘和目标。

（2）提供财务部 VDI01 的 iSCSI 发起程序目标界面，确认已连接 iSCSI 磁盘。

（3）提供财务部 VDI01 的文件资源管理器界面，确认 iSCSI 磁盘可以正常使用。

项目10 iSCSI磁盘的在线扩容

10

项目描述

Jan16 公司使用一台拥有 24 个磁盘扩展槽的高性能服务器作为公司的网络存储服务器（NS2），并且安装了 Windows Server 2019 Datacenter 操作系统。各部门 PC 已接入公司网络，公司网络拓扑如图 10-1 所示。

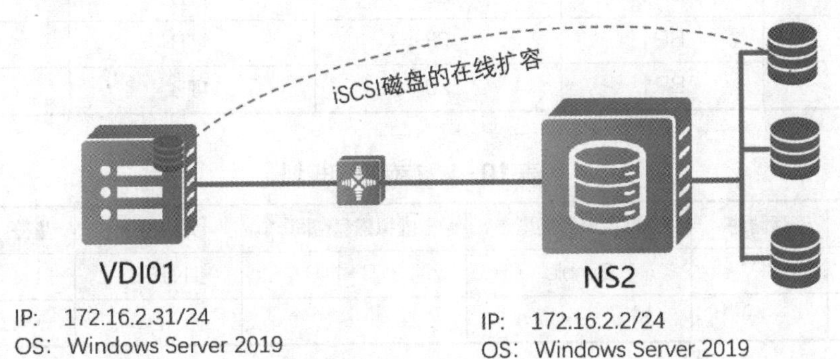

图 10-1 公司网络拓扑

存储服务器 NS2 与各部门 PC 处于同一网段，使用不同的 IP 地址范围，服务器及 PC 的 IP 地址信息见表 10-1。网络存储管理员已经在 NS2 上为研发部创建了 iSCSI 磁盘，当前 iSCSI 规划见表 10-2。

表 10-1 IP 地址信息

部门	服务器/PC	接口	IP 地址	网关
Jan16 公司	NS2	Ethernet0	172.16.2.2/24	172.16.2.254
研发部	VDI01	Ethernet0	172.16.2.31/24	172.16.2.254
……	……	……	……	……

表 10-2 iSCSI 规划

服务器	磁盘容量	存放位置	目标类型	目标值	认证	用户名	密码
NS2	3TB	D:	IQN	iqn.2021-06.cn.jan16: win-jan16vdi01	是	YF	YanFa@Jan16.cn
……	……	……	……	……	……	……	……

研发部近期承接了一个虚拟化项目的研发、测试工作，但当前的磁盘空间不满足测试要求，需要进行空间扩容，预计扩容后空间为 4TB。当前已为项目申请购买了一个 1TB 的新磁盘，并将其接入了存储服务器 NS2。网络存储管理员需要将新磁盘的空间划分给研发部。

项目规划设计

网络存储管理员的工作任务如下。

在存储服务器 NS2 上将新磁盘添加到存储池中，添加磁盘后的存储池物理磁盘规划、存储空间规划、iSCSI 存储规划见表 10-3~表 10-5。

表 10-3　存储池物理磁盘规划

服务器	存储池	盘位	磁盘容量	分配模式
NS2	BP1	21	1TB	自动
NS2	BP1	22	1TB	自动
NS2	BP1	23	1TB	自动
NS2	BP1	20	1TB	自动

表 10-4　存储空间规划

服务器	存储池	虚拟磁盘类型	虚拟磁盘空间	文件系统	盘符	卷标
NS2	BP1	Simple	3TB+1TB	NTFS	D	研发部
……	……	……	……	……	……	……

表 10-5　iSCSI 存储规划

服务器	磁盘容量	存放位置	目标类型	目标值	认证	用户名	密码
NS2	3TB +1TB	D:	IQN	iqn.2021-06.cn.jan16: win-jan16vdi01	是	YF	YanFa@Jan16.cn
……	……	……	……	……	……	……	……

项目相关知识

在线扩容技术

扩容是指增加存储空间容量，存储空间扩容涉及存储服务器和应用服务器的多个环节，如图 10-2 所示。

（1）存储服务器的存储池扩容：通过增加物理磁盘来扩展存储池的容量。存储服务器支持物理磁盘的热插拔，热插拔技术能够确保存储服务器在增加磁盘时还能提供不间断的存储空间服务。

（2）存储服务器的逻辑磁盘扩容：存储池可以在线扩容逻辑磁盘的空间。

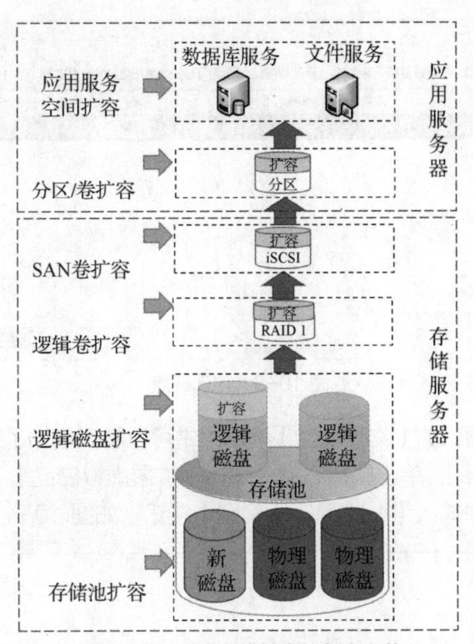

图 10-2　磁盘在线扩容的各个环节

（3）存储服务器的逻辑卷扩容：逻辑卷通过扩展卷功能增加自身容量。这一技术能确保逻辑卷在扩展容量过程中，数据存储业务不中断。

（4）存储服务器的 SAN 卷扩容：IP SAN 技术提供了 SAN 卷的空间扩展功能，存储服务器可以直接扩展 SAN 卷的大小。

（5）应用服务器的分区/卷扩容：应用服务器作为 iSCSI 客户端，连接 SAN 的本地磁盘管理器会自动更新磁盘空间，并收到可用于扩展的未分配磁盘空间，通过扩展卷实现 iSCSI 客户端卷容量的增加。

（6）应用服务空间扩容：应用服务器上的磁盘空间扩容完成后，应用服务即可使用更多的磁盘空间。

在线是指服务器在配置过程中其承载的业务始终能正常运行。存储池的空间扩容、逻辑卷的空间扩容、LUN（Logical Unit Number，逻辑单元号）卷的空间扩容、应用服务器的本地 iSCSI 磁盘扩容都可实现在业务不中断的前提下进行磁盘空间的扩容。

项目实施

任务 10-1　存储池与卷的扩容

任务 10-1　存储池与卷的扩容

1. 任务描述

在存储服务器 NS2 的存储池中添加新购买的物理磁盘，再在虚拟磁盘中进行扩展，最后进行卷的扩展。

2. 任务操作

（1）在存储服务器 NS2 的【服务器管理器】窗口中依次单击【文件和存储服务】→【存储池】，选择【BP1 存储池】，单击鼠标右键，选择【添加物理磁盘】。在【添加物理磁盘】对话框中勾选磁盘，单击【确定】按钮，如图 10-3 所示。

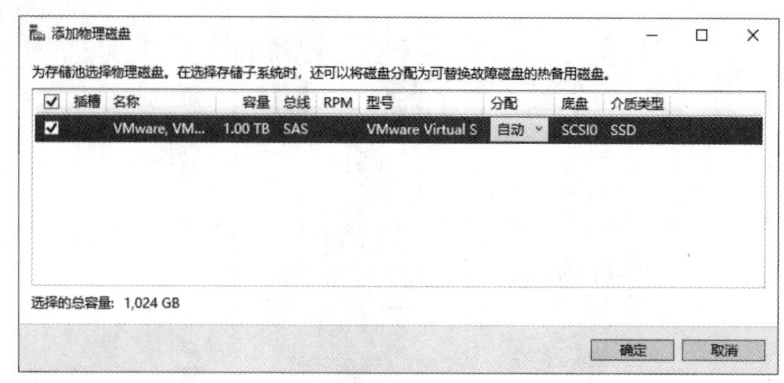

图 10-3 勾选磁盘

（2）在【存储池】管理窗口的【物理磁盘】选项组中可以看到增加了一个 1TB 的磁盘。在【虚拟磁盘】选项组中选中【研发部】，单击鼠标右键，选择【扩展虚拟磁盘】，弹出【扩展虚拟磁盘】对话框。在【指定大小】文本框中输入【4】，单击【确定】按钮，如图 10-4 所示。

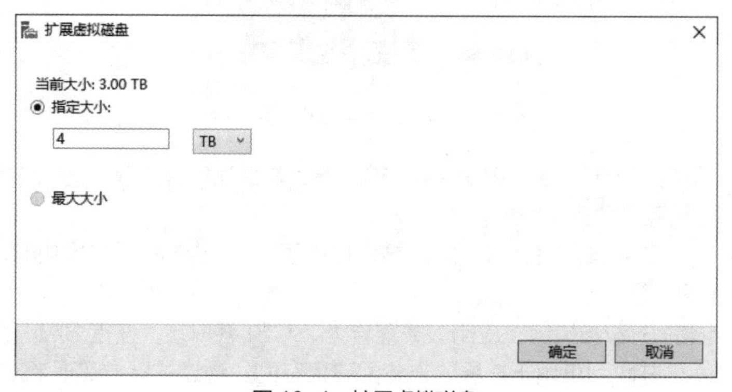

图 10-4 扩展虚拟磁盘

（3）在【磁盘管理】窗口中选中【研发部（D:）】，单击鼠标右键，选择【扩展卷】。在【扩展卷向导】对话框中添加磁盘，单击【下一步】按钮，如图 10-5 所示。

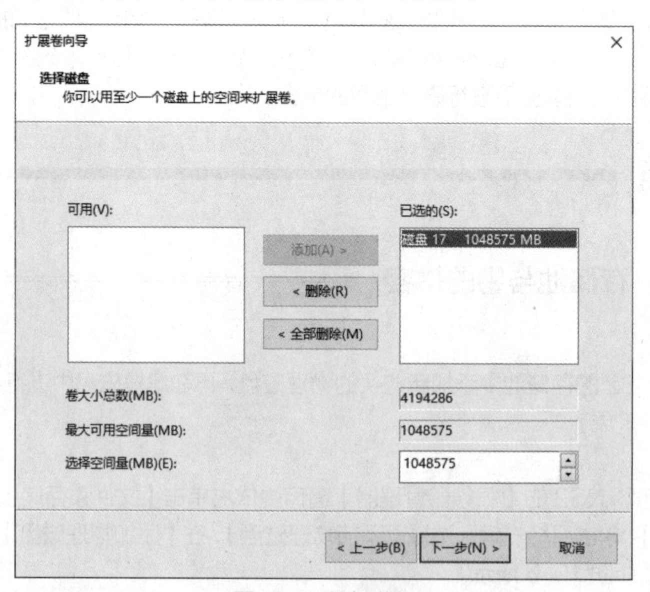

图 10-5 添加磁盘

（4）在【磁盘管理】窗口中可以观察到【研发部（D:）】容量增加到 4TB，如图 10-6 所示。

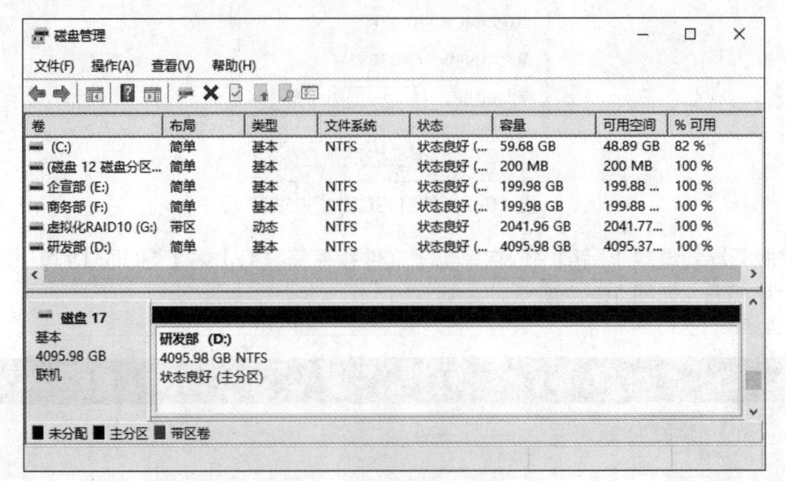

图 10-6 【磁盘管理】窗口

3. 任务验证

在存储服务器 NS2 的文件资源管理器中可以观察到【研发部（D:）】可用大小为 3.99TB，如图 10-7 所示。

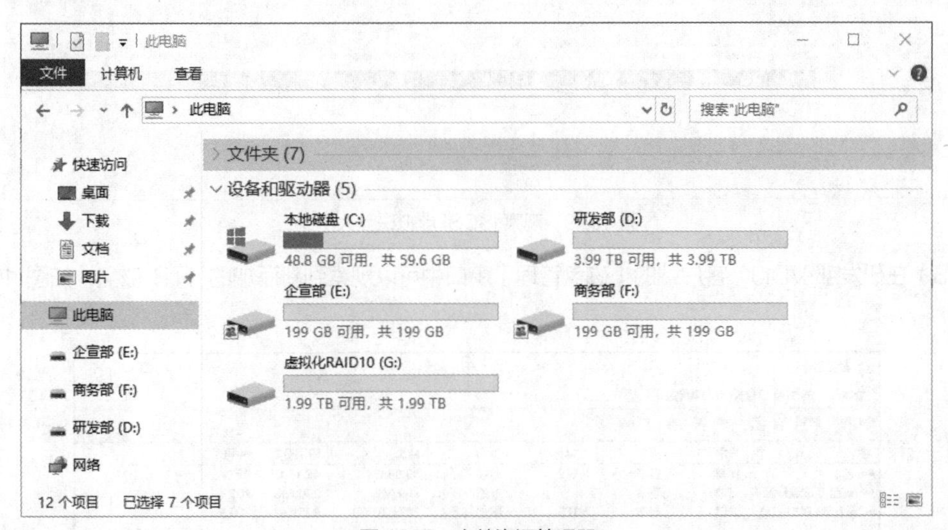

图 10-7 文件资源管理器

任务 10-2 iSCSI 磁盘的在线扩容

1. 任务描述

在存储服务器 NS2 中，进行在线扩展 iSCSI 虚拟磁盘。

2. 任务操作

（1）磁盘扩展完成后，在【服务器管理器】窗口中依次单击【文件和存储服务】→【iSCSI】，在【iSCSI 虚拟磁盘】选项组中选中之前创建的 iSCSI 虚拟磁盘，单击【扩展 iSCSI 虚拟磁盘】，弹出【扩展 iSCSI 虚拟磁盘】对话框。在【新大小】文本框中输入【4】，单击【确定】按钮，如图 10-8 所示。

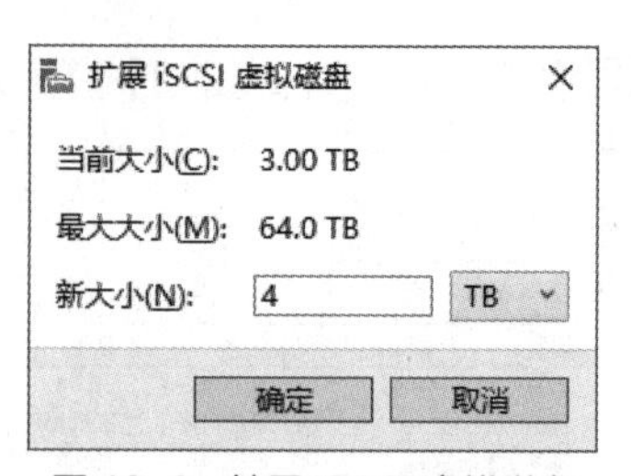

图 10-8 扩展 iSCSI 虚拟磁盘

（2）在【服务器管理器】窗口中依次单击【文件和存储服务】→【iSCSI】，可以观察到 iSCSI 虚拟磁盘大小为 4TB，如图 10-9 所示。

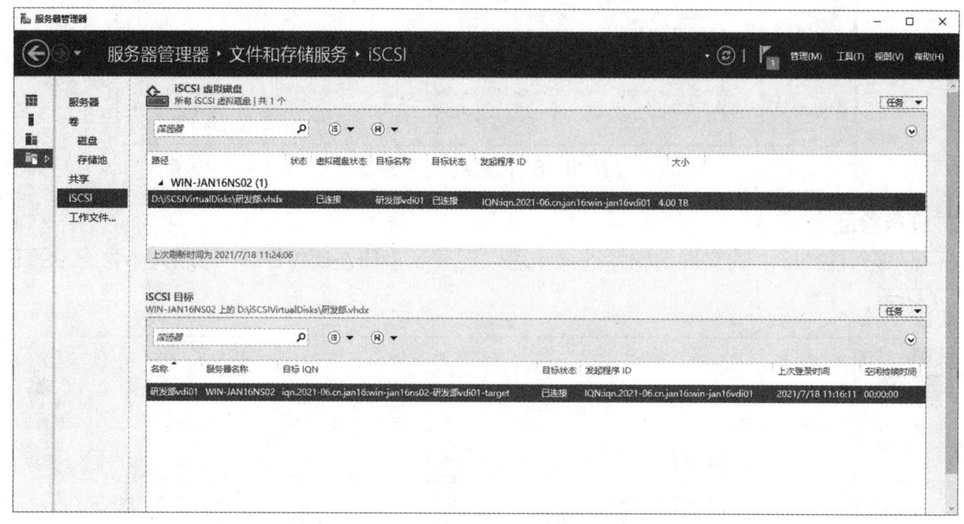

图 10-9 观察 iSCSI 虚拟磁盘大小

（3）在研发部 VDI01 客户端的【磁盘管理】窗口中可以观察到新添加的 1TB 磁盘，如图 10-10 所示。

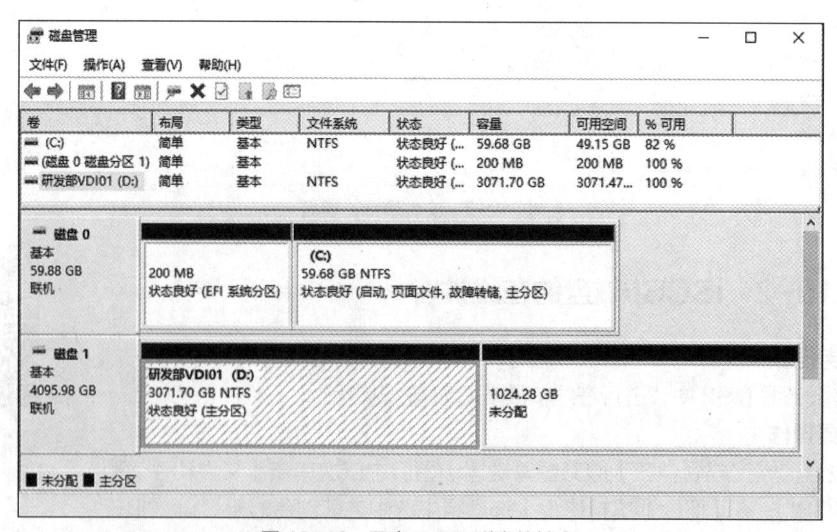

图 10-10 同步 iSCSI 磁盘的扩容

（4）选中【研发部 VDI01（D:）】进行扩展卷，扩展后的窗口如图 10-11 所示。

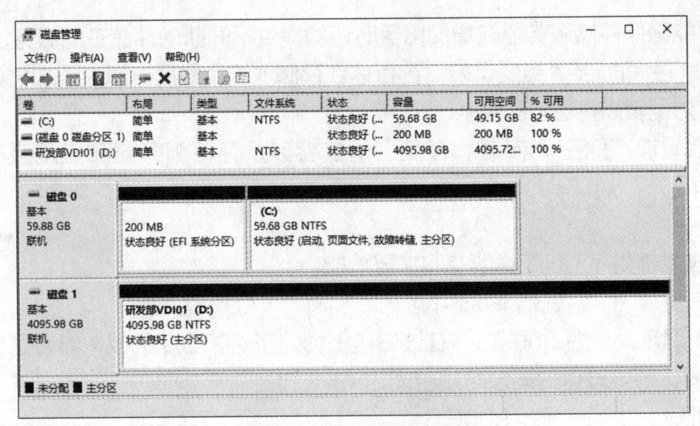

图 10-11　扩展卷成功

3. 任务验证

（1）在研发部 VDI01 的文件资源管理器中，同样可观察到 D 盘增大 1TB，如图 10-12 所示。

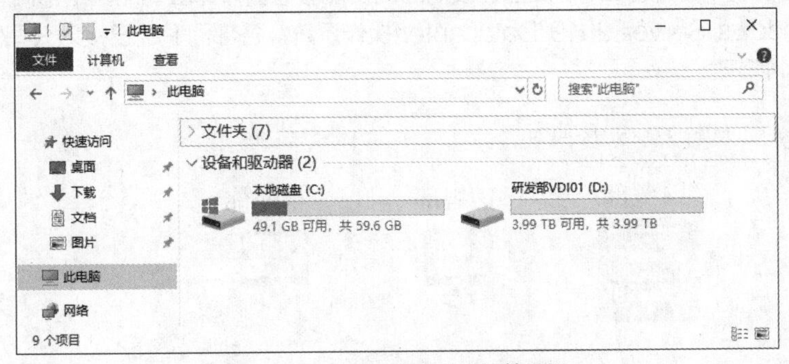

图 10-12　VDI01 文件资源管理器

（2）在 D 盘中依旧存在先前创建的文件夹，且可以进行新文件夹的创建，如图 10-13 所示。

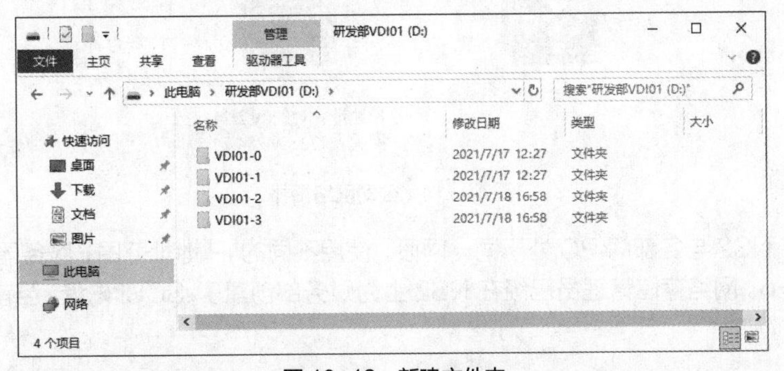

图 10-13　新建文件夹

练习与实践

一、理论习题

1. 判断题

（1）存储池的容量扩展，通过增加物理磁盘来扩展存储池的容量。存储服务器支持物理磁盘的热

插拔，热插拔技术能确保存储服务器在增加磁盘时还能提供不间断的存储空间服务。(　　)

（2）逻辑磁盘的空间扩展，当逻辑磁盘容量达到存储池的负载后，通过添加磁盘来增加存储池的剩余空间，之后可对逻辑磁盘进行扩展。(　　)

（3）扩容是指增加存储空间容量，存储空间扩容涉及存储服务器和应用服务器的多个环节。(　　)

2. 选择题

（1）(　　)技术提供了LUN卷的空间扩展功能。

A. SAN　　B. IP SAN　　C. iSCSI　　D. FC SAN

（2）某iSCSI磁盘大小为500GB，在该磁盘上创建了200GB的简单卷，之后通过在线扩容了500GB的磁盘空间，则该磁盘的剩余可用空间为(　　)。

A. 300GB　　B. 500GB　　C. 700GB　　D. 800GB

二、项目实训题

Jan16公司使用一台拥有24个磁盘扩展槽的高性能服务器作为公司的网络存储服务器（NS2），并且安装了Windows Server 2019 Datacenter操作系统。各部门PC已接入公司网络，公司网络拓扑如图10-14所示。

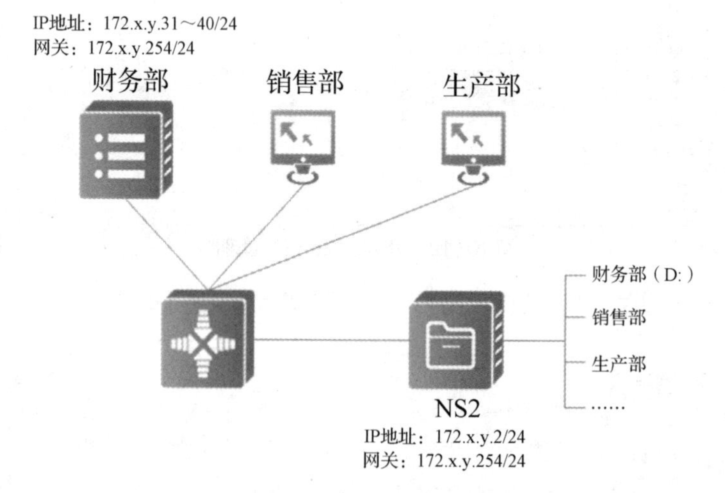

图10-14　公司网络拓扑

存储服务器NS2与各部门PC处于同一网段，使用不同的IP地址范围，服务器及PC的IP地址信息见表10-6。网络存储管理员已经在NS2上为财务部创建了iSCSI磁盘，当前iSCSI规划见表10-7。

表10-6　IP地址信息

部门	服务器/PC	接口	IP地址	网关
Jan16公司	NS2	Ethernet0	172.x.y.2/24	172.x.y.254
财务部	CaiWuPC1	Ethernet0	172.x.y.31/24	172.x.y.254
……	……	……	……	……

表 10-7　iSCSI 规划

服务器	磁盘容量	存放位置	目标类型	目标值	认证	用户名	密码
NS2	3TB	D:	IQN	iqn.2021-06.cn.jan16:win-jan16vdi01	是	CW	CaiWu@Jan16.cn
……	……	……	……	……	……	……	……

财务部当前的磁盘空间已告警，需要进行空间扩容，预计扩容后空间为 4TB。当前已为财务部购买了一个 1TB 的新磁盘，并将其接入了存储服务器 NS2。网络存储管理员需要将新磁盘的空间划分给财务部。

1. 任务设计

网络存储管理员的工作任务如下。

在存储服务器 NS2 上将新磁盘添加到存储池中，添加磁盘后的存储池物理磁盘规划、存储空间规划、iSCSI 存储规划见表 10-8～表 10-10。

表 10-8　存储池物理磁盘规划

服务器	存储池	盘位	磁盘容量	分配模式

表 10-9　存储空间规划

服务器	存储池	虚拟磁盘类型	虚拟磁盘空间	文件系统	盘符	卷标

表 10-10　iSCSI 存储规划

服务器	磁盘容量	存放位置	目标类型	目标值	认证	用户名	密码

2. 项目实践

（1）提供存储服务器 NS2 的存储池配置界面，确认新磁盘已添加到存储池中。

（2）提供存储服务器 NS2 的卷配置界面，确认已将存储空间划分给财务部。

（3）提供存储服务器 NS2 的 iSCSI 配置界面，确认已为 iSCSI 磁盘扩容。

（4）提供财务部 VDI01 的文件资源管理器，确认 iSCSI 虚拟磁盘已正确扩容。

第 4 篇
存储高级技术

项目11 存储服务器的数据快照

项目描述

Jan16 公司使用一台拥有 24 个磁盘扩展槽的高性能服务器作为公司的网络存储服务器（NS2），并且安装了 Windows Server 2019 Datacenter 操作系统。各部门的 PC 已接入公司网络。公司网络拓扑如图 11-1 所示。服务器和 PC 的 IP 地址信息见表 11-1。

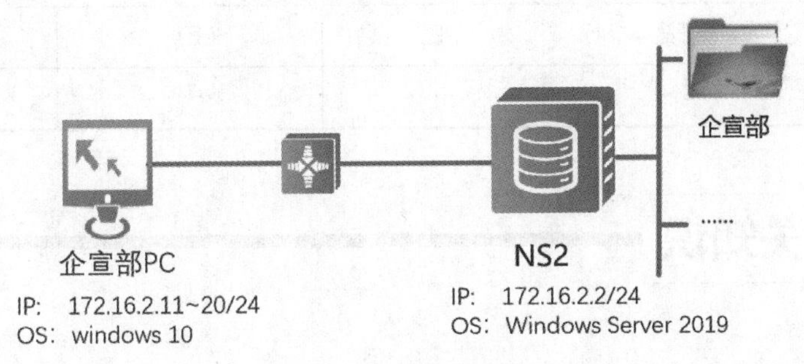

图 11-1 公司网络拓扑

表 11-1 IP 地址信息

部门	服务器/PC	接口	IP 地址	网关
Jan16 公司	NS2	Ethernet0	172.16.2.2/24	172.16.2.254
企宣部	PC01	Ethernet0	172.16.2.11/24	172.16.2.254
……	……	……	……	……

存储服务器 NS2 已根据部门成员信息创建用户组和用户，并将磁盘共享给两个部门的用户使用，创建的用户和组规划见表 11-2，文件共享规划见表 11-3。

由于工作性质等因素，企宣部使用的共享空间需要保存所有文件的旧版本。计划在每天晚上 11 点执行卷影副本，来实现磁盘文件的自动化备份。

表 11-2 用户和组规划

部门（用户组）	姓名	用户	初始密码
企宣部	王部长	Wang	Jan16@QX
企宣部	小李	Li	Jan16@QX
……	……	……	……

表 11-3　文件共享规划

服务器	共享协议	物理路径	访问路径	总空间	用户组	权限
NS2	CIFS	E:\	\\172.16.2.2\QX	200GB	企宣部	读写
……	……	……	……	……	……	……

项目规划设计

网络存储管理员的工作任务如下。

在存储服务器 NS2 上为企宣部（E:）磁盘空间启用卷影副本功能，并配置卷影副本计划，执行时间为每天晚上 11 点。创建的备份计划见表 11-4。

表 11-4　创建的备份计划

服务器	方式	源位置	目标位置	执行时间
NS2	卷影副本	E:	E:	每天 23:00
……	……	……	……	……

项目相关知识

11.1　数据快照与故障还原

数据快照指数据集合的完全可用副本，该副本包括相应数据在某个时间点（复制开始的时间点）的镜像，快照是磁盘的“复制品”。快照的作用主要是进行在线数据备份与恢复。当存储设备发生应用故障或者文件损坏时可以进行快速的数据恢复，将数据恢复至某个可用时间点的状态。

磁盘启用快照并创建快照后，在数据第一次写入磁盘的某个存储位置时，首先将原有数据复制到快照空间（为快照保留的存储空间），然后将数据写入存储设备，快照空间存储了磁盘改变部分的数据。因此在快照还原时，磁盘将快照空间的数据恢复至原存储位置，实现数据的还原。

11.2　数据快照的注意事项

使用数据快照时需要注意以下 4 点。

（1）恢复快照时，在快照创建时间点之后产生的数据将丢失。

（2）磁盘启用快照后，在写入数据时，磁盘需要执行一次读操作（读取原存储位置数据）和两次写操作（写原位置数据和写快照空间数据），写入频繁会非常耗费磁盘 I/O 时间。因此，如果预计某个卷上的 I/O 多数以读操作为主，写操作较少，启用快照技术将是一种非常理想的备份方式。反之，写入频繁的业务系统则可能由于启用快照技术而导致系统 I/O 出现瓶颈，最终出现业务中断。图 11-2 与图 11-3 分别展示了创建快照后写入数据过程和快照还原过程。

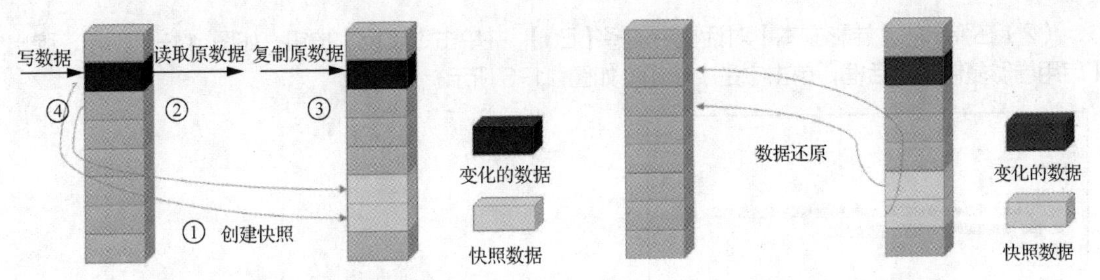

图 11-2　创建快照后写入数据过程　　　　图 11-3　快照还原过程

（3）磁盘快照功能不仅支持手动创建，还支持通过计划任务自动创建。

（4）在创建快照的磁盘上创建共享，可以授权用户在客户端进行快照还原。

在服务器建立新用户作为客户端访问共享文件夹的 ID，并授权客户端访问共享文件夹，客户端即可以对共享文件夹的数据进行快照备份与还原（客户端直接管理），并且当客户端发生故障（无法读取数据）时还可选择在服务器进行快照还原。

项目实施

微课视频

任务 11-1　在存储服务器上启用卷影副本

任务 11-1　在存储服务器上启用卷影副本

1. 任务描述

在存储服务器 NS2 上为企宣部（E:）磁盘空间启用卷影副本功能，并按要求配置卷影副本计划。

2. 任务操作

（1）在存储服务器 NS2 上打开文件管理资源器，右击【企宣部（E:）】，选择【配置卷影副本】，如图 11-4 所示。

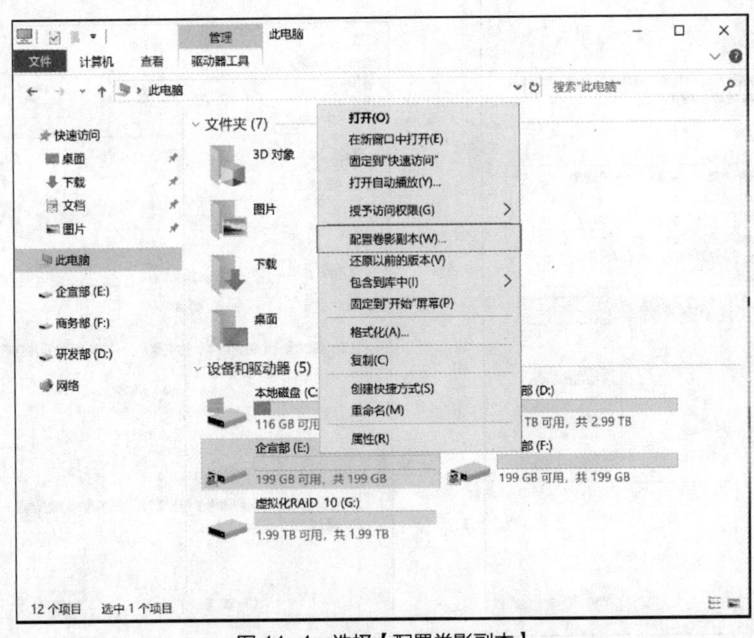

图 11-4　选择【配置卷影副本】

（2）在弹出的【卷影副本】对话框中选择【E:\】，并单击【启用】按钮，如图 11-5 所示。弹出【启用卷影复制】对话框，单击【是】按钮，如图 11-6 所示。

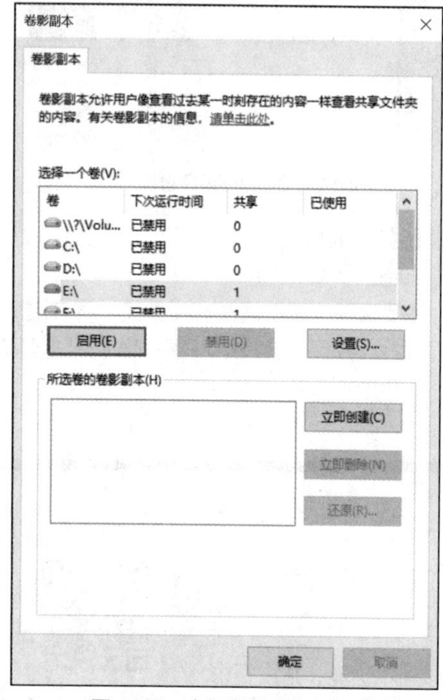

图 11-5　启用卷影副本功能

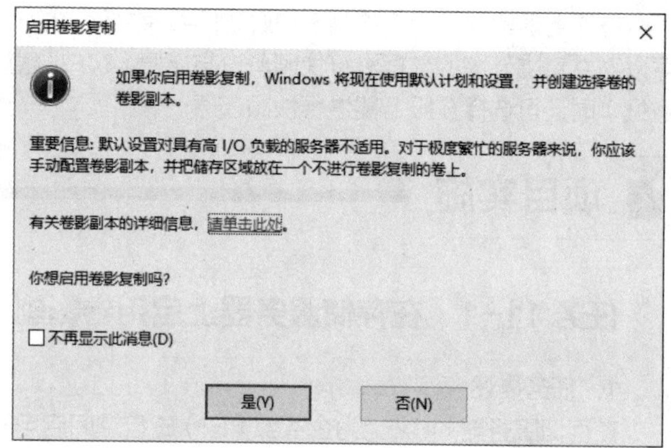

图 11-6　启用卷影复制

（3）在【卷影副本】对话框中单击【设置】按钮，如图 11-7 所示。

（4）在弹出的【设置】对话框中单击【计划】按钮，如图 11-8 所示，按照要求配置卷影副本计划。

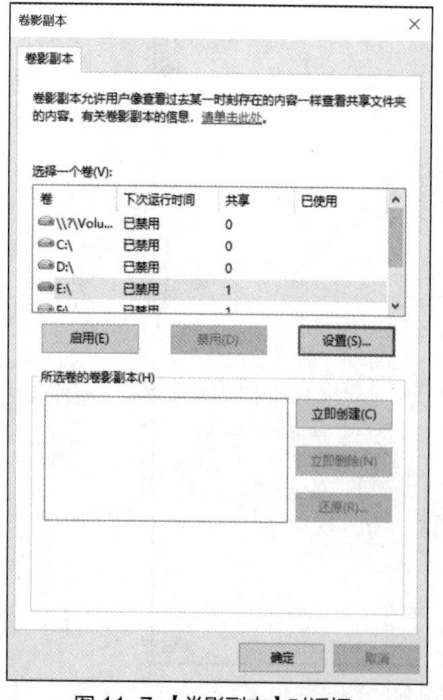

图 11-7 【卷影副本】对话框

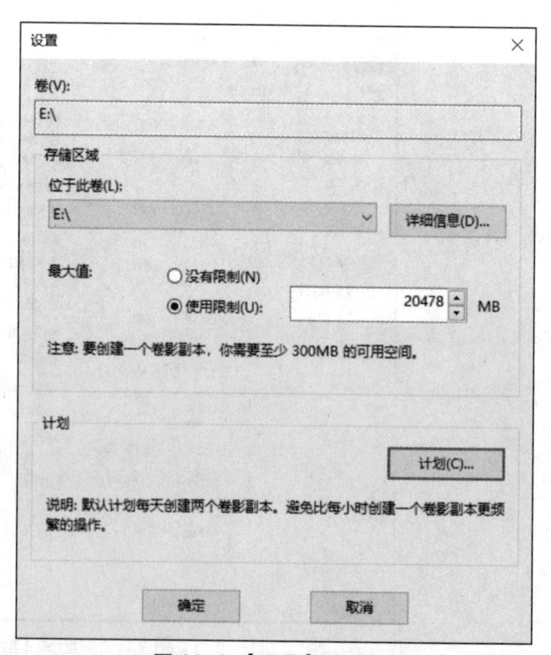

图 11-8 【设置】对话框

（5）在弹出的【E:\】对话框的【计划】选项卡中新建卷影副本计划，并按照项目要求将【计划任务】设置为【每天】，【开始时间】设置为【23:00】，单击【确定】按钮，如图 11-9 和图 11-10 所示。

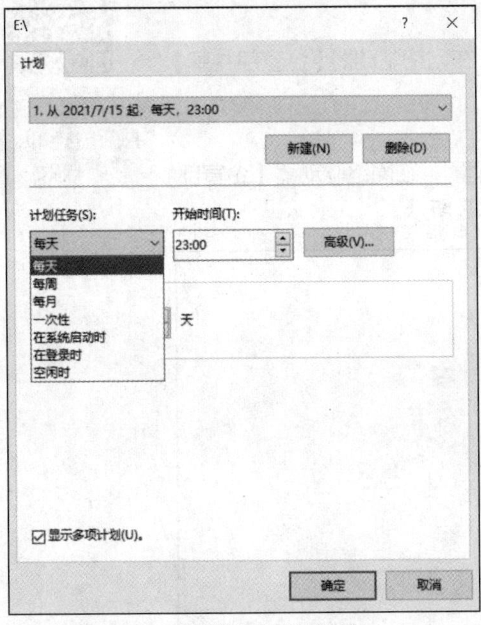

图 11-9　配置卷影副本计划任务

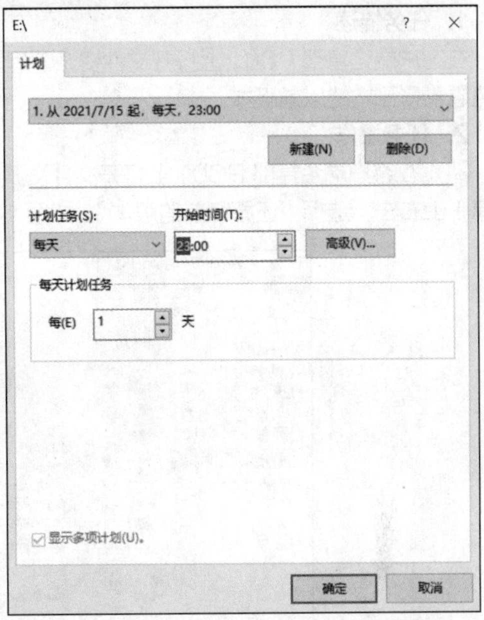

图 11-10　配置卷影副本计划开始时间

3. 任务验证

（1）进入企宣部（E:）的【卷影副本】对话框，可以看到【E:\】的卷影副本已开启，如图 11-11 所示。

（2）打开【E:\】对话框的【计划】选项卡，可以看到项目要求的备份计划已经创建，如图 11-12 所示。

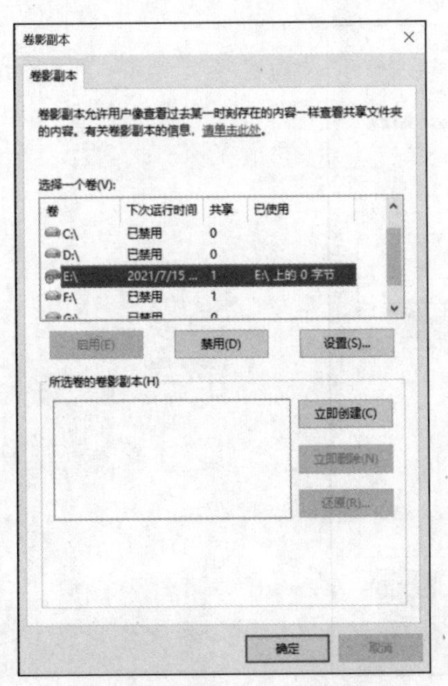

图 11-11　【卷影副本】对话框

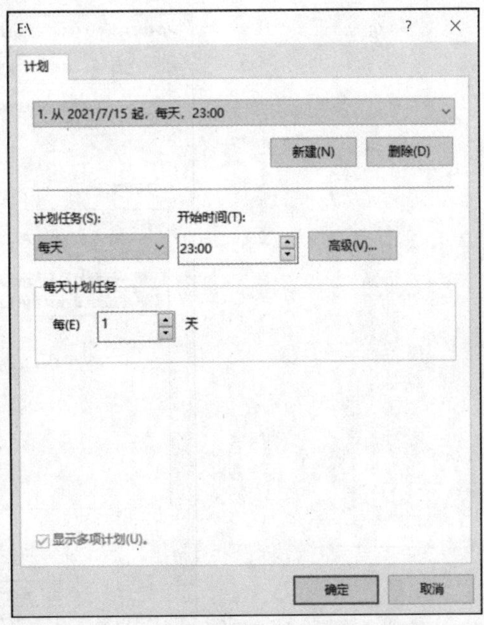

图 11-12　【E:\】对话框的【计划】选项卡

任务 11-2　在部门 PC 上查看以前的版本

任务 11-2　在部门 PC 上查看以前的版本

1. 任务描述

在客户端企宣部 PC01 上打开文件资源管理器，在网络驱动器【企宣部共享】上查看卷影副本的以前版本。

2. 任务操作

（1）在客户端企宣部 PC01 上打开文件资源管理器，在网络驱动器【企宣部共享】上右击，选择【还原以前的版本】，如图 11-13 所示。

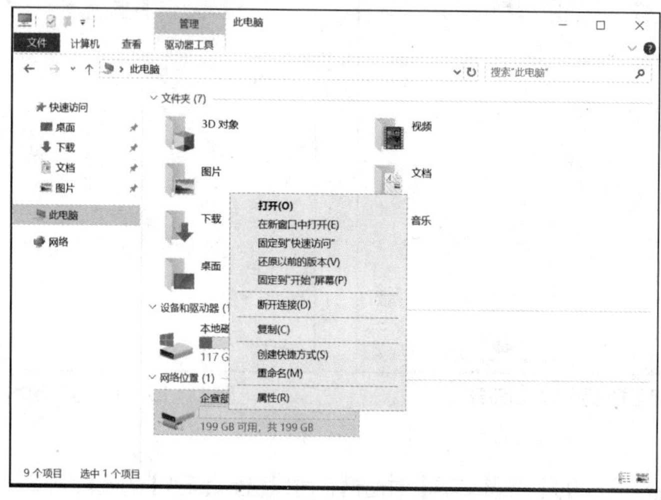

图 11-13　选择【还原以前的版本】

（2）在弹出的【企宣部共享】属性对话框的【以前的版本】选项卡中可以看到之前的卷影副本版本，如图 11-14 所示。

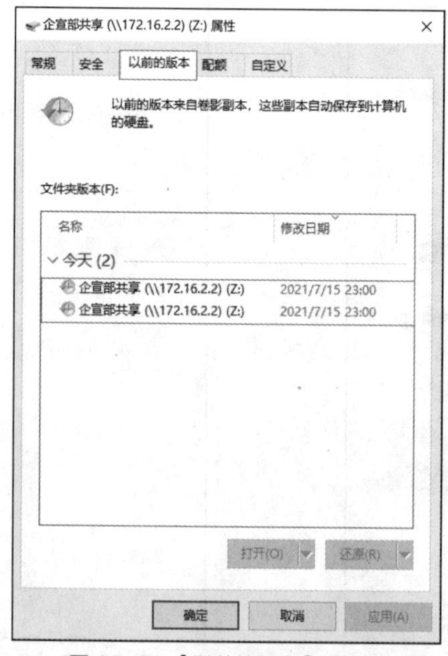

图 11-14　【以前的版本】选项卡

3. 任务验证

打开客户端企宣部 PC01 上的网络驱动器【企宣部共享】属性对话框，选择【以前的版本】选项卡，可以看到已存在的卷影副本版本，且创建时间与项目要求时间一致，如图 11-14 所示。

练习与实践

一、理论习题（判断题）

（1）磁盘快照功能不仅支持手动创建，还支持通过计划任务自动创建。（　　）

（2）在创建快照的磁盘上创建共享，不可以授权用户在客户端进行快照还原。（　　）

（3）恢复快照时，在快照创建时间点之后产生的数据可以保留。（　　）

（4）快照就是备份。（　　）

（5）快照技术主要能进行在线数据恢复，当存储设备发生应用故障或者文件损坏时可以及时进行数据恢复，将数据恢复成快照产生时间点的状态。（　　）

二、项目实训题

Jan16 公司使用一台拥有 24 个磁盘扩展槽的高性能服务器作为公司的网络存储服务器（NS2），并且安装了 Windows Server 2019 Datacenter 操作系统。各部门的 PC 已接入公司网络。公司网络拓扑如图 11-15 所示。服务器和 PC 的 IP 地址信息见表 11-5。

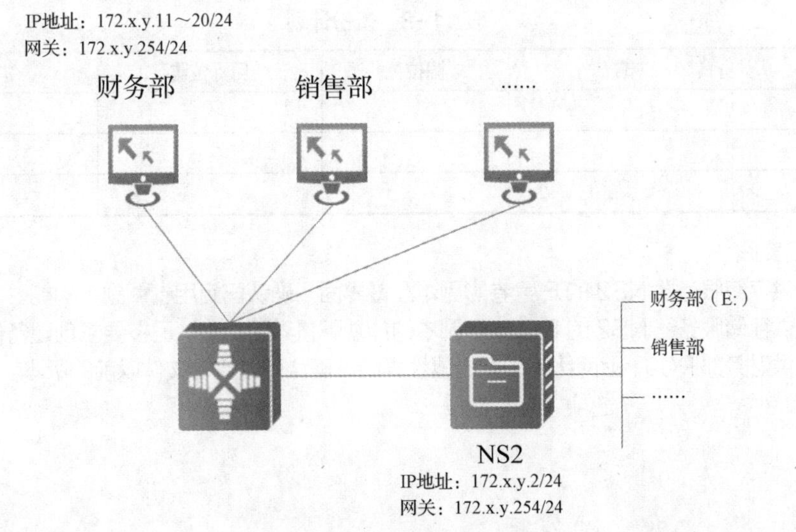

图 11-15　公司网络拓扑

表 11-5　IP 地址信息

部门	服务器/PC	接口	IP 地址	网关
Jan16 公司	NS2	Ethernet0	172.x.y.2/24	172.x.y.254
财务部	PC01	Ethernet0	172.x.y.11/24	172.x.y.254
……	……	……	……	……

存储服务器NS2已根据部门成员信息创建用户组和用户，并将磁盘分别共享给两个部门的用户使用，创建的用户和组规划见表11-6，文件共享规划见表11-7。

表11-6　用户和组规划

部门（用户组）	姓名	用户	初始密码
财务部	赵部长	Zhao	Jan16@CW
财务部	小钱	Qian	Jan16@CW
……	……	……	……

表11-7　文件共享规划

服务器	共享协议	物理路径	访问路径	总空间	用户组	权限
NS2	CIFS	E:\	\\172.x.y.2\CW	200GB	财务部	读写
……	……	……	……	……	……	……

由于工作性质等因素，财务部使用的共享空间需要保存所有文件的旧版本。计划在每天晚上11点执行卷影副本，来实现磁盘文件的自动化备份。

1．任务设计

网络存储管理员的工作任务如下。

在存储服务器NS2上为财务部（E:）磁盘空间启用卷影副本功能，并配置卷影副本计划，执行时间为每天晚上11点。创建的备份计划见表11-8。

表11-8　备份计划

服务器	方式	源位置	目标位置	执行时间

2．项目实践

（1）提供存储服务器NS2的E盘卷影副本配置界面，确认已启用卷影副本功能。

（2）提供存储服务器NS2的E盘卷影副本的计划配置界面，确认已按要求创建备份计划。

（3）提供财务部PC01上网络驱动器的属性界面，确认可以查看文件以前的版本。

项目12

存储服务器的数据备份

12

项目描述

Jan16 公司使用一台拥有 8 个磁盘扩展槽的服务器作为公司的网络存储服务器（NS1），并且安装了 Windows Server 2019 Datacenter 操作系统。FTP 服务器、Web 服务器已接入公司存储网络。公司存储网络拓扑如图 12-1 所示。

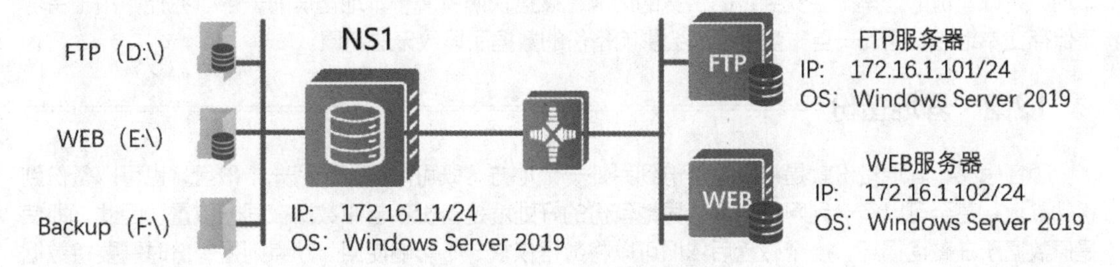

图 12-1 公司存储网络拓扑

FTP 服务器、Web 服务器的数据都存放在网络存储服务器 NS1 上，网络存储服务器已创建数据备份专用的磁盘空间。现需要为 FTP 服务器、Web 服务器进行数据备份，FTP 服务器数据每天晚上 11 点进行备份，Web 服务器数据每天凌晨 2 点进行备份。网络存储服务器 NS1 上已创建的磁盘存储空间规划见表 12-1。

表 12-1 存储空间规划

服务器	宿主磁盘编号	分区/卷集类型	卷集容量	文件系统	盘符	卷标
NS1	HDD01	主分区	500GB	NTFS	D	FTP
NS1	HDD01	主分区	200GB	NTFS	E	Web
NS1	HDD02	主分区	1TB	NTFS	F	Backup

项目规划设计

网络存储管理员的工作任务如下。

在存储服务器 NS1 上使用 Windows Server 备份创建备份计划，创建的备份计划见表 12-2。

表 12-2 备份计划

服务器	方式	源位置	目标位置	执行时间
NS1	Windows Server 备份	D:	F:	每天 23:00
NS1	Windows Server 备份	E:	F:	每天 2:00
……	……	……	……	……

项目相关知识

12.1 本地备份

本地备份就是指将数据备份到本地，这种备份方式的优点是备份及还原的效率高，因为是备份到本地，所以备份的速率不会受到链路带宽的影响。磁盘快照就属于本地备份的一种。另外，由于备份是保存在本地的，因此一旦磁盘受损，会影响备份的数据而导致无法还原。

12.2 异地备份

顾名思义，异地备份就是将数据备份到另外一个地方，既可以备份到另一个磁盘，也可以备份到移动磁盘，甚至可以备份到网络位置。异地备份的好处就是备份不与原数据在同一位置，因此，即使是原数据所在磁盘损坏，换个磁盘后依旧可以将数据恢复，不影响使用。缺点则是备份时需要将数据重新写入其他位置，会受到磁盘写入速率、网络带宽等客观条件影响。

12.3 全量备份

全量备份是指对某一个时间点上的所有数据或应用进行完全复制。实际应用中对整个系统进行全量备份，包括其中的系统和所有数据。这种备份方式主要的好处就是只用一个磁盘，就可以恢复丢失的数据，大大缩短了系统或数据的恢复时间。全量备份的不足之处在于，各个全量备份磁盘的备份数据中存在大量的重复信息；另外，由于每次需要备份的数据量相当大，因此备份需要较大的空间和较长的时间。

12.4 增量备份

增量备份是指在一次全量备份或上一次备份后，每次备份只需备份与前一次相比增加或者被修改的数据。这就意味着，第 1 次增量备份的对象是进行全量备份后所产生的增加和被修改的数据；第 2 次增量备份的对象是进行第 1 次增量备份后所产生的增加和被修改的数据，依此类推。这种备份方式较显著的优点是：由于没有重复的备份数据，因此备份的数据量不大，备份所需的时间很短。但增量备份的数据恢复是比较麻烦的：必须具有上次全量备份和还原点之前的所有增量数据（一旦丢失或损坏其中的任一数据将无法恢复），且增量备份过程只能按照从全量备份到依次增量备份的时间顺序逐一反推恢复，因此需要耗费较长的恢复时间。

12.5 差异备份

差异备份是指在一次全量备份后到进行差异备份的这段时间内，对那些增加或者被修改数据进行备份。在数据恢复时，只需对第 1 次全量备份和最后一次差异备份数据进行恢复。差异备份在避免了另外两种备份策略缺点的同时，又保留了其各自的优点。也就是差异备份既具有增量备份所需时间短、节省磁盘空间的优点，又具有全量备份恢复所需备份数据少、恢复时间短的优点。系统管理员只需使用全量备份数据和还原点备份数据就可以将系统恢复。

全量备份、增量备份和差异备份各个时间点的数据如图 12-2 所示，数据还原过程示意如图 12-3 所示。

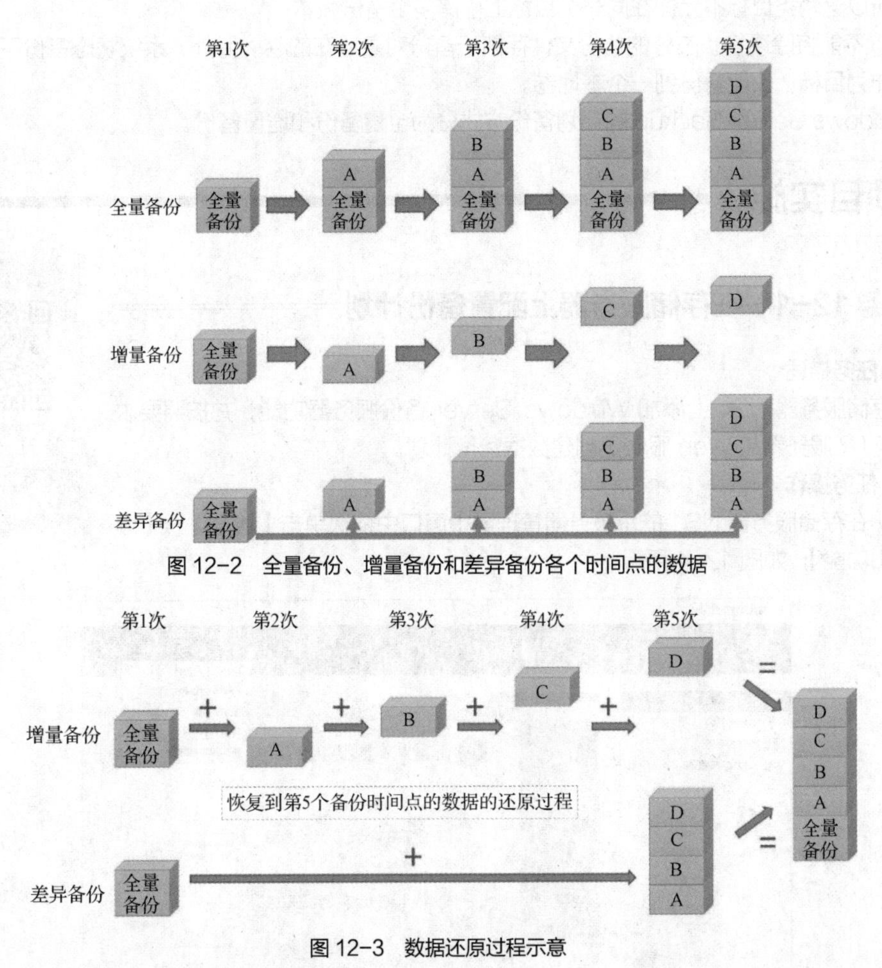

图 12-2　全量备份、增量备份和差异备份各个时间点的数据

图 12-3　数据还原过程示意

12.6 Windows Server Backup 的特点

Windows Server Backup 由 Microsoft 管理控制台（Microsoft Management Console，MMC）管理单元、命令行工具和 Windows PowerShell Cmdlet 组成，可为数据的日常备份和恢复提供完整的解决方案。使用 Windows Server Backup 可以备份整个服务器（所有卷）、选定卷、系统状态或者特定的文件或文件夹，也可以创建用于进行裸机恢复的备份，还可以恢复卷、文件夹、文件、应用程序和系统状态。此外，在发生诸如磁盘故障之类的“灾难”时，可以实现裸机恢复。

在 Windows Server 2019 中，除上述采用 Windows Server Backup 创建和管理本地计算机或远程计算机的备份外，还可以通过计划任务自动备份。

（1）使用卷影复制服务（Volume Shadow Copy Service，VSS）从源卷创建备份，备份文件以微软虚拟磁盘（Virtual Hard Disk，VHD）格式存储。第 1 次备份采用全量备份，从第 2 次开始采用增量备份，如果使用磁盘或卷存储备份，当存储空间占满后，Windows Server Backup 会自动删除较早的备份。

（2）支持整个卷备份，以及单个文件或文件夹备份、System Reserved 备份、裸机恢复备份和图形状态下的系统状态备份。

（3）支持的备份目标可以是网络共享和 DVD。由于系统无法向网络共享或 DVD 执行卷影副本的快照，所以这两类目标不允许在同一个目标上存储多个备份版本。

（4）不能将除系统状态外的备份文件存储于备份对象所在的卷。另外，系统状态备份不能使用网络共享作为目标，仅能备份到一个本地卷。

Windows Server Backup 的计划备份方式分为全量备份和增量备份。

项目实施

任务 12-1　在存储服务器上配置备份计划

微课视频

任务 12-1　在存储服务器上配置备份计划

1．任务描述

在存储服务器 NS1 上添加 Windows Server 备份服务器功能，并按照要求分别为 FTP 服务器和 Web 服务器创建数据备份计划。

2．任务操作

（1）在存储服务器 NS1 的【服务器管理器】窗口中依次单击【管理】→【添加角色和功能】，如图 12-4 所示。

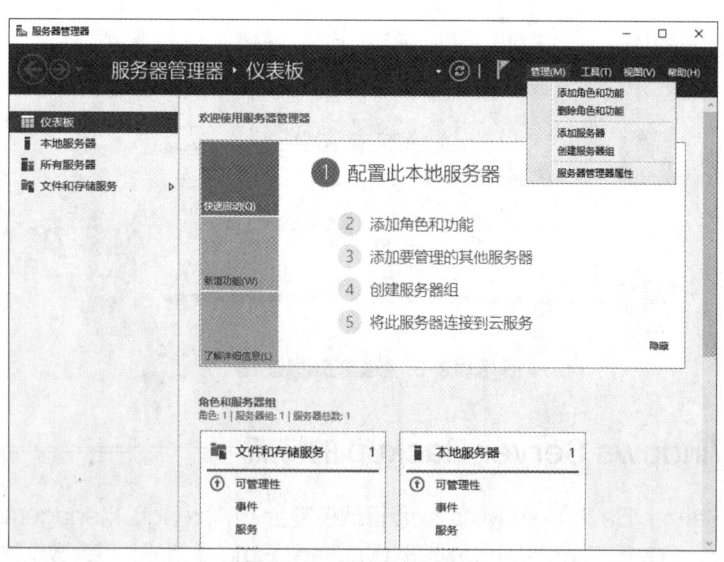

图 12-4　添加角色和功能

（2）在弹出的【添加角色和功能向导】对话框中单击【功能】，勾选【Windows Server 备份】，单击【下一步】按钮，如图 12-5 所示。

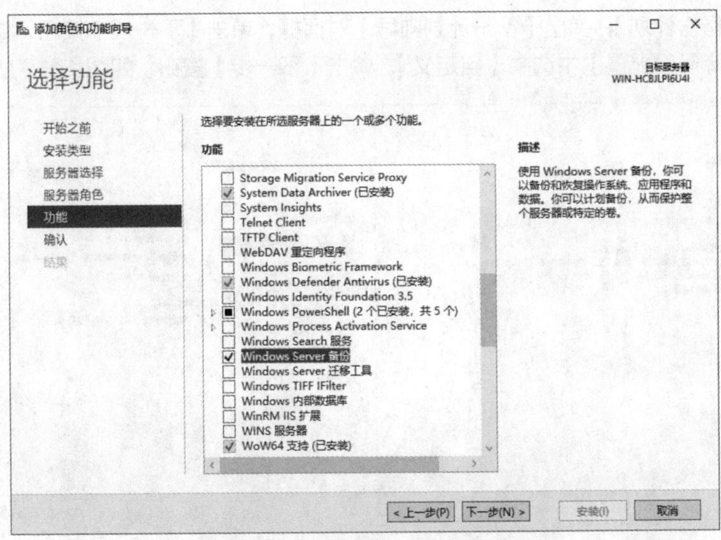

图 12-5　勾选【Windows Server 备份】

（3）在【服务器管理器】窗口中单击【工具】，在列表中选择【Windows Server 备份】选项，如图 12-6 所示。在弹出的窗口中可以进行备份计划、一次性备份和恢复操作，如图 12-7 所示。

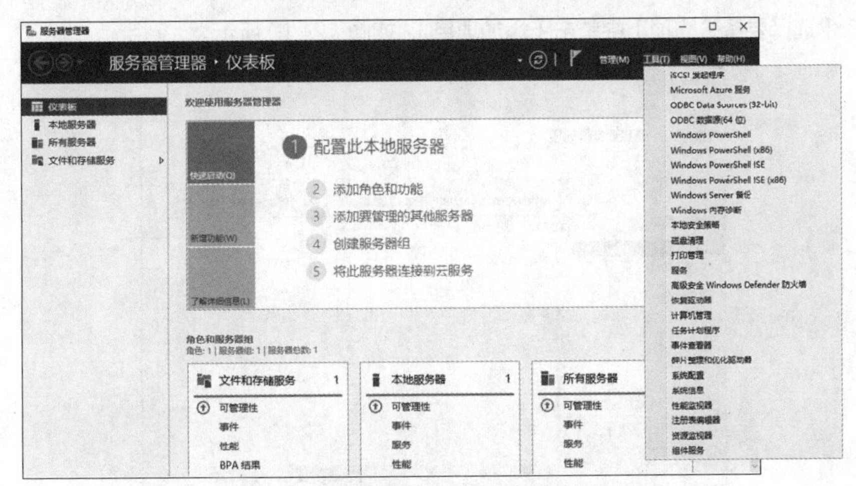

图 12-6　选择【Windows Server 备份】选项

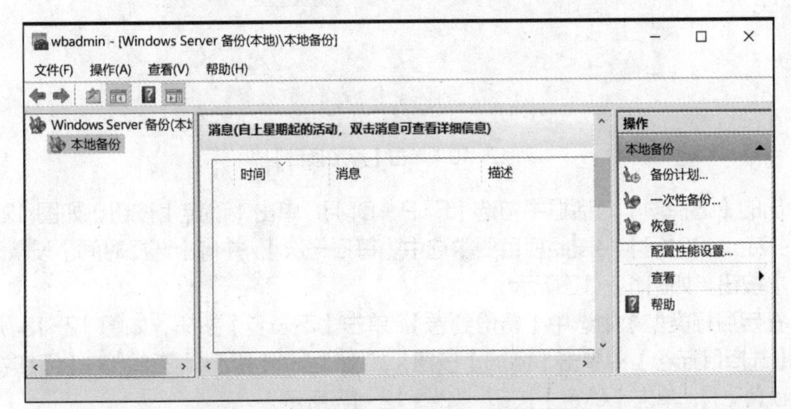

图 12-7 【Windows Server 备份】窗口

（4）单击【备份计划】，弹出【备份计划向导】对话框，单击【下一步】按钮，如图12-8所示。

（5）在【选择备份配置】中选中【自定义】，单击【下一步】按钮，如图12-9所示。

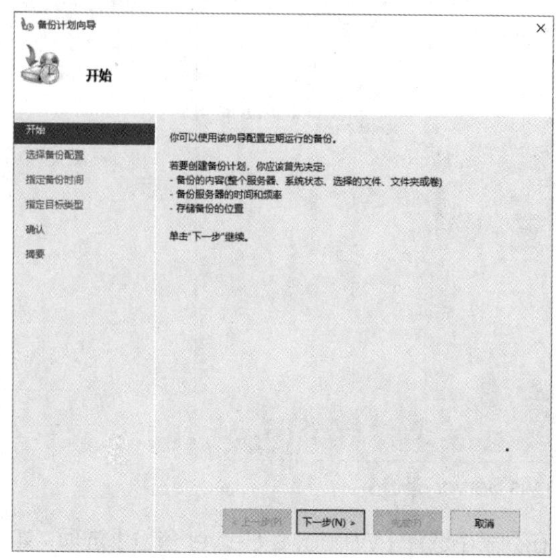

图12-8 【备份计划向导】对话框

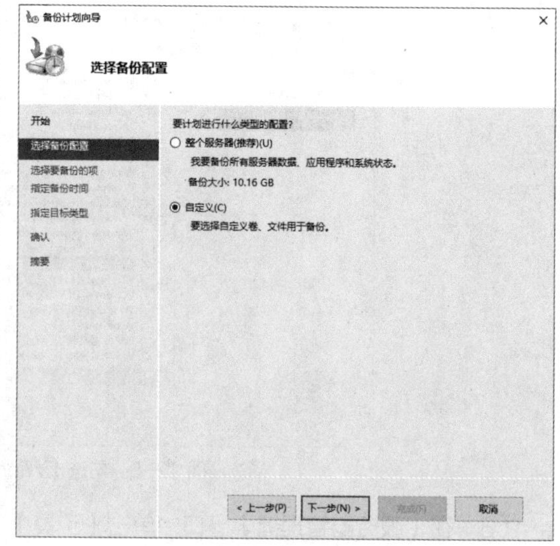

图12-9 选中【自定义】

（6）在【选择要备份的项】中单击【添加项目】，如图12-10所示。

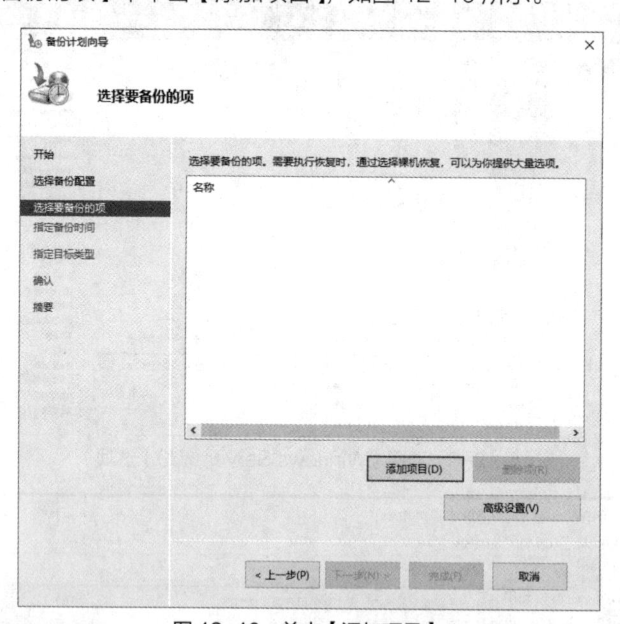

图12-10 单击【添加项目】

（7）在弹出的【选择项】对话框中勾选【FTP（D:）】，单击【确定】按钮，如图12-11所示。

（8）在【指定备份时间】中按照项目要求选中【每日一次】，并将【选择时间】设置为【23:00】，单击【下一步】按钮，如图12-12所示。

（9）在【指定目标类型】中选中【备份到卷】，单击【下一步】按钮，如图12-13所示。

（10）在【选择目标卷】中单击【添加】按钮，如图12-14所示。在弹出的【添加卷】对话框中选择【Backup（F:）】，单击【确定】按钮，如图12-15所示。

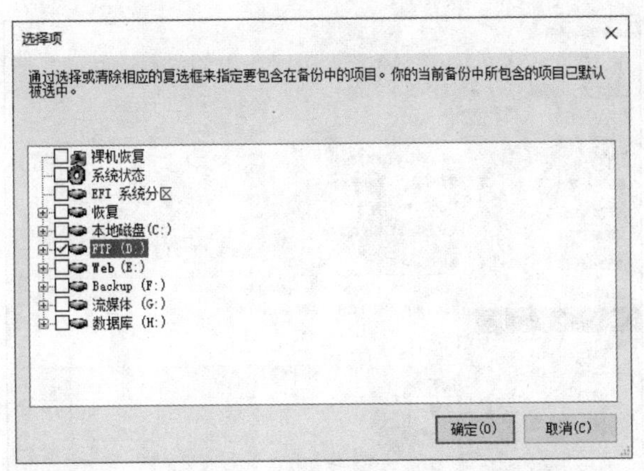

图 12-11　勾选【FTP（D:）】

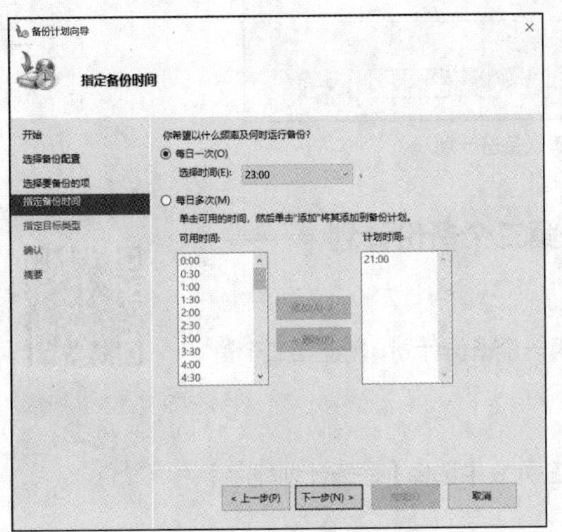

图 12-12　设置【指定备份时间】

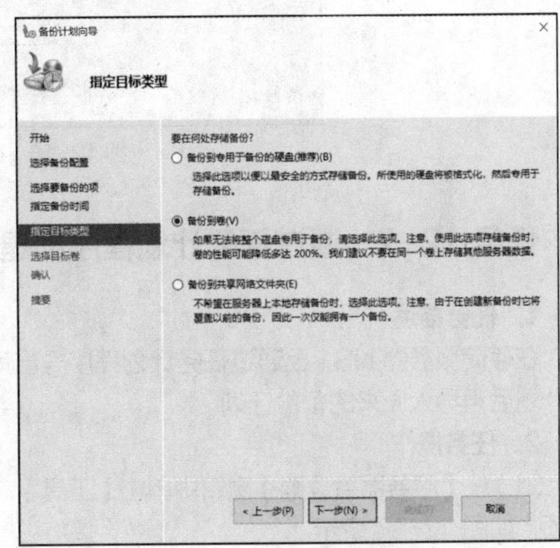

图 12-13　选中【备份到卷】

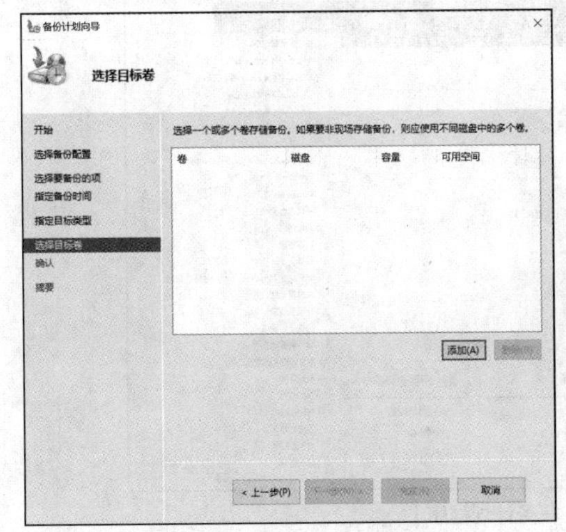

图 12-14　单击【添加】按钮

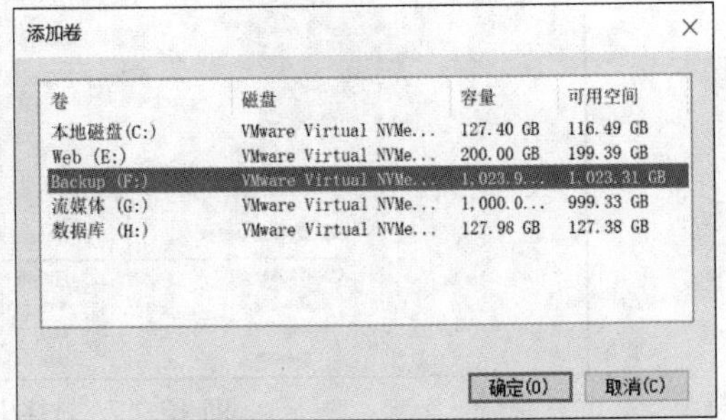

图 12-15　选择【Backup（F:）】

3. 任务验证

在【确认】中确认备份计划和要求一致，然后单击【完成】按钮，如图 12-16 所示。

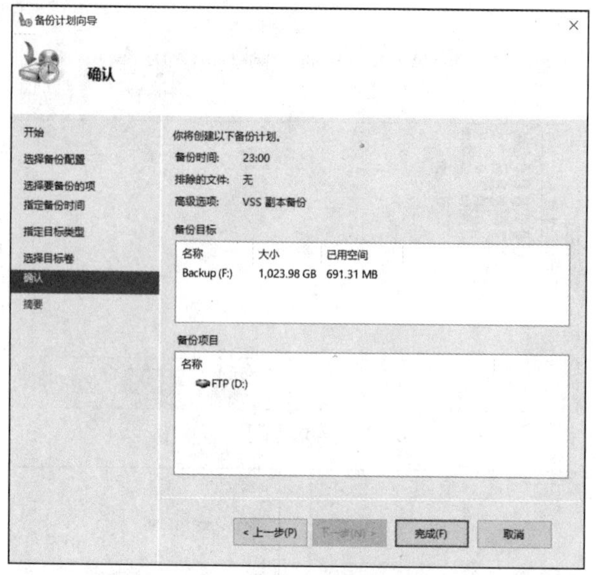

图 12-16　确认备份计划

任务 12-2　通过任务计划程序创建第二个备份计划

微课视频

任务 12-2　通过任务计划程序创建第二个备份计划

1. 任务描述

在存储服务器 NS1 上通过任务计划程序导出第一个备份计划，创建第二个备份计划后再导入原来的备份计划。

2. 任务操作

（1）在【服务器管理器】窗口中单击【工具】，在列表中选择【任务计划程序】选项，如图 12-17 所示。

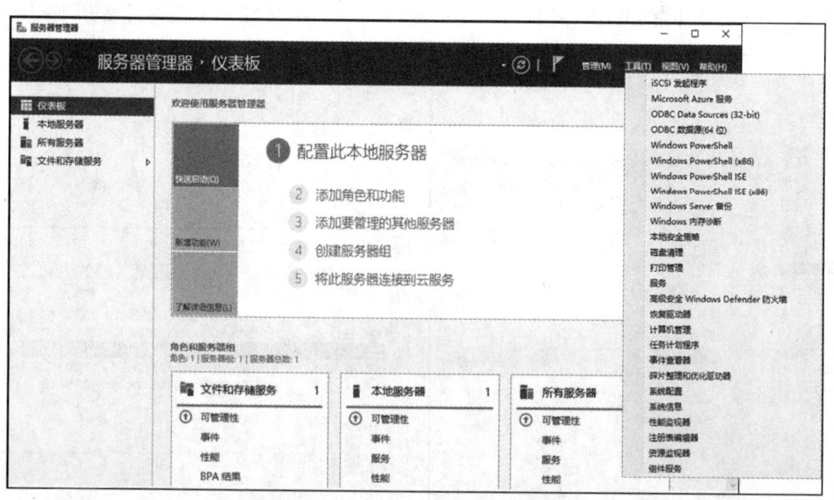

图 12-17　选择【任务计划程序】

（2）在【任务计划程序】窗口中依次单击【任务计划程序库】→【Microsoft】→【Windows】→【Backup】查看已创建的备份计划，单击鼠标右键，选择【导出】将备份计划保存至其他位置，如图 12-18 所示。

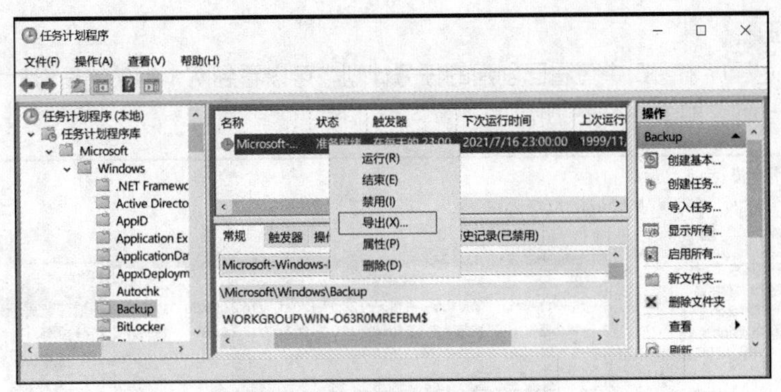

图 12-18 导出第一个备份计划

（3）删除已导出、保存的备份计划，按照任务 12-1“任务操作”中的步骤（3）~（10）为 Web 服务器创建备份计划。

（4）在【任务计划程序】窗口中查看第二个创建好的备份计划，并单击右侧【操作】中的【导入任务】将第一个备份计划导入库，如图 12-19 和图 12-20 所示。

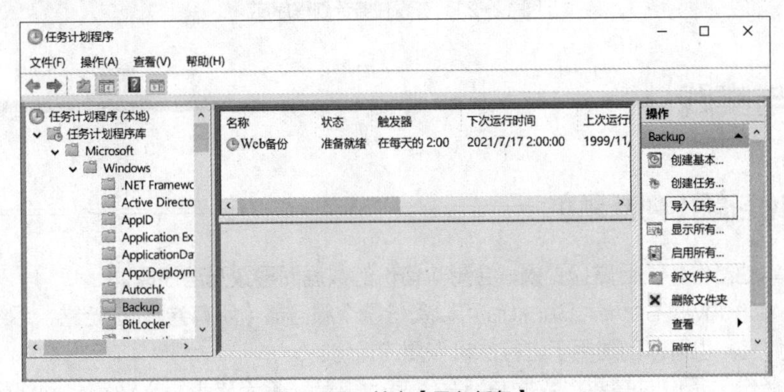

图 12-19 单击【导入任务】

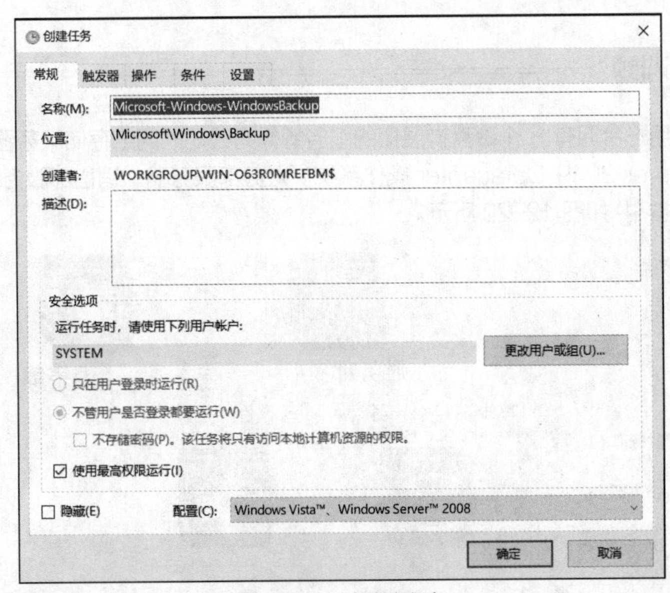

图 12-20 自定义任务

3. 任务验证

在【任务计划程序】窗口中查看已创建的任务计划，可以看到两个相关的备份计划已经存在，且配置与项目要求一致，如图 12-21 所示。

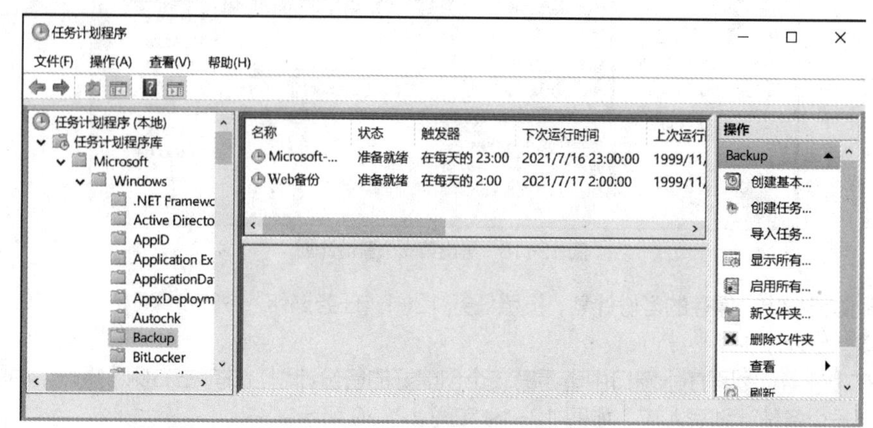

图 12-21 查看任务计划程序库

练习与实践

一、理论习题（判断题）

（1）对于本地备份，一旦磁盘受损，会影响备份的数据而导致无法还原。（ ）

（2）使用 Windows Server Backup 可以备份整个服务器（所有卷）、选定卷、系统状态或者特定的文件或文件夹，也可以创建用于进行裸机恢复的备份。（ ）

（3）异地备份，备份时需要将数据重新写入其他位置，不受磁盘写入速率、网络带宽等影响。（ ）

二、项目实训题

Jan16 公司使用一台拥有 8 个磁盘扩展槽的服务器作为公司的网络存储服务器（NS1），并且安装了 Windows Server 2019 Datacenter 操作系统。财务部服务器、销售部服务器已接入公司存储网络。公司存储网络拓扑如图 12-22 所示。

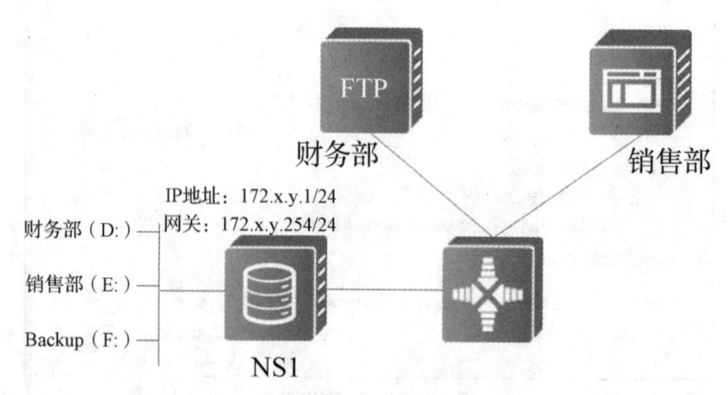

图 12-22 公司存储网络拓扑

财务部服务器、销售部服务器的数据都存放在网络存储服务器 NS1 上，网络存储服务器已创建数据备份专用的磁盘空间。现需要为财务部服务器、销售部服务器进行数据备份，财务部服务器数据每天晚上 10 点进行备份，销售部服务器数据每天凌晨 3 点、中午 13 点各进行一次备份。网络存储服务器 NS1 上已创建的磁盘存储空间规划见表 12-3。

表 12-3　存储空间规划

服务器	宿主磁盘编号	分区/卷集类型	卷集容量	文件系统	盘符	卷标
NS1	HDD01	主分区	500GB	NTFS	D	财务部
NS1	HDD01	主分区	200GB	NTFS	E	销售部
NS1	HDD02	主分区	1TB	NTFS	F	Backup

1. 任务设计

网络存储管理员的工作任务如下。

在存储服务器 NS1 上使用 Windows Server 备份创建备份计划，创建的备份计划见表 12-4。

表 12-4　备份计划

服务器	方式	源位置	目标位置	执行时间

2. 项目实践

提供存储服务器 NS1 的任务计划程序界面，确认已按要求创建备份计划。

项目13 存储服务器重复数据删除

项目描述

Jan16 公司使用一台拥有 24 个磁盘扩展槽的高性能服务器作为公司的网络存储服务器（NS2），并且安装了 Windows Server 2019 Datacenter 操作系统。各部门 PC 已接入公司网络，公司网络拓扑如图 13-1 所示。

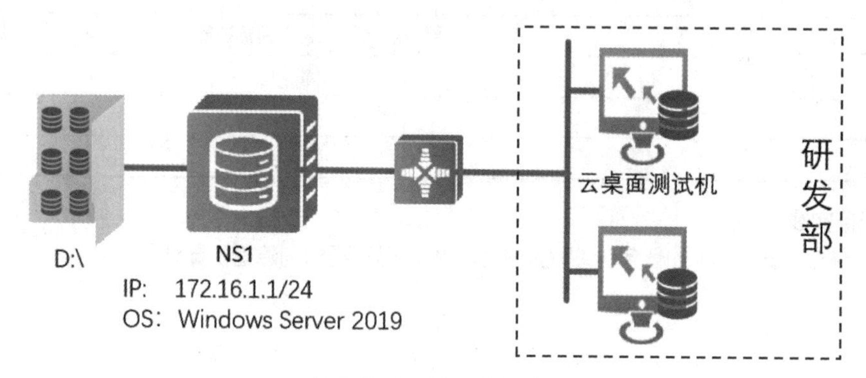

图 13-1　公司网络拓扑

网络存储管理员已经在 NS2 上为研发部创建了存储空间，并将磁盘共享给研发部的用户进行虚拟桌面的结构部署测试，存储空间信息见表 13-1。现需要配置重复数据删除来优化研发部使用的存储空间。

表 13-1　存储空间信息

服务器	存储池	虚拟磁盘类型	虚拟磁盘空间	文件系统	盘符	卷标
NS2	BP2	Simple	3TB+1TB	NTFS	D	研发部
……	……	……	……	……	……	……

项目规划设计

网络存储管理员的工作任务如下。

在存储服务器 NS2 上为研发部（D:）卷启用重复数据删除，类型为虚拟桌面基础结构（Virtual Desktop Infrastructure，VDI）服务器。

项目相关知识

13.1 重复数据删除

在当前的“大数据”时代，尽管磁盘空间的使用成本越来越低，I/O 速度不断提高，但重复数据删除仍是网络存储管理员最为关注的技术之一，运用这项技术能够实现以更低的存储成本和管理成本得到更高的存储效率这一目的。

常见的重复数据删除功能包括块级和文件级的重复数据删除。

- 块级：如果磁盘的多个区块存放着相同的数据，则存储时只需存放一份。
- 文件级：如果磁盘中存放着多个相同的文件（哈希值相同），则存储时只需存放一份。

13.2 Windows Server 中的重复数据删除

在 Windows Server 2019 Datacenter 中使用重复数据删除技术需要了解以下知识。

（1）重复数据删除默认不启用，需要手动部署。

（2）重复数据删除对系统性能的影响。

① 磁盘不会立即对存放的数据内容进行重复数据删除处理，默认会在 3 天之后才删除，这保证了数据写入和读取的性能不会受到重复数据删除功能的影响。

② 重复数据删除允许对卷中的目录或文件类型进行排除，被排除的目录和文件类型将不会进行重复数据删除处理。

③ 管理员可以部署系统在空闲时间（如凌晨）进行重复数据删除处理，同时，重复数据删除进程能够实现自我调节，可以按照不同的优先级运行。例如，当设置重复数据删除进程运行在低优先级时，进程会在系统本身处于重负载的情况下暂停；当为进程设置好时间窗口时，进程会在空闲时段全速运行。

（3）重复数据删除的卷是“原子单位”。

“原子单位”是指卷的所有重复数据删除信息都存放在卷本身中，因此当磁盘挂载到其他系统时，如果对方系统支持重复数据删除功能，则该卷保持不变；如果对方系统不支持该功能，则只能看到 nondeduplicated 文件。

（4）重复数据删除支持分支机构（BranchCache）。

如果总公司和分公司的服务器同时应用重复数据删除技术，那么双方直接发送和接收文件时可以有效减少需要发送文件的数据量。

（5）备份重复数据删除卷可能会遇到以下问题。

① 在基于块的备份解决方案中，如磁盘映像备份，备份将会保留所有的由使用重复数据删除功能删除的数据。

② 一般情况下，在基于文件的备份解决方案中，如果方案具有重复数据感知功能，则备份系统不会存储重复的文件，磁盘将以没有重复数据的形式存储文件。Windows Server Backup 解决方案是基于重复数据感知的，而其他第三方产品需要预先进行测试，以明确其是否支持重复数据感知功能。

（6）重复数据删除的效果评估。

如果想评估启用重复数据删除功能给系统带来的效果，用户可以先在一个备用服务器上临时启用该功能，查看数据存储空间实际节省了多少。

项目实施

任务 13-1　卷的重复数据删除设置

微课视频

任务 13-1　卷的重复数据删除设置

1. 任务描述

在存储服务器 NS2 上添加重复数据删除角色，并按照要求对研发部专用的数据存储磁盘【研发部（D:）】启用重复数据删除功能。

2. 任务操作

（1）在存储服务器 NS2 的【服务器管理器】窗口中依次单击【管理】→【添加角色和功能】，如图 13-2 所示。

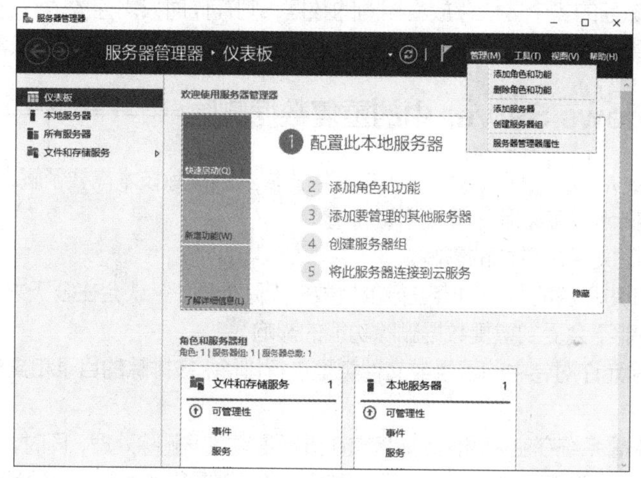

图 13-2　添加角色和功能

（2）在【添加角色和功能向导】对话框中依次单击【服务器角色】→【文件和存储服务】，在【文件和 iSCSI 服务】中勾选【重复数据删除】，单击【下一步】按钮，如图 13-3 所示。

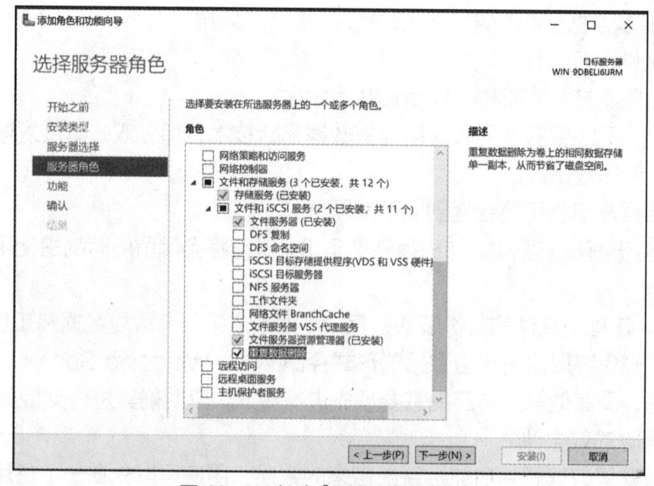

图 13-3　勾选【重复数据删除】

（3）在【服务器管理器】窗口中进入【文件和存储服务】，选择【卷】，右击【D:】，选择【配置重复数据删除】，如图 13-4 所示。

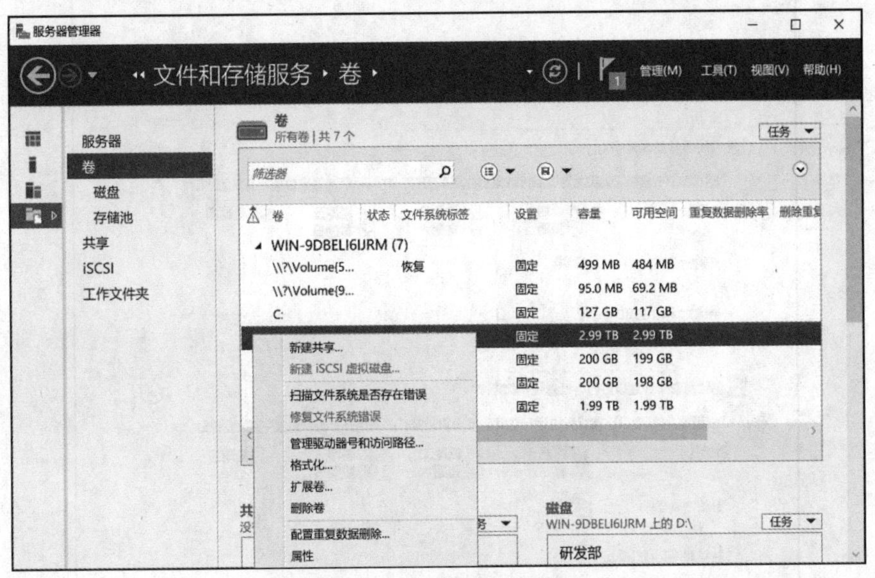

图 13-4　配置重复数据删除

（4）在弹出的【研发部（D:\）删除重复设置】对话框中，在【重复数据删除】下拉列表中选择【虚拟桌面基础结构(VDI)服务器】；在【对早于以下时间的文件进行删除重复(以天为单位)】中，保持默认数值【3】则只对创建时间超过 3 天的文件进行重复数据删除，需要即时对文件进行重复数据删除则输入【0】；然后单击【设置删除重复计划】按钮，如图 13-5 所示。

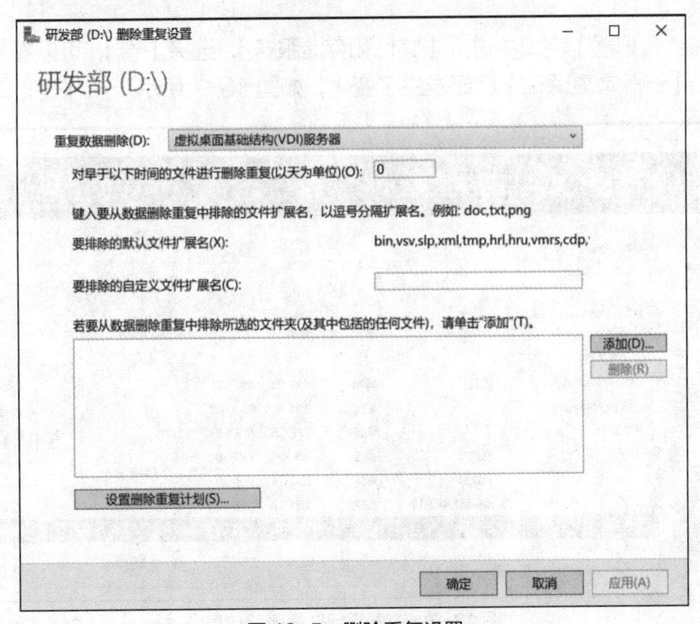

图 13-5　删除重复设置

（5）在弹出的【NS2 删除重复计划】对话框中勾选【启用后台优化】和【启用吞吐量优化】，并根据实际情况设置【开始时间】，单击【确定】按钮，如图 13-6 所示。

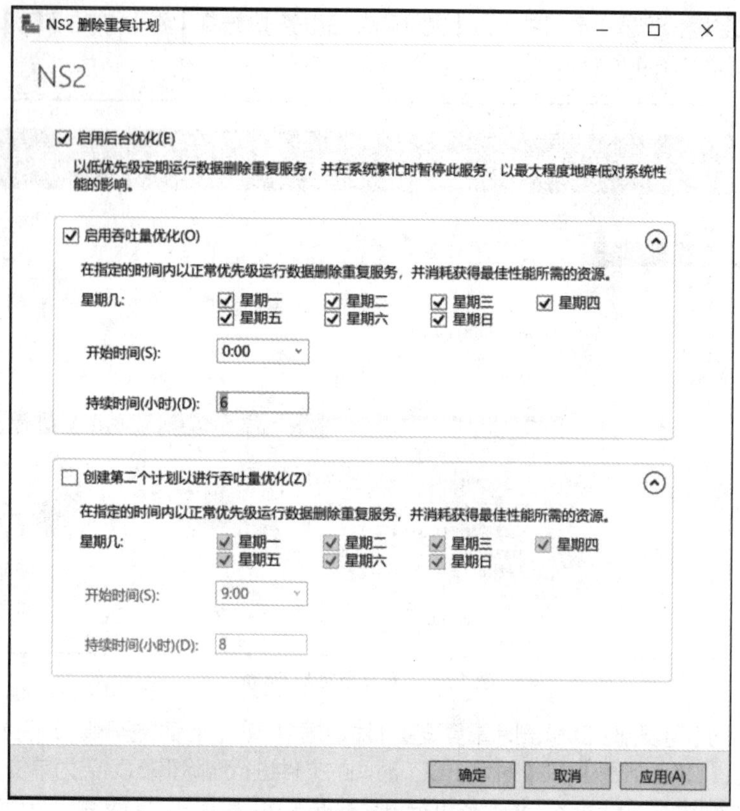

图 13-6　配置删除重复计划

3. 任务验证

（1）在【服务器管理器】窗口中进入【文件和存储服务】，选择【卷】，可以看到【D:】后的【重复数据删除率】和【删除重复保存】已经发生了变化，如图 13-7 所示。

图 13-7　查看重复数据删除信息

（2）右击【D:】，选择【配置重复数据删除】，查看删除重复设置，可以看到已经按照项目要求进行了设置，如图 13-8 所示。

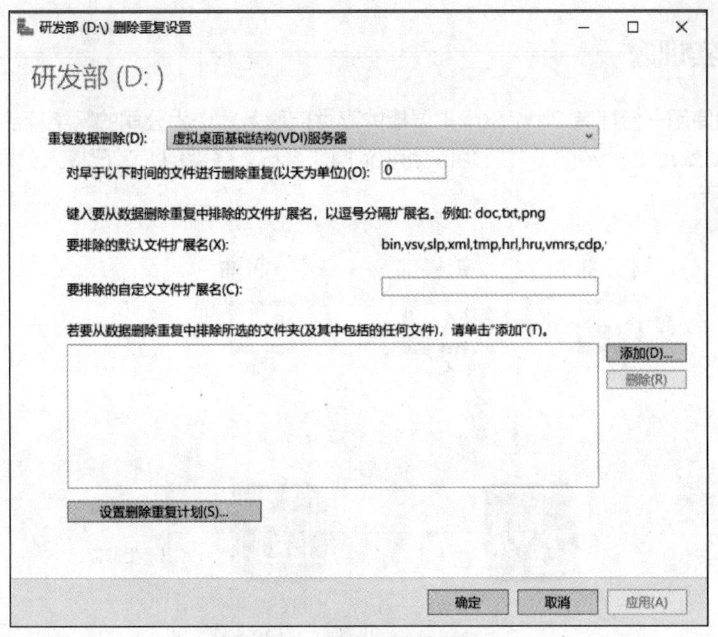

图 13-8　查看删除重复设置

练习与实践

一、理论习题

1. 判断题

（1）重复数据删除允许对卷中的目录或文件类型进行排除，被排除的目录和文件类型将会进行重复数据删除处理。(　　)

（2）重复数据删除能够以更低的存储成本和管理成本得到更高的存储效果。(　　)

2. 选择题

（1）磁盘不会立即对存放的数据内容进行重复数据删除处理，默认会在（　　）天之后才进行，这保证了数据写入和读取的性能不会受到重复数据删除功能的影响。

A. 3　　B. 4　　C. 5　　D. 6

（2）（多选）重复数据删除技术的优点有（　　）。

A. 容量优化

B. 支持远程映射驱动器

C. 伸缩性

D. 可靠性和数据完整性好

（3）（多选）作为重复数据删除候选的卷必须符合的要求有（　　）。

A. 不能是系统卷或引导卷，重复数据删除在系统卷上不受支持

B. 卷可为分区的 MBR 或 GPT，并且必须使用 NTFS 格式化

C. 卷必须向 Windows 公开为不可移除的驱动器

D. 远程映射驱动器不受支持

二、项目实训题

Jan16 公司使用一台拥有 24 个磁盘扩展槽的高性能服务器作为公司的网络存储服务器（NS2），并且安装了 Windows Server 2019 Datacenter 操作系统。各部门 PC 已接入公司网络，公司网络拓扑如图 13-9 所示。

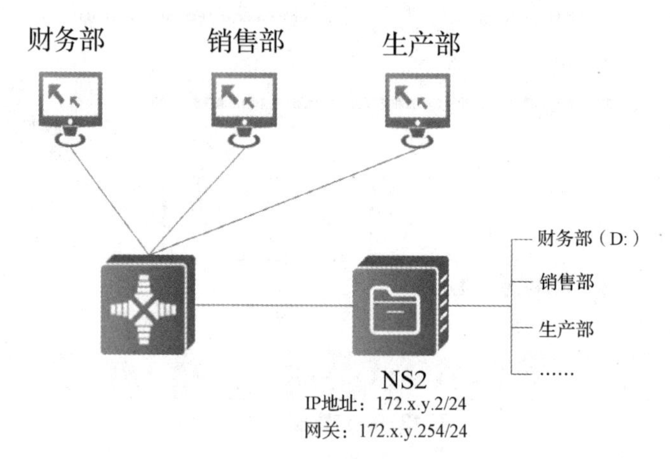

图 13-9　公司网络拓扑

网络存储管理员已经在 NS2 上为财务部创建了存储空间，并将磁盘共享给财务部的用户使用，存储空间信息见表 13-2。现需要配置重复数据删除来优化财务部使用的存储空间。

表 13-2　存储空间信息

服务器	存储池	虚拟磁盘类型	虚拟磁盘空间	文件系统	盘符	卷标
NS2	BP2	Simple	3TB+1TB	NTFS	D	财务部
……	……	……	……	……	……	……

1．任务设计

网络存储管理员的工作任务如下。

在存储服务器 NS2 上为财务部（D:）卷启用重复数据删除，类型为一般用途文件服务器。

2．项目实践

（1）提供存储服务器 NS2 的卷配置界面，确认已启用重复数据删除。

（2）提供存储服务器 NS2 的 D 盘删除重复设置界面，确认已按要求配置重复数据删除。

项目14 部署高可用链路的iSCSI

14

项目描述

Jan16 公司使用一台拥有 24 个磁盘扩展槽的高性能服务器作为公司的网络存储服务器（NS2），并且安装了 Windows Server 2019 Datacenter 操作系统。研发部服务器 PC03 因业务流量较大，已部署多条链路连接到公司的存储服务器上，公司网络拓扑如图 14-1 所示。各服务器及 PC 的 IP 地址信息见表 14-1。

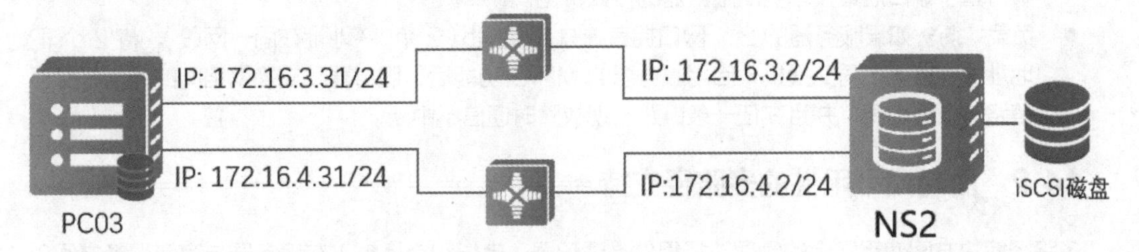

图 14-1　公司网络拓扑

表 14-1　IP 地址信息

部门	服务器/PC	接口	IP 地址	网关
Jan16 公司	NS2	Ethernet1	172.16.3.2/24	172.16.3.254
		Ethernet2	172.16.4.2/24	172.16.4.254
研发部	PC03	Ethernet1	172.16.3.31/24	172.16.3.254
		Ethernet2	172.16.4.31/24	172.16.4.254
……	……	……	……	……

网络存储管理员已经在 NS2 上为研发部创建了 iSCSI 磁盘，当前 iSCSI 规划见表 14-2。现需要为研发部服务器 PC03 配置 MPIO，提高研发部使用 iSCSI 磁盘的连接带宽。

表 14-2　iSCSI 规划

服务器	磁盘容量	存放位置	目标类型	目标值	认证
NS2	4TB	D:	IQN	iqn.2021-06.cn.jan16:desktop-jan16pc03	否
……	……	……	……	……	……

项目规划设计

网络存储管理员的工作任务如下。

在研发部服务器 PC03 上配置多重路径存取机制（Multi-Path Input/Output，MPIO）功能，并配置 iSCSI 发起程序 MPIO 的负载平衡策略为协商会议，使两条链路同时工作以提高传输带宽。

项目相关知识

14.1 MPIO

网络服务器通常都提供 2 个以上网口，并且均支持 MPIO 功能，也支持在服务器和交换网络间建立多条物理链路，以实现以下功能。

- 提高接入带宽：如果服务器的 2 个网口都接入同一台交换机，2 个网口桥接为 1 个逻辑接口，则可基于端口汇聚技术提高服务器的接入带宽。
- 负载均衡：如果服务器的 2 个网口拥有独立 IP 地址（2 个 IP 地址在同一网段），将 2 个 IP 地址分别接入不同交换机，启用服务器的 MPIO 功能后，服务器和交换网络间的通信将实现链路的负载均衡，并且在任一条链路出现故障时通信不中断。

14.2 面向高可用性的多路径支持

多路径解决方案使用冗余的物理路径组件（适配器、电缆和交换机）在服务器与存储设备之间创建逻辑路径。如果这些组件中的一个或多个发生故障，导致路径无法使用，多路径逻辑就使用 I/O 的另一条路径以使应用程序仍然能够访问其数据。

Windows Server 2019 中的 MPIO 包含一个设备特定模块（Device-Special Module，DSM），该模块提供以下负载平衡策略。

- 故障转移：不执行负载平衡。应用程序需要指定一条主路径和一组备用路径，主路径用于处理设备请求，备用路径用于阻塞状态。如果主路径发生故障，服务器会自动启用备用路径。
- 故障恢复：故障恢复是指只要主路径有效，所有 I/O 都指向主路径。如果主路径发生故障，I/O 将被定向到备用路径，直到主路径功能恢复为止。
- 循环：DSM 以轮询方式使用 I/O 的所有可用路径。

项目实施

任务 14-1 基于多路径链路的 iSCSI 磁盘应用部署

微课视频

任务 14-1 基于多路径链路的 iSCSI 磁盘应用部署

1. 任务描述

在存储服务器 NS2 和研发部 PC03 间建立 2 条物理链路，并根据信息配置存储服务器 NS2 与研发部 PC03 之间的基础网络。存储服务器 NS2 以 IQN 类型且无认证模式创建 4TB 的 iSCSI 虚拟磁盘，在研发部 PC03 上连接 iSCSI 虚拟磁盘。

2. 任务操作

（1）分别为存储服务器 NS2 和研发部 PC03 添加 2 块网卡，根据表 14-1 进行相应的 IP 地址配置。

（2）在存储服务器 NS2 中，创建 IQN 为【iqn.2021-06.cn.jan16:desktop-jan16pc03】且无认证模式的 iSCSI 虚拟磁盘，如图 14-2 所示。

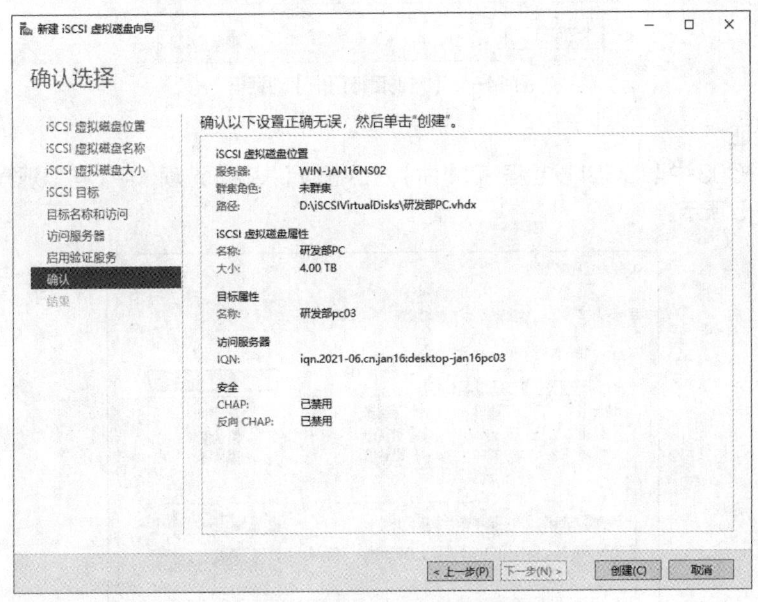

图 14-2　创建 iSCSI 虚拟磁盘

（3）在研发部 PC03 中，打开【iSCSI 发起程序 属性】对话框，在【目标】文本框中输入【172.16.3.2】，单击【快速连接】，连接成功界面如图 14-3 所示。

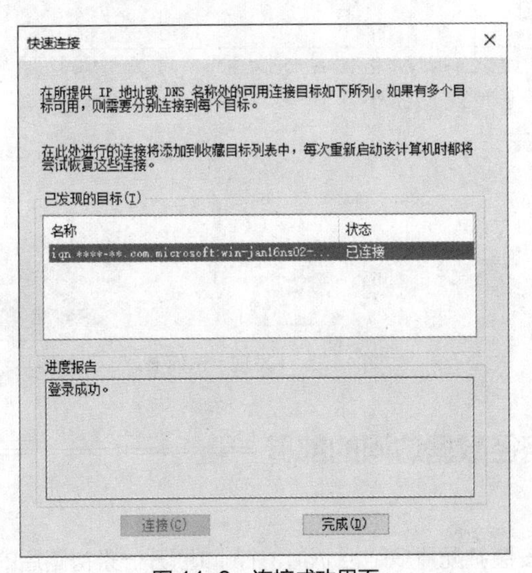

图 14-3　连接成功界面

（4）在菜单栏中单击【发现】，选择【发现门户】，在【发现目标门户】对话框的【IP 地址或 DNS 名称(I)】文本框中输入存储服务器 NS2 另一张网卡的 IP 地址【172.16.4.2】，端口为默认设置，如图 14-4 所示。

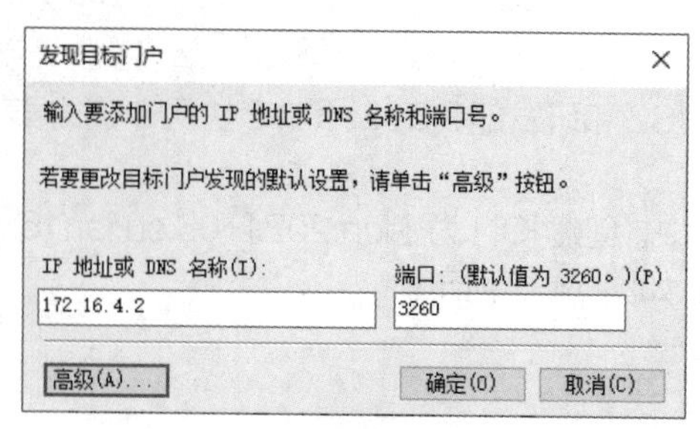

图 14-4 【发现目标门户】对话框

3. 任务验证

在研发部 PC03 中【iSCSI 发起程序 属性】对话框的【发现】选项卡中，可以观察到目标门户有 2 个，如图 14-5 所示。

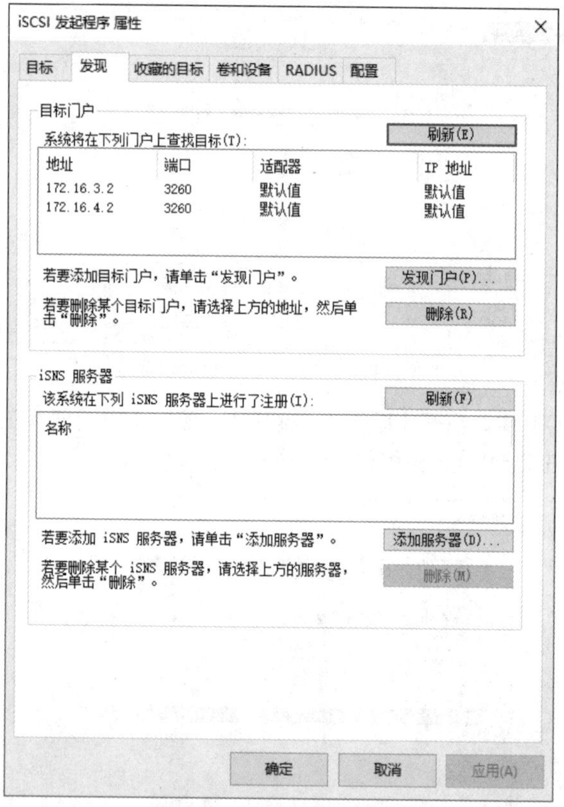

图 14-5 【发现】选项卡

任务 14-2 多路径数据访问的部署

任务 14-2 多路径数据访问的部署

1. 任务描述

在研发部 PC03 中，安装并配置多路径 I/O，并测试断开一条链路后的效果。

2. 任务操作

（1）在研发部 PC03 的【服务器管理器】窗口中单击【添加角色和功能】，弹出【添加角色和功能向导】对话框。在【功能】中，勾选【多路径 I/O】，单击【下一步】按钮，如图 14-6 所示。

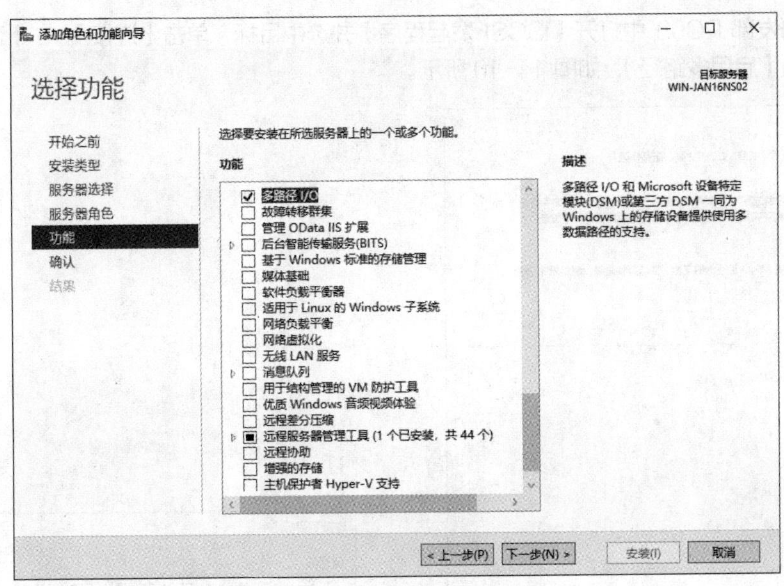

图 14-6　添加多路径 I/O 功能

（2）在【服务器管理器】窗口中单击【工具】，选中【MPIO 属性】对话框，如图 14-7 所示。

（3）在【MPIO 属性】对话框中选择【发现多路径】选项卡，勾选【添加对 iSCSI 设备的支持】，并单击【添加】按钮，如图 14-8 所示。

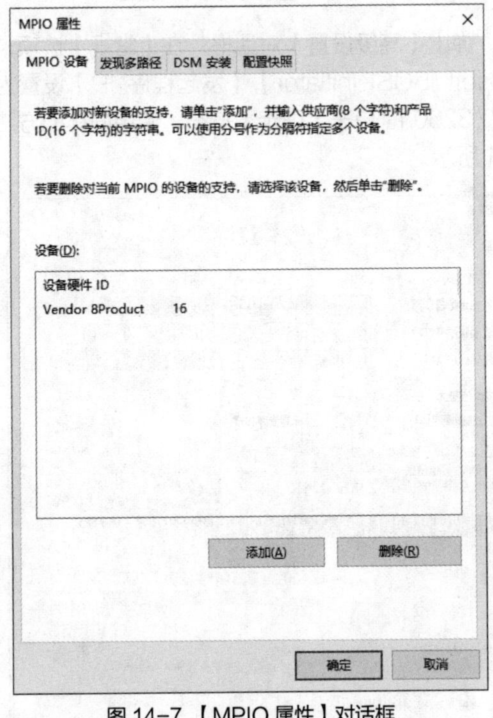

图 14-7 【MPIO 属性】对话框

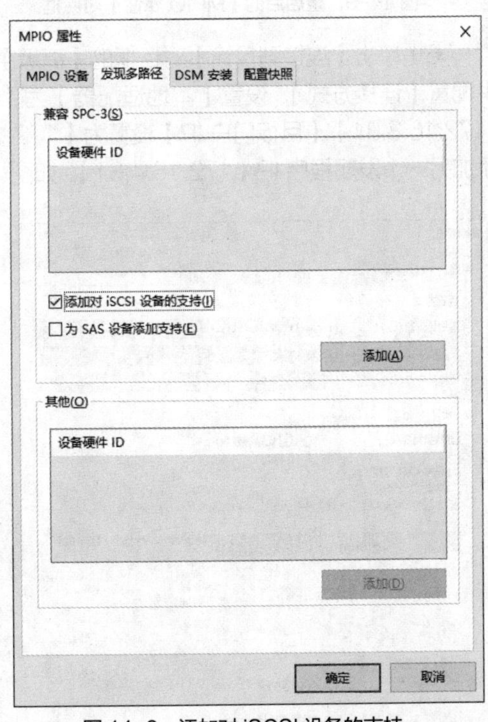

图 14-8　添加对 iSCSI 设备的支持

（4）当弹出【MPIO 操作成功】对话框时，单击【确定】按钮，需重启。重启完成后再次打开【MPIO 属性】对话框，可以观察到【MPIO 设备】的设备硬件 ID 增加了【MSFT2005iSCSIBusType_0x9】，如图 14-9 所示。

（5）在研发部 PC03 中打开【iSCSI 发起程序】并选中目标，单击【连接】。在【连接到目标】对话框中勾选【启用多路径】，如图 14-10 所示。

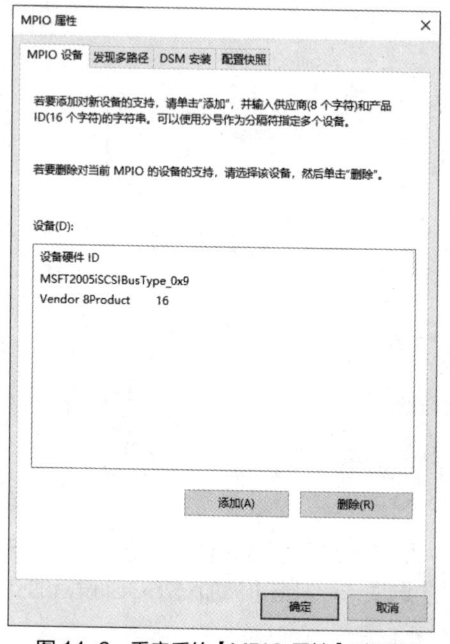

图 14-9 重启后的【MPIO 属性】对话框

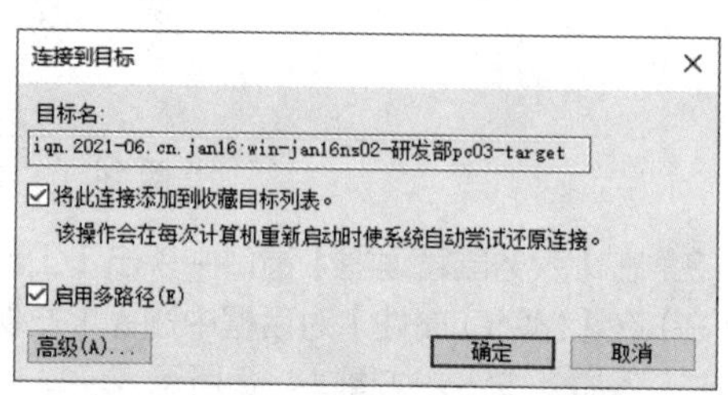

图 14-10 【连接到目标】对话框

（6）单击【连接到目标】对话框的【高级】按钮，弹出【高级设置】对话框。在【常规】选项卡中配置【连接方式】，设置【本地适配器】为【Microsoft iSCSI Initiator】，【发起程序 IP】设置为【172.16.3.31】，【目标门户 IP】设置为【172.16.3.2 / 3260】，单击【确定】按钮，使用同样的方法添加另一个发起程序 IP【172.16.4.31】，如图 14-11 所示。

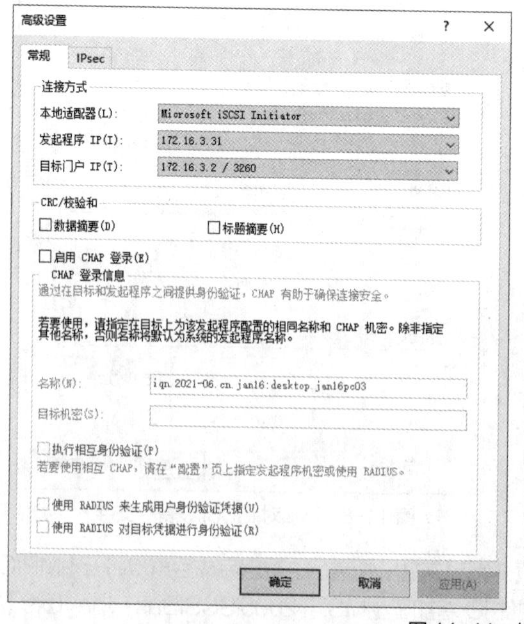

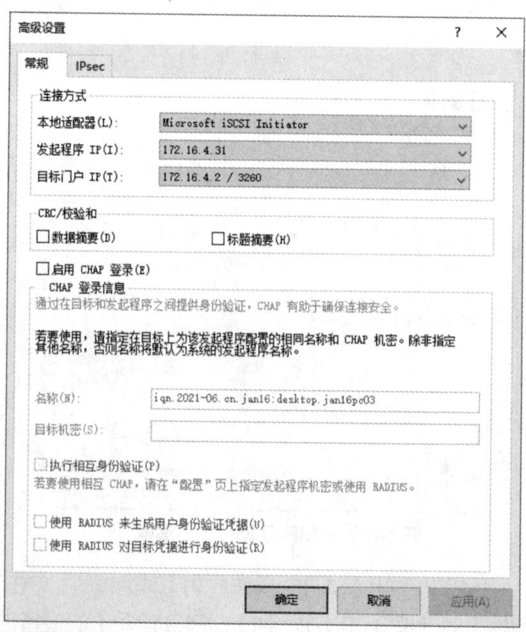

图 14-11 修改连接方式

（7）在【iSCSI 发起程序 属性】对话框中选中目标后单击【属性】，在【属性】对话框中勾选【会话】选项卡中的 2 个标识符，如图 14-12 所示。

（8）单击【设备】按钮，在【设备】对话框中单击【MPIO】按钮。在弹出的【设备详细信息】对话框中选择【负载平衡策略】为【协商会议】，如图 14-13 所示。

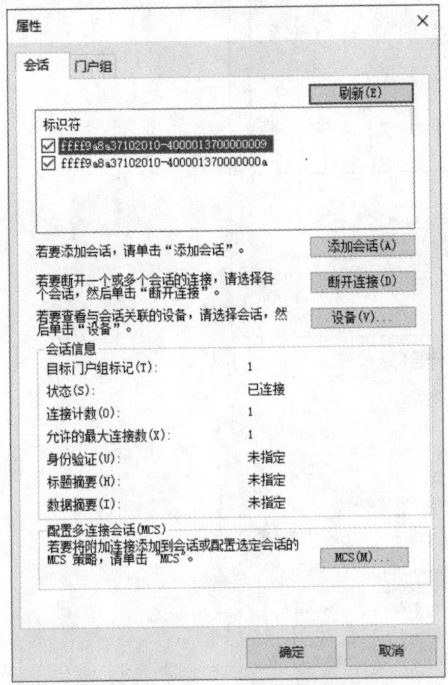

图 14-12 勾选标识符复选框

图 14-13 设置负载平衡策略

（9）对连接的磁盘进行连接、初始化、新建简单卷操作，【磁盘管理】窗口如图 14-14 所示。

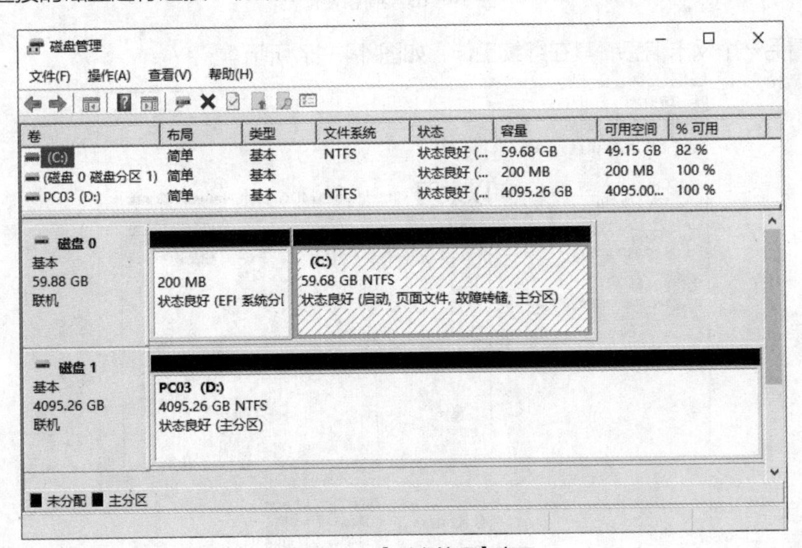

图 14-14 【磁盘管理】窗口

3. 任务验证

（1）在研发部 PC03 的 D 盘中写入一个大文件，查看网卡信息，如图 14-15 所示。

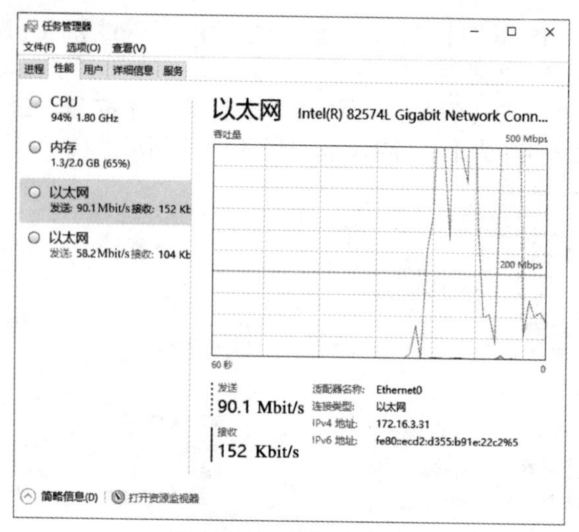

图 14-15　查看网卡信息

（2）禁用其中一个网卡，如图 14-16 所示。

图 14-16　禁用网卡

（3）查看另一个网卡信息，其在继续工作，如图 14-17 所示。

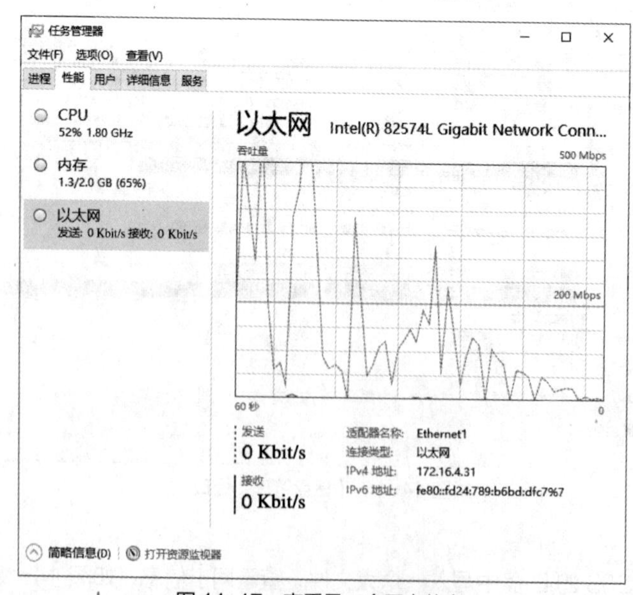

图 14-17　查看另一个网卡信息

正在传输的文件并不会中断，文件传输界面如图 14-18 所示。

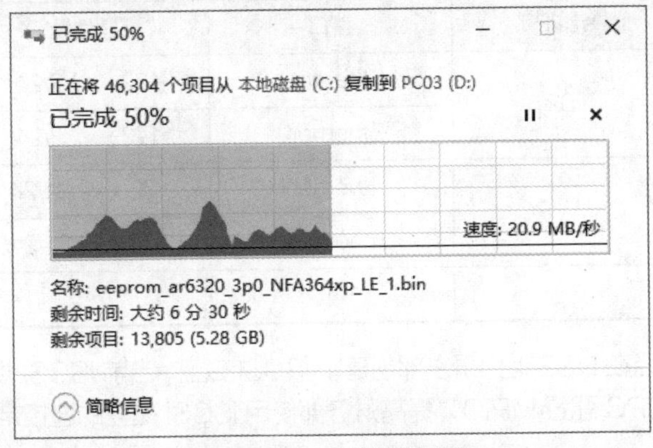

图 14-18　文件传输界面

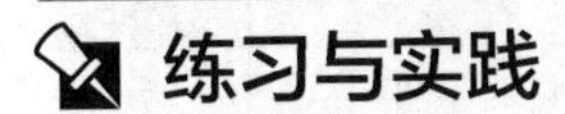

练习与实践

一、理论习题（选择题）

（1）iSCSI 下的 MPIO 负载平衡策略有（　　）种。

A. 5　　B. 6　　C. 7　　D. 8

（2）如果服务器的 2 个网口都接入同一台交换机，2 个网口桥接为（　　）个逻辑接口，则可基于端口汇聚技术提高服务器的接入带宽。

A. 1　　B. 2　　C. 3　　D. 4

（3）（多选）以下为 MPIO 负载平衡策略的有（　　）。

A. 仅故障转移　　B. 协商会议　　C. 带子集的协商会议

D. 最少队列深度　　E. 加权路径　　F. 最少阻止次数

二、项目实训题

Jan16 公司使用一台拥有 24 个磁盘扩展槽的高性能服务器作为公司的网络存储服务器（NS2），并且安装了 Windows Server 2019 Datacenter 操作系统。财务部服务器 CaiWuPC 因可靠性要求较高，已部署多条链路连接到公司的存储服务器上，公司网络拓扑如图 14-19 所示。各服务器及 PC 的 IP 地址信息见表 14-3。

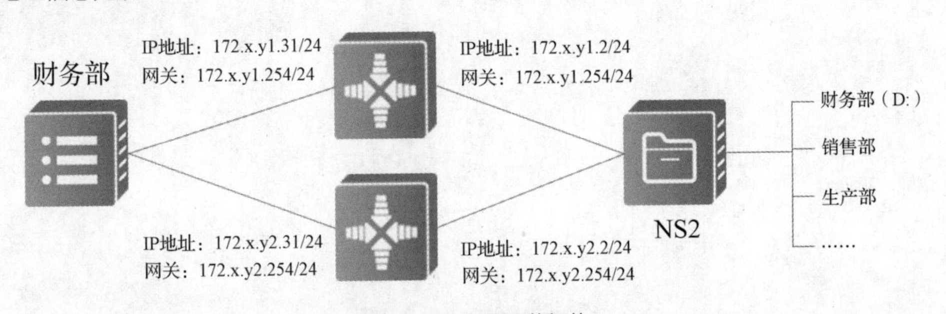

图 14-19　公司网络拓扑

表 14-3　IP 地址信息

部门	服务器/PC	接口	IP 地址	网关
Jan16 公司	NS2	Ethernet1	172.x.y1.2/24	172.x.y1.254
		Ethernet2	172.x.y2.2/24	172.x.y2.254
财务部	CaiWuPC	Ethernet1	172.x.y1.31/24	172.x.y1.254
		Ethernet2	172.x.y2.31/24	172.x.y2.254
……	……	……	……	……

网络存储管理员已经在 NS2 上为研发部创建了 iSCSI 磁盘，当前 iSCSI 规划见表 14-4。现需要为财务部服务器 CaiWuPC 配置 MPIO，提高财务部使用 iSCSI 磁盘的连接带宽。

表 14-4　iSCSI 规划

服务器	磁盘容量	存放位置	目标类型	目标值	认证
NS2	4TB	D:	IQN	iqn.2021-06.cn.jan16:desktop-jan16pc03	否
……	……	……	……	……	……

1．任务设计

网络存储管理员的工作任务如下。

在财务部服务器 CaiWuPC 上配置 MPIO 功能，并配置 iSCSI 发起程序 MPIO 的负载平衡策略为故障转移，使两条链路同时工作来提高传输带宽。

2．项目实践

提供财务部服务器 CaiWuPC 的 iSCSI 发起程序中 MPIO 配置界面，确认已部署负载平衡策略。

第 5 篇
综合应用

项目15
微企业构建虚拟共享服务

15

项目描述

Jan16 公司承接了信创公司的存储优化项目，信创公司原有 3 台存储服务器，分别用于公司宣传材料存储、部门协同办公和员工个人网盘服务。本项目需要使用分布式文件系统（Distributed File System，DFS），将所有文件整合，在存储物理位置不发生改变的前提下，员工可以通过一个链接访问所有文件。信创公司存储网络拓扑如图 15-1 所示。

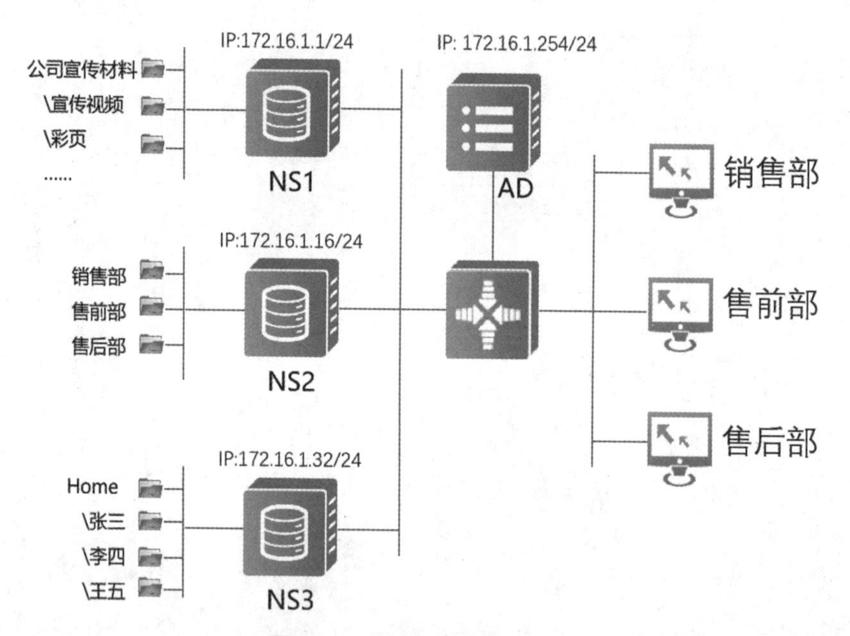

图 15-1　信创公司存储网络拓扑

信创公司当前各部门用户信息见表 15-1，各存储服务器当前的文件共享规划见表 15-2。

表 15-1　各部门用户信息

部门	职务	姓名
销售部	员工	张三
售前部	员工	李四
售后部	员工	王五
……	……	……

表 15-2　文件共享规划

服务器	共享协议	访问路径	物理路径	用户/组	权限
NS1	CIFS	\\NS1\公司宣传材料	E:\公司宣传材料	Everyone	只读
NS2	CIFS	\\NS2\销售部	E:\销售部	XiaoShou	读写
NS2	CIFS	\\NS2\售前部	E:\售前部	ShouQian	读写
NS2	CIFS	\\NS2\售后部	E:\售后部	ShouHou	读写
NS3	CIFS	\\NS2\Home	E:\Home	Everyone	只读
NS3	CIFS	……	E:\Home\张三	Z3	读写{NTFS}
NS3	CIFS	……	E:\Home\李四	L4	读写{NTFS}
NS3	CIFS	……	E:\Home\王五	W5	读写{NTFS}
……	……	……	……	……	……

项目规划设计

网络存储管理员的工作任务如下。

在域服务器 AD（本项目服务器名为“AD1”）上添加 DFS 命名空间角色服务，创建 DFS 命名空间并将各文件共享链接到命名空间中。DFS 命名空间规划见表 15-3。

表 15-3　DFS 命名空间规划

服务器	DFS 链接	实际路径
AD1	\\xc.cn\共享\公司宣传待料	\\172.16.1.1\公司宣传材料
AD1	\\xc.cn\共享\销售部	\\172.16.1.16\销售部
AD1	\\xc.cn\共享\售前部	\\172.16.1.16\售前部
AD1	\\xc.cn\共享\售后部	\\172.16.1.16\售后部
AD1	\\xc.cn\共享\Home	\\172.16.1.32\Home
……	……	……

项目相关知识

15.1　关于 DFS 的定义

在大多数环境中，共享资源驻留在多台服务器的各个共享文件夹中。要访问资源，用户或程序必须将驱动器映射到共享资源的服务器，或直接访问共享资源的通用命名约定（Universal Naming Convention，UNC）路径。例如：“\\服务器 IP 地址\共享名”或“\\服务器 IP 地址\共享名\路径\文件名”。

通过 DFS，一台 DFS 服务器上的某个共享点能够作为驻留在其他服务器上的共享资源的“宿主”。DFS 以透明方式链接 LAN（Local Area Network，局域网）中的文件服务器和共享文件夹，然后将其映射到 DFS 服务器共享目录（如\DfsServer\Dfsroot），以便从该位置对其进行访问，实际上数据却分布在不同的网络位置上。用户不必再转至网络上的多个位置查找所需的信息，而只需连接到\\DfsServer\Dfsroot。用户在访问此共享文件夹时，将被重定向到对应共享资源的网络位置。这样，用户只需知道 DFS 根目录共享即可访问整个公司的共享资源。

因此，DFS 提供了单个访问点和一个逻辑树结构。通过 DFS，可以将同一网络中的不同计算机上的共享文件夹组织起来，形成一个单独的、有逻辑的、层次式的共享文件系统。用户在访问文件时不需要知道文件的实际物理位置，即分布在多个服务器上的文件在用户面前就如同在网络的同一个位置上。

DFS 是树状结构（见图 15-2），包含一个根目录以及一个或多个 DFS 链接。要建立 DFS 共享，必须首先建立 DFS 根，然后在每一个 DFS 根下创建一个或多个 DFS 链接，每一个链接可以指向网络中的一个共享文件夹。也可以创建 DFS 文件夹，并将 DFS 链接放置到对应的 DFS 文件夹中。

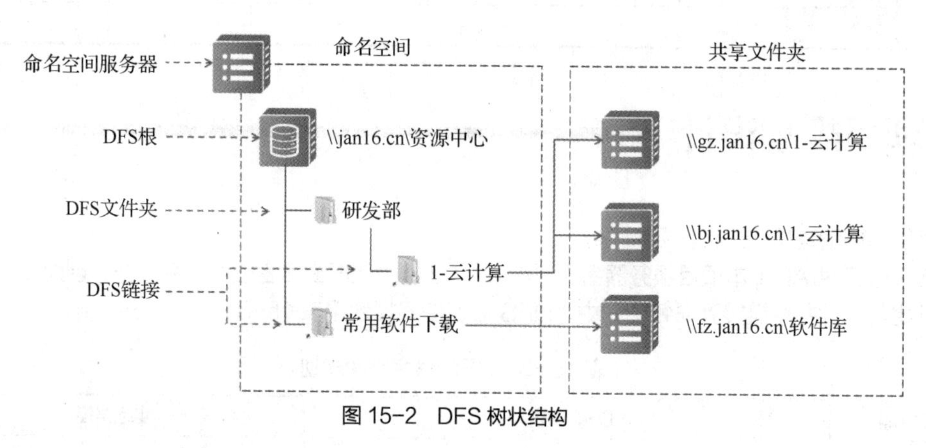

图 15-2　DFS 树状结构

15.2　关于 DFS 的类型

DFS 有两种类型：独立 DFS 和域 DFS。

独立 DFS 的根和拓扑结构存储在单个计算机中，不提供容错功能，没有根目录级的 DFS 共享文件夹，只支持一级 DFS 链接。

域 DFS 的根驻留在多个域控制器或成员服务器上。由于 DFS 的拓扑结构存储在活动目录中，因此可以在活动目录的各主域控制器之间进行复制，提供容错功能，可以有根目录级的 DFS 共享文件夹和多级 DFS 链接。

项目实施

任务 15-1　前置环境准备

任务 15-1　前置环境准备

1. 任务描述

在 AD 上添加 AD 域服务，将 NS1/NS2/NS3 加入域，根据表 15-1 创建用户，根据表 15-2 在各存储服务器上创建文件共享。

2. 任务操作

（1）在 AD 域控制器的【服务器管理器】窗口中依次单击【管理】→【添加角色和功能】，在【添加角色和功能向导】对话框中选择【服务器角色】，勾选【Active Directory 域服务】，单击【下一步】

按钮，如图 15-3 所示。

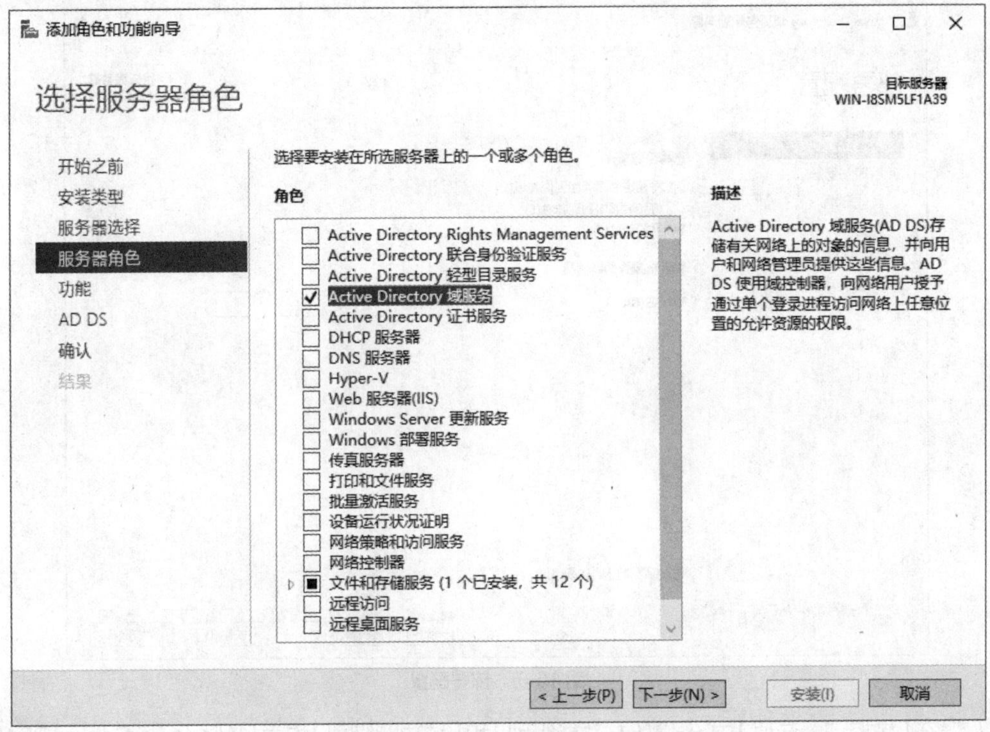

图 15-3　添加 AD 域服务（AD DS）

（2）安装完成之后，在【服务器管理器】窗口中会看到旗子图标处有一叹号图标，先单击叹号图标再单击【将此服务器提升为域控制器】，如图 15-4 所示。

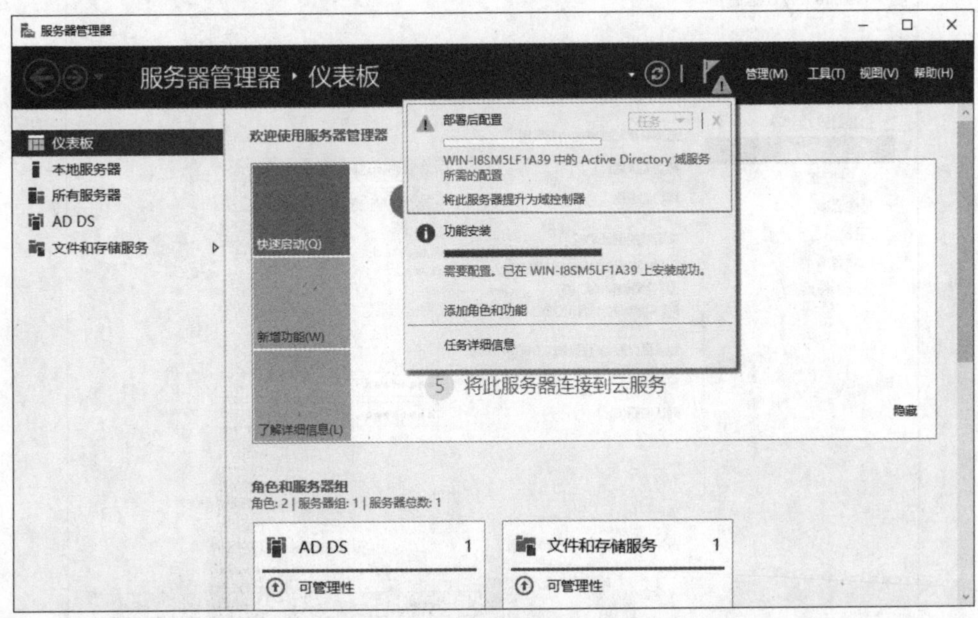

图 15-4　将服务器提升为域控制器

（3）在【Active Directory 域服务配置向导】对话框中，在【部署配置】的【选择部署操作】中选择【添加新林】，并在文本框中输入根域名【xc.cn】，单击【下一步】按钮，如图15-5所示。

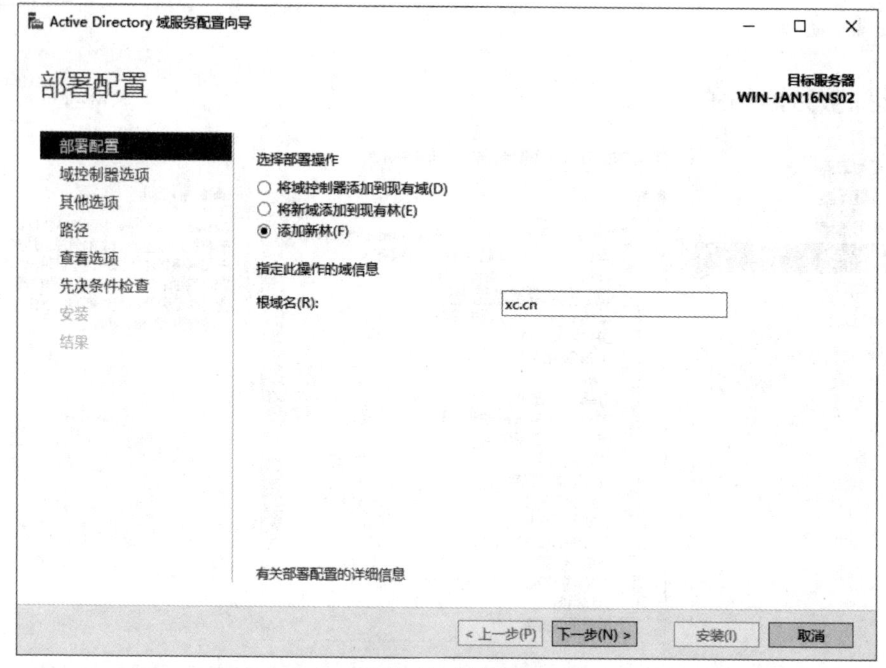

图15-5　部署配置

（4）在【域控制器选项】中，设置【林功能级别】和【域功能级别】均为【Windows Server 2016】，在【键入目录服务还原模式（DSRM）密码】文本框中输入密码，单击【下一步】按钮，如图15-6所示。

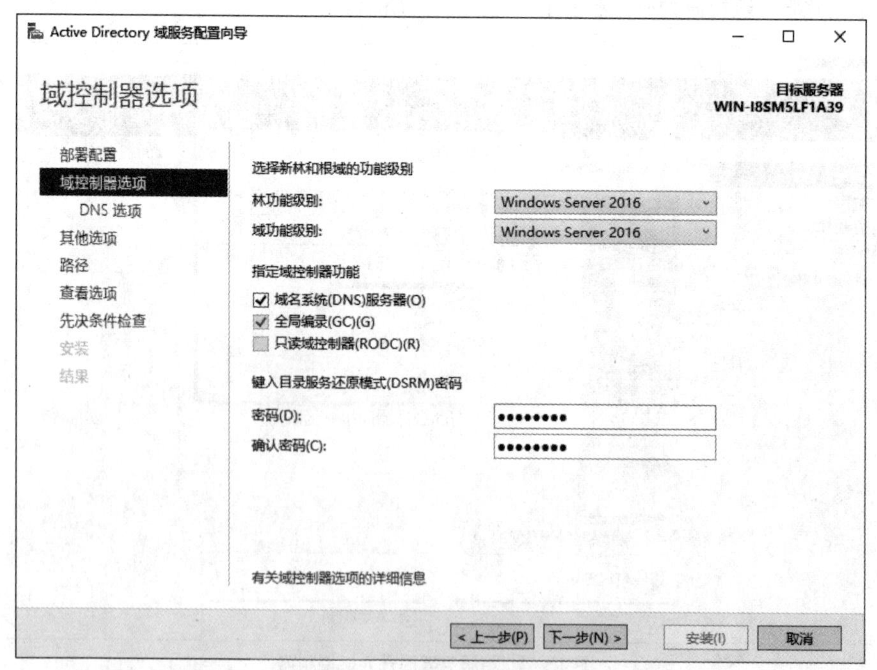

图15-6　域控制器选项

（5）在【DNS 选项】中，因为没创建 DNS 也无须委派，直接单击【下一步】按钮，【其他选项】【路径】【查看选项】保持默认设置即可，在【先决条件检查】中检查通过，单击【安装】按钮，如图 15-7 所示。

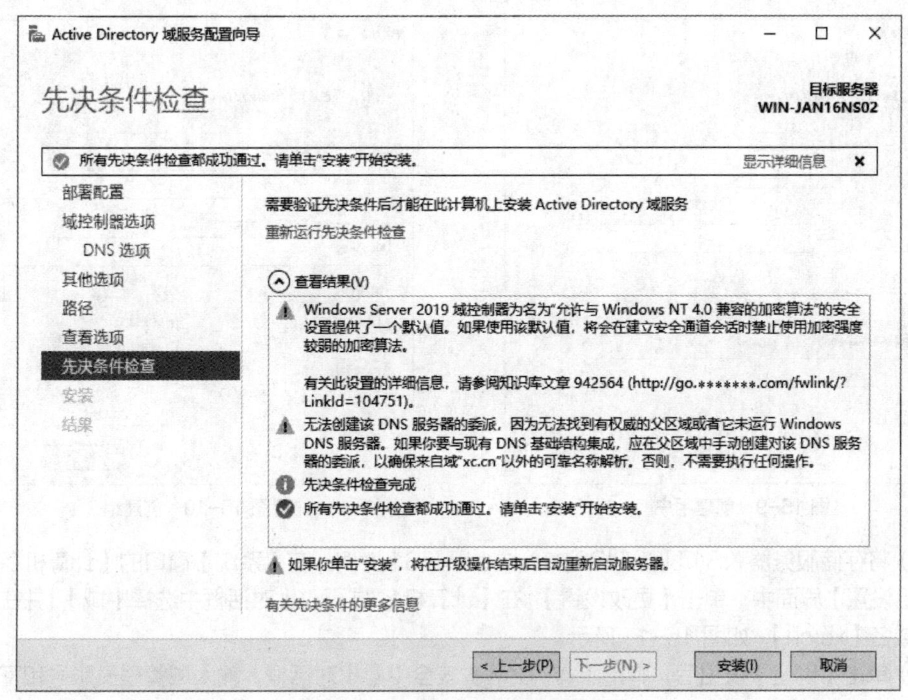

图 15-7　先决条件检查

（6）安装完成后，会显示【此服务器已成功配置为域控制器】，如图 15-8 所示，且会自动重启。

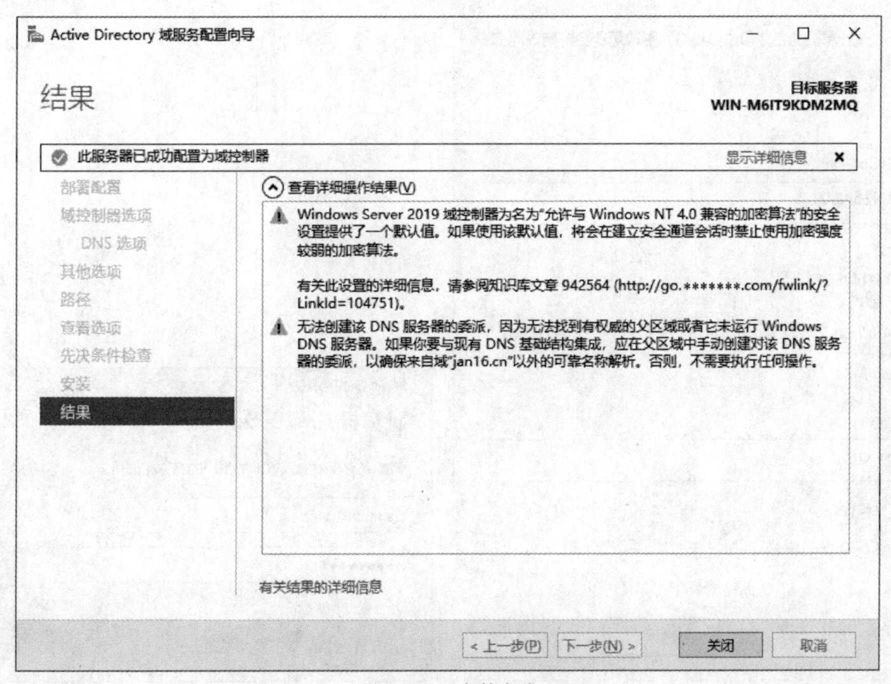

图 15-8　安装完成

（7）重启后，以域管理员用户登录，在【服务器管理器】窗口中依次单击【工具】→【Active Directory 用户和计算机】→【User】来创建用户及组。以张三和销售部为例创建用户及组，如图 15-9 和图 15-10 所示。

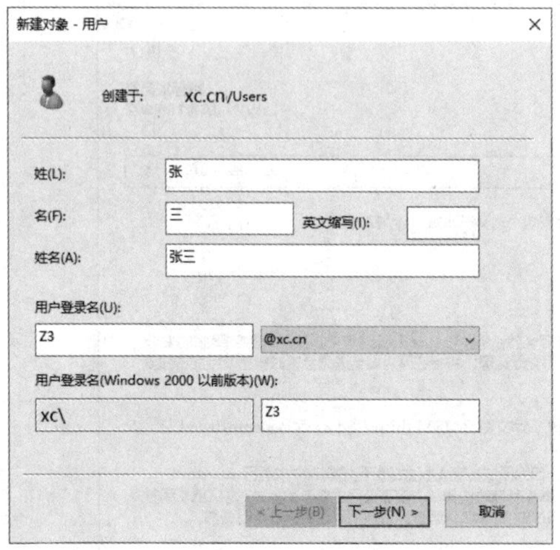

图 15-9　创建用户

图 15-10　创建组

（8）将存储服务器 NS1/NS2/NS3 加入域。以 NS1 为例，在【系统】窗口的【计算机名称、域和工作组设置】界面中，单击【更改设置】。在【计算机名/域更改】对话框中选择【域】，并在文本框中输入域名【xc.cn】，如图 15-11 所示。

（9）单击【确定】按钮后，弹出【Windows 安全中心】对话框，输入域管理员账号和密码，如图 15-12 所示。

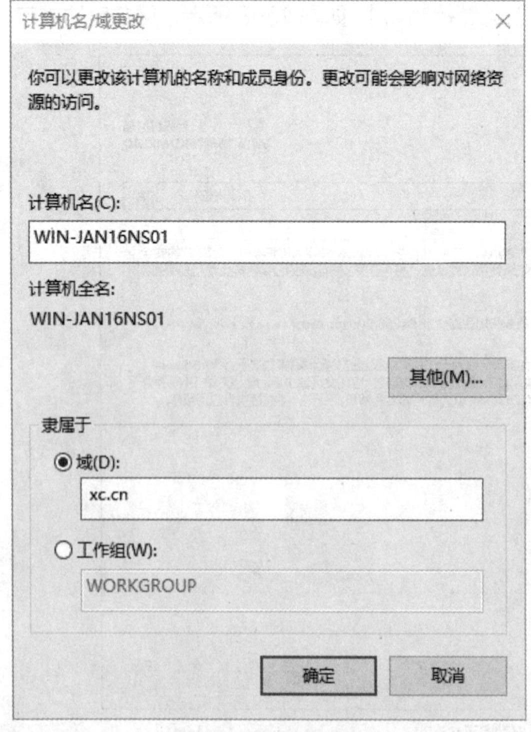

图 15-11　输入域名

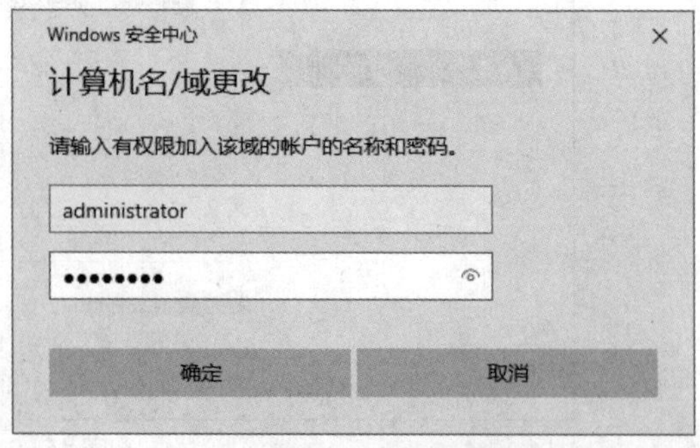

图 15-12　输入域管理员账号和密码

（10）在【系统】窗口中可以观察到 NS1 已加入 xc.cn 域，如图 15-13 所示。

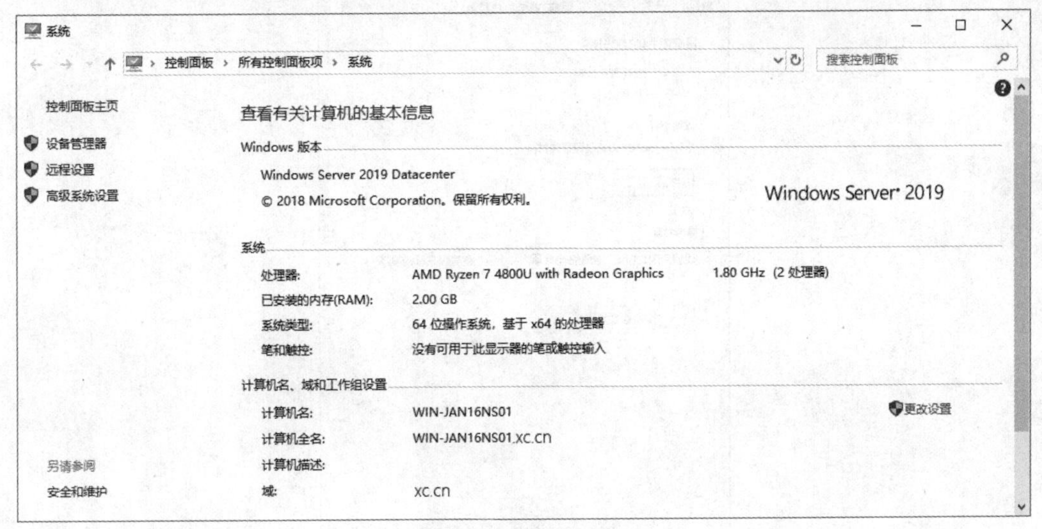

图 15-13　成功加入域

（11）在存储服务器 NS1 的 E 盘下创建【公司宣传材料】，创建完右击，打开【公司宣传材料 属性】对话框，选择【共享】选项卡，单击【网络文件和文件夹共享】下的【共享】按钮，如图 15-14 所示。

（12）在【网络访问】对话框中，授权【Everyone】用户后单击【共享】按钮，如图 15-15 所示。

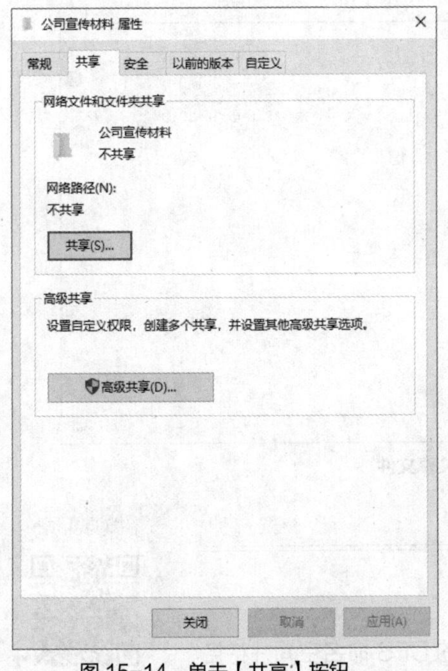

图 15-14　单击【共享】按钮

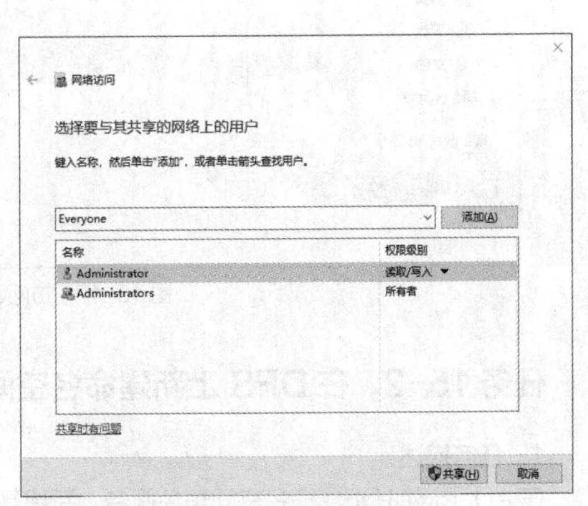

图 15-15　添加授权用户

（13）在【公司宣传材料 属性】对话框的【共享】选项卡中可以观察到【网络路径】为【\\Win-jan16ns01\公司宣传材料】，如图 15-16 所示。

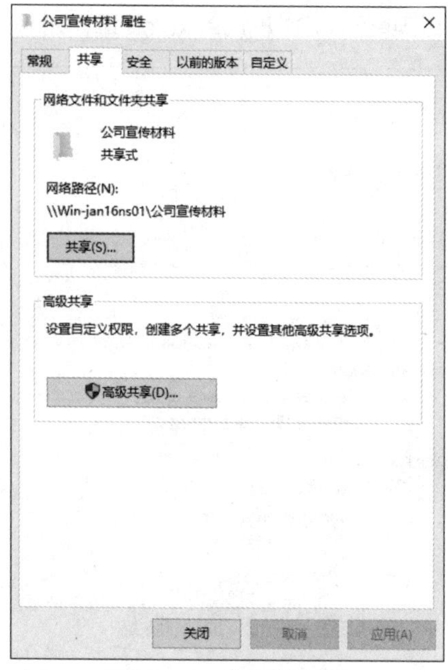

图 15-16　查看网络路径

（14）使用相同的方式，将存储服务器 NS2 和 NS3 加入域并进行文件共享。

3. 任务验证

在客户端（需加入域）对存储服务器 NS1 的【公司宣传材料】文件进行访问、测试，如图 15-17 所示。

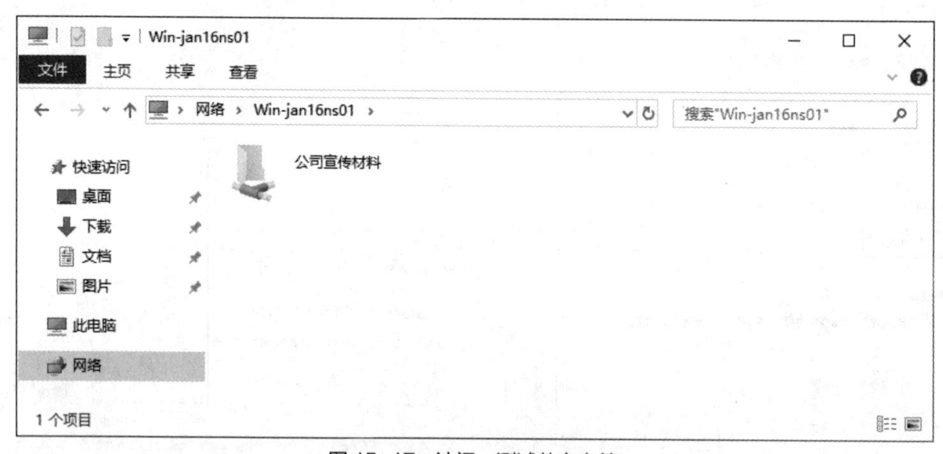

图 15-17　访问、测试共享文件

任务 15-2　在 DFS 上新建命名空间

微课视频

任务 15-2　在 DFS 上新建命名空间

1. 任务描述

在 AD 上添加 DFS 命名空间角色服务，新建基于域的 DFS 命名空间并将各文件共享链接到 DFS 命名空间中。

2. 任务操作

（1）在 AD 域控制器的【服务器管理器】窗口中依次单击【管理】→【添加

角色和功能】，打开【添加角色和功能向导】对话框，然后依次单击【服务器角色】→【文件和存储服务】→【文件和 iSCSI 服务】，勾选【DFS 命名空间】，如图 15-18 所示。

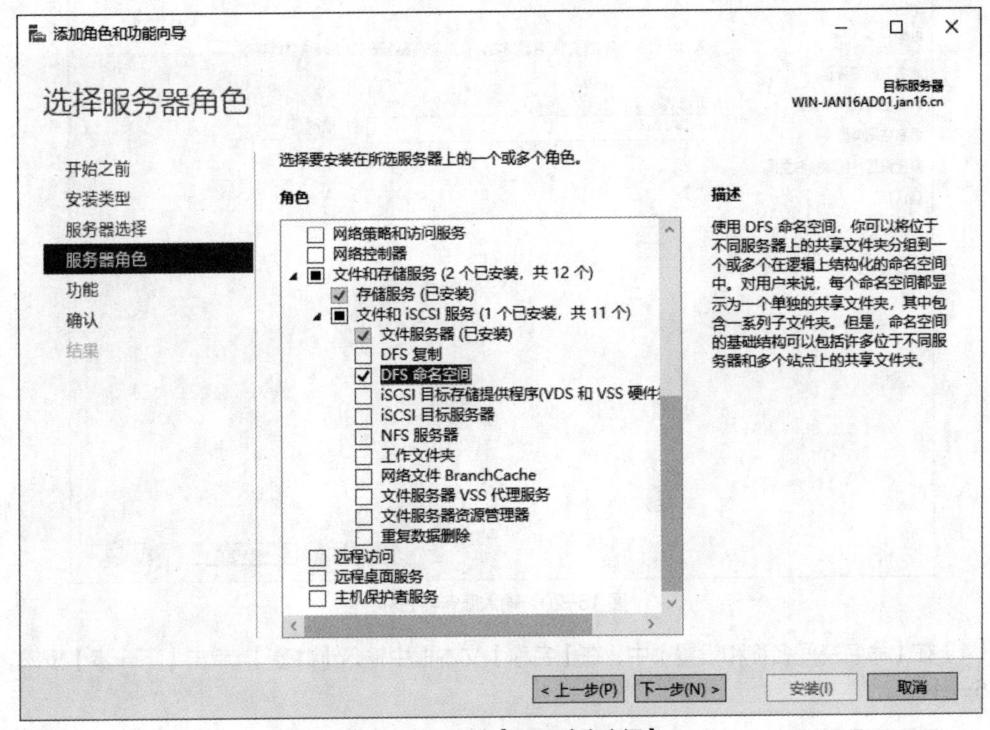

图 15-18　勾选【DFS 命名空间】

（2）在【服务器管理器】窗口中依次单击【工具】→【DFS Management】，在【DFS 管理】窗口中选择【命名空间】并右击，选择【新建命名空间】，如图 15-19 所示。

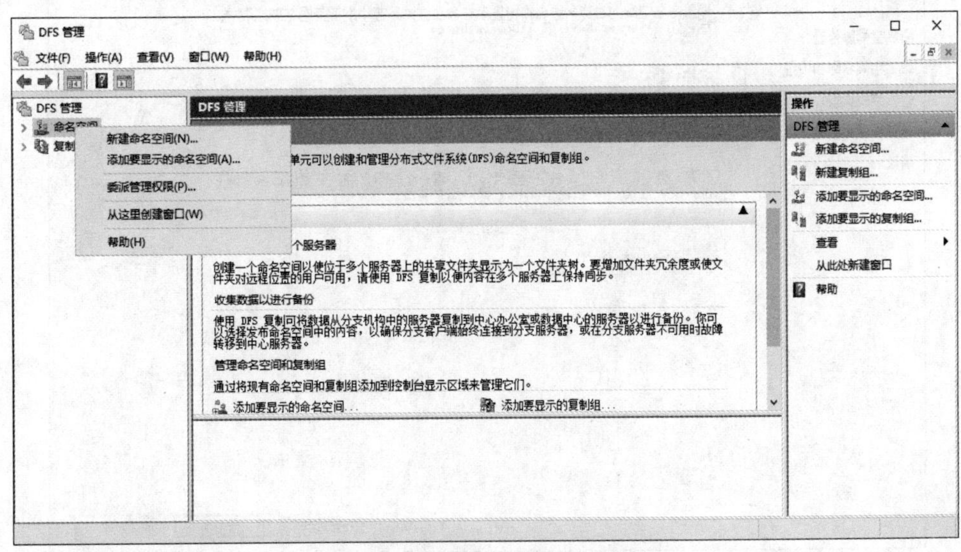

图 15-19　选择【新建命名空间】

（3）弹出【新建命名空间向导】对话框，在【命名空间服务器】的【服务器】文本框中输入 AD 控制器的服务器名称【win-jan16ad01】，单击【下一步】按钮，如图 15-20 所示。

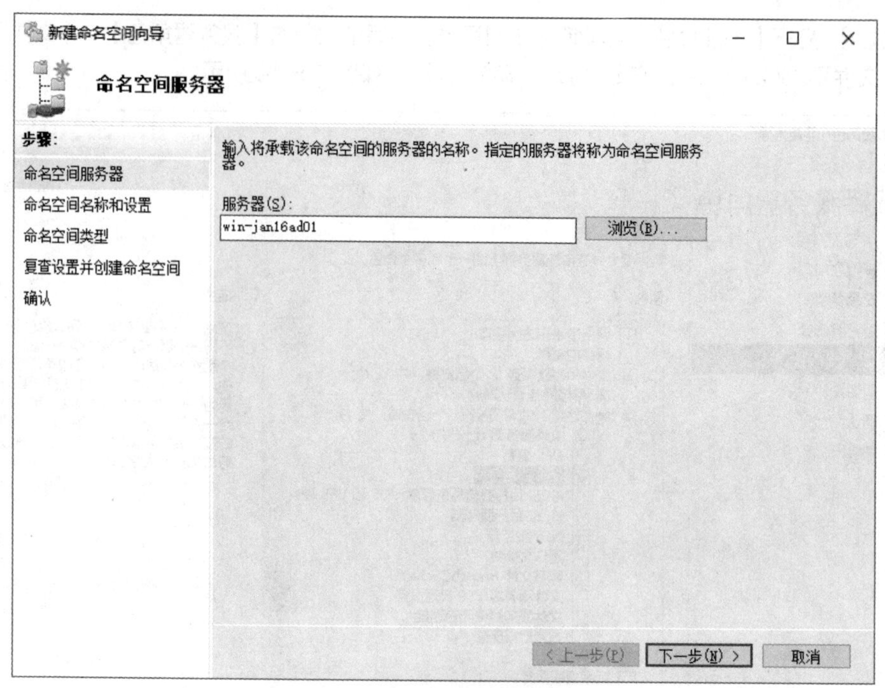

图 15-20　输入服务器名称

（4）在【命名空间名称和设置】中，在【名称】文本框中输入【共享】，单击【下一步】按钮，如图 15-21 所示。

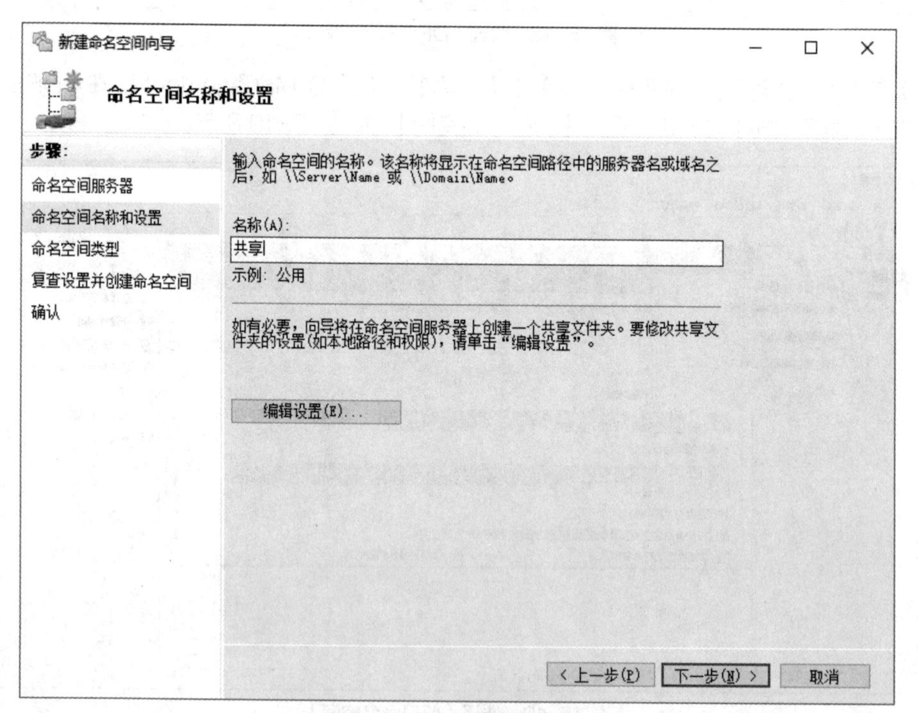

图 15-21　输入命名空间名称

（5）在【命名空间类型】中选择【基于域的命名空间】，单击【下一步】按钮，如图 15-22 所示。

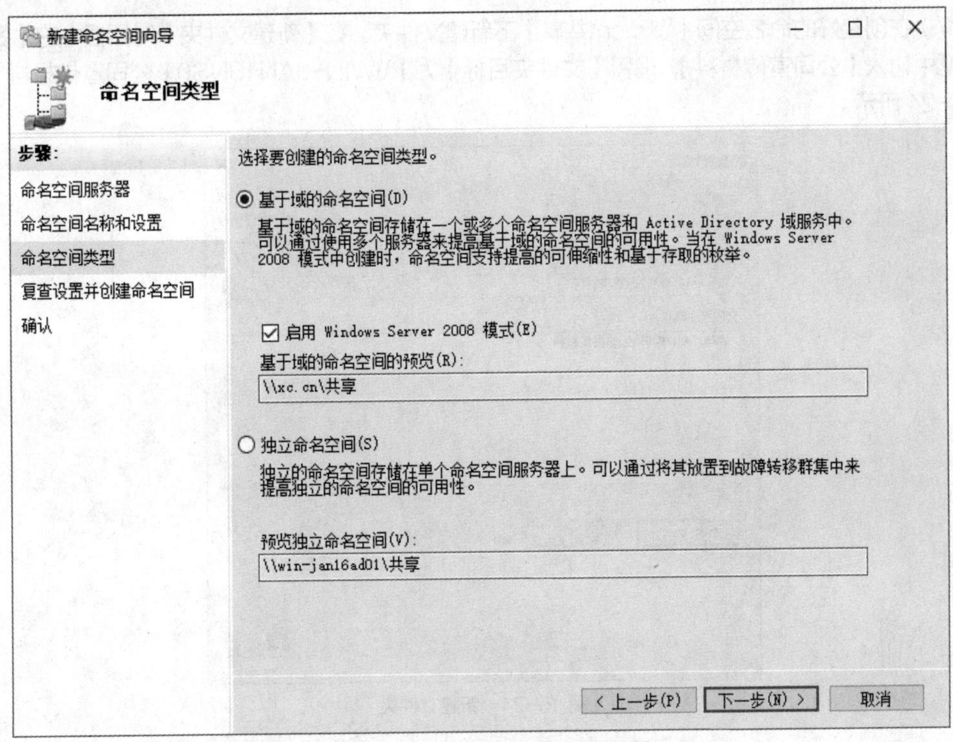

图 15-22 选择【基于域的命名空间】

(6)在【复查设置并创建命名空间】中检查信息后，单击【创建】按钮，如图 15-23 所示。

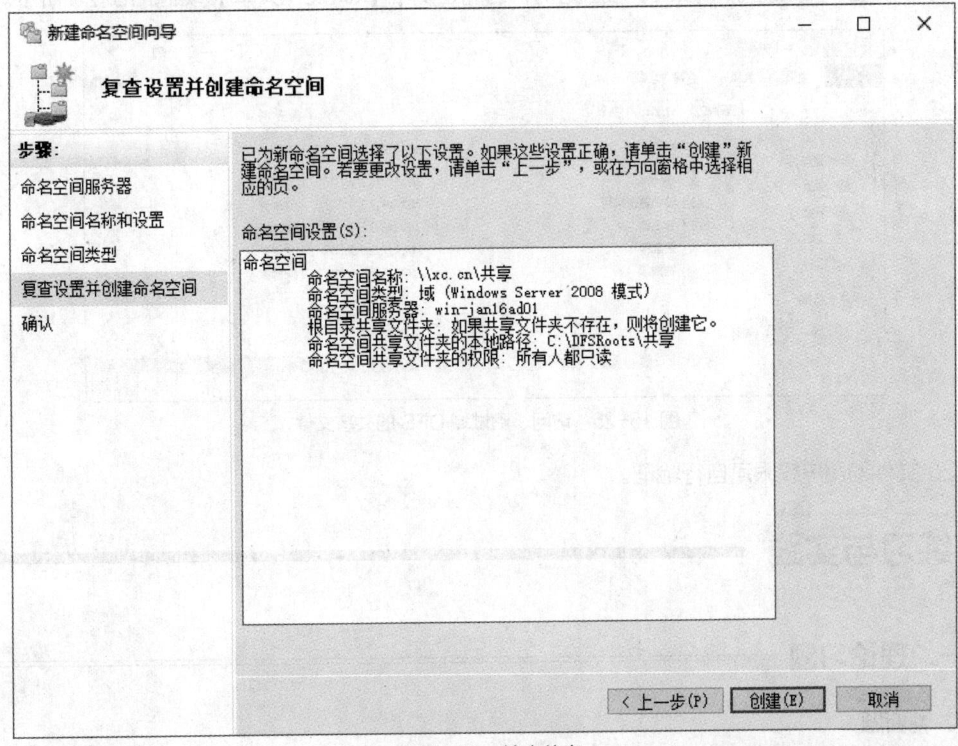

图 15-23 检查信息

（7）在创建好的命名空间【\\xc.cn\共享】下新建文件夹。在【新建文件夹】对话框中的【名称】文本框中输入【公司宣传材料】，设置【文件夹目标】为【\\WIN-JAN16NS01\公司宣传材料】，如图15-24所示。

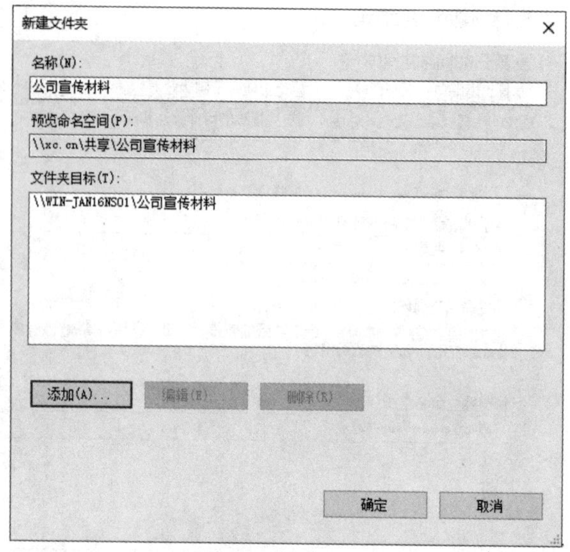

图15-24　新建文件夹

（8）使用相同的方式添加其他共享文件夹。

3. 任务验证

（1）以在客户端上登录【张三】账户为例，访问、测试【\\xc.cn\共享】，如图15-25所示。

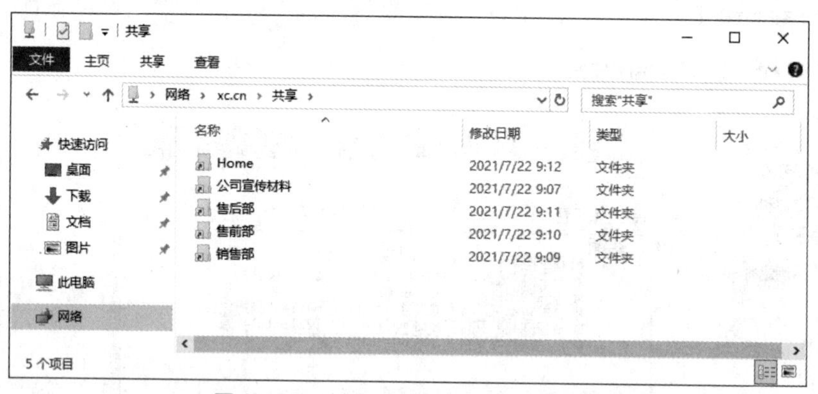

图15-25　访问、测试域DFS的共享文件

（2）文件的用户权限可自行验证。

练习与实践

一、理论习题

1. 判断题

（1）独立DFS可以在活动目录的各主域控制器之间进行复制。（　　）

（2）域 DFS 不提供容错功能。（　　）
（3）域 DFS 可以有多级 DFS 链接。（　　）
（4）独立 DFS 只支持一级 DFS 链接。（　　）
（5）建立 DFS 共享，无须建立 DFS 根。（　　）

2. 选择题

（1）DFS 有（　　）种类型。
　A. 2　　B. 3　　C. 4　　D. 5

（2）（多选）独立 DFS（　　）。
　A. 可以存储在单个计算机中
　B. 可以提供容错功能
　C. 没有根目录级的 DFS 共享文件夹
　D. 只支持一级 DFS 链接

（3）（多选）域 DFS 可以（　　）。
　A. 在活动目录的各主域控制器之间进行复制
　B. 提供容错功能
　C. 有根目录级的 DFS 共享文件夹
　D. 有多级 DFS 链接

二、项目实训题

Jan16 公司承接了信创公司的存储优化项目，信创公司原有 3 台存储服务器，分别用于公司产品资料存储、部门协同办公和员工个人网盘服务。本项目需要使用 DFS，将所有文件整合，在存储物理位置不发生改变的前提下，员工可以通过一个链接访问所有文件。信创公司存储网络拓扑如图 15-26 所示。

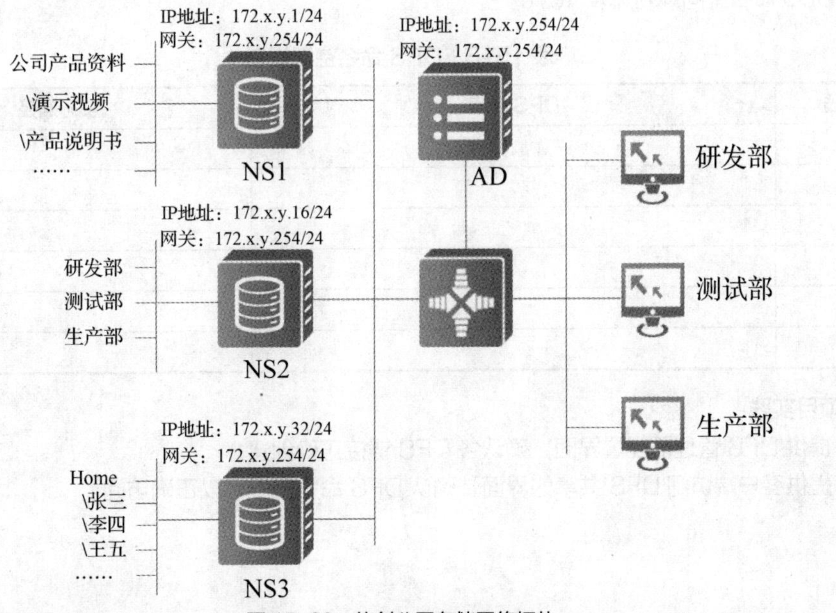

图 15-26　信创公司存储网络拓扑

信创公司当前各部门用户信息见表 15-4，各存储服务器当前的文件共享规划见表 15-5。

表 15-4　各部门用户信息

部门	职务	姓名
研发部	员工	张三
测试部	员工	李四
生产部	员工	王五
……	……	……

表 15-5　文件共享规划

服务器	共享协议	访问路径	物理路径	用户/组	权限
NS1	CIFS	\\NS1\公司产品资料	E:\公司产品资料	Everyone	只读
NS2	CIFS	\\NS2\研发部	E:\研发部	YanFa	读写
NS2	CIFS	\\NS2\测试部	E:\测试部	CeShi	读写
NS2	CIFS	\\NS2\生产部	E:\生产部	ShengChan	读写
NS3	CIFS	\\NS2\Home	E:\Home	Everyone	只读
NS3	CIFS	……	E:\Home\张三	Z3	读写{NTFS}
NS3	CIFS	……	E:\Home\李四	L4	读写{NTFS}
NS3	CIFS	……	E:\Home\王五	W5	读写{NTFS}
……	……	……	……	……	……

1. 任务设计

网络存储管理员的工作任务如下。

在域服务器 AD 上添加 DFS 命名空间角色服务，创建 DFS 命名空间并将各文件共享链接到命名空间中。DFS 命名空间规划见表 15-6。

表 15-6　DFS 命名空间规划

服务器	DFS 链接	实际路径

2. 项目实践

（1）提供 DFS 管理器配置界面，确认各 DFS 链接正确创建。

（2）提供客户端访问 DFS 共享的界面，确认 DFS 命名空间可以正确访问。

项目16
存储服务间的数据同步

16

项目描述

Jan16 公司承接了信创公司的存储优化项目，信创公司原先使用 1 台存储服务器来进行部门协同办公。本项目通过新购置 1 台存储服务器，使其与原有的存储服务器进行 DFS 复制，实现共享目录的数据同步，解决员工协同办公效率低下的问题。信创公司存储网络拓扑如图 16-1 所示。

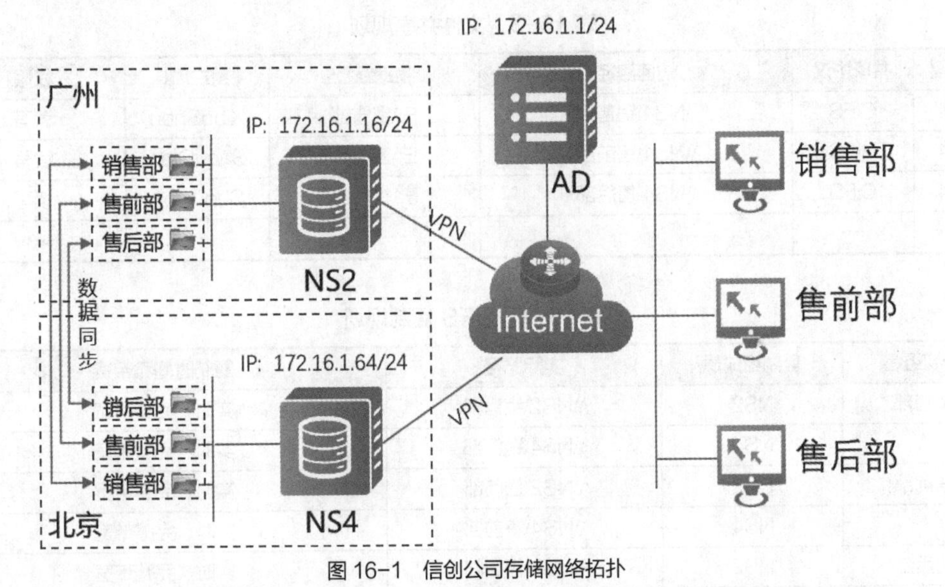

图 16-1　信创公司存储网络拓扑

信创公司当前各部门用户信息见表 16-1，已创建的命名空间规划见表 16-2。

表 16-1　各部门用户信息

部门	职务	姓名
销售部	员工	张三
售前部	员工	李四
售后部	员工	王五
……	……	……

表 16-2 命名空间规划

服务器	DFS 链接	实际路径
AD1	\\xc.cn\共享\销售部	\\NS2\销售部
AD1	\\xc.cn\共享\售前部	\\NS2\售前部
AD1	\\xc.cn\共享\售后部	\\NS2\售后部
……	……	……

项目规划设计

网络存储管理员的工作任务如下。

在存储服务器 NS4 上创建文件共享，创建的文件共享规划见表 16-3。在两台存储服务器 NS2、NS4 上添加 DFS 复制角色服务，并为 3 个部门的协同办公共享目录创建 DFS 复制组。DFS 复制规划见表 16-4。

表 16-3 文件共享规划

服务器	共享协议	访问路径	物理路径	用户/组	权限
NS4	CIFS	\\NS4\销售部	E:\销售部	XiaoShou	读写
NS4	CIFS	\\NS4\售前部	E:\售前部	ShouQian	读写
NS4	CIFS	\\NS4\售后部	E:\售后部	ShouHou	读写
……	……	……	……	……	……

表 16-4 DFS 复制规划

复制组名	复制组成员	实际路径	复制时间和带宽
销售部	NS2	\\NS2\销售部	实时、完整带宽
^	NS4	\\NS4\销售部	实时、完整带宽
售前部	NS2	\\NS2\售前部	实时、完整带宽
^	NS4	\\NS4\售前部	实时、完整带宽
售后部	NS2	\\NS2\售后部	实时、完整带宽
^	NS4	\\NS4\售后部	实时、完整带宽
……	……	……	……

项目相关知识

16.1 关于域 DFS 的数据同步

由于 DFS 域根共享对应的目标服务器所存储的数据是一致的，因此当客户端访问 DFS 域根目录共享时，DFS 服务器可以根据服务器负载情况和就近原则分配一个链接共享为用户服务。

16.2 关于域 DFS 共享目录的负载均衡

域 DFS 复制的各个成员服务器的共享目录将以 DFS 根目录的方式统一为用户提供文件共享访问服务，DFS 服务器基于轮询方式选择其中一台文件服务器为用户提供文件共享访问服务。

DFS 复制是 Windows Server 中的角色服务，可用于实现有效地在多个服务器和站点上复制文件夹（包括那些由 DFS 命名空间路径引用的文件夹）。DFS 复制是一种有效的多主机复制引擎，可用于保持有限带宽上服务器之间的文件夹同步。它将文件复制服务（File Replication Service，FRS）替换为 DFS 命名空间以及复制域（使用 Windows Server 2008 或更高版本域功能级别）中的 AD 域服务 SYSVOL 文件夹的复制引擎。

DFS 复制使用一种称为远程差分压缩（Remote Differential Compression，RDC）的算法。RDC 可以检测出文件中的数据更改部分，并使 DFS 复制仅复制已更改文件块而非整个文件。

若要使用 DFS 复制，必须创建复制组并将已复制文件夹添加到组中。图 16-2 所示为复制组、已复制文件夹和成员。

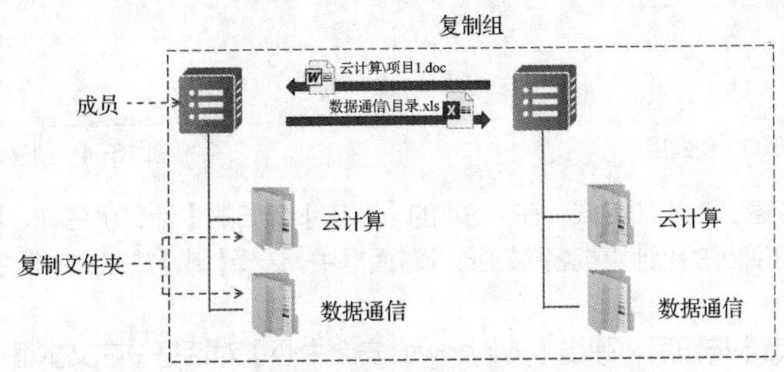

图 16-2 复制组、复制文件夹和成员

图 16-2 中复制组是一组称为“成员”的服务器，它参与一个或多个已复制文件夹的复制。已复制文件夹是在每个成员上保持同步的文件夹。图 16-2 中有两个已复制文件夹：Projects 和 Proposals。每个已复制文件夹中的数据更改时，将通过复制组成员之间的连接复制更改内容。所有成员之间的连接构成复制拓扑。如果在一个复制组中创建多个已复制文件夹，可以简化部署已复制文件夹的过程，因为该复制组的拓扑、计划和带宽限制将应用于每个已复制文件夹。若要部署其他已复制文件夹，可以使用 Dfsradmin.exe 或按照向导中的说明来定义新的已复制文件夹的本地路径和权限。

每个已复制文件夹具有唯一的设置内容，例如文件和子文件夹筛选器，以便可以为每个已复制文件夹筛选出不同的文件和子文件夹。

存储在每个成员上的已复制文件夹可以位于成员中的不同卷上。已复制文件夹不必是共享文件夹，也不必是命名空间的一部分。但是，通过 DFS 管理单元，可以轻松共享已复制文件夹，并选择性地将其发布到现有命名空间中。

项目实施

微课视频

任务 16-1 前置环境准备

任务 16-1 前置环境准备

1. 任务描述

将 NS4 加入 xc.cn 域，根据表 16-1 创建用户，根据表 16-3 在各存储服务器上创建文件共享。

2. 任务操作

（1）在域管理器 AD1 上打开【服务器管理器】窗口，依次单击【工具】→【Active Directory 用户和计算机】→【User】，根据表 16-1 创建用户及组。以张三和销售部为例创建用户及组，如图 16-3 和图 16-4 所示。

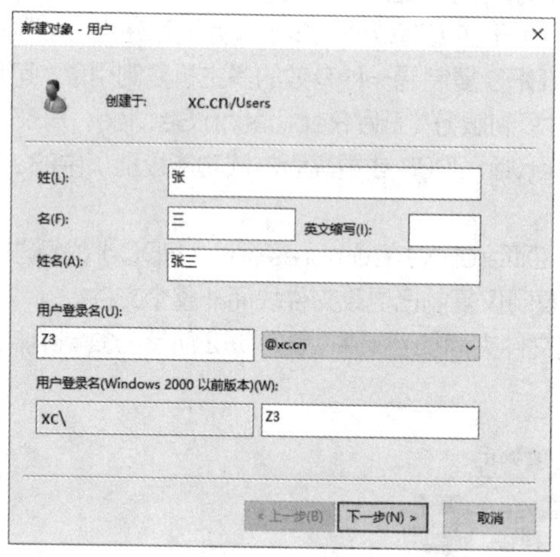

图 16-3 创建用户

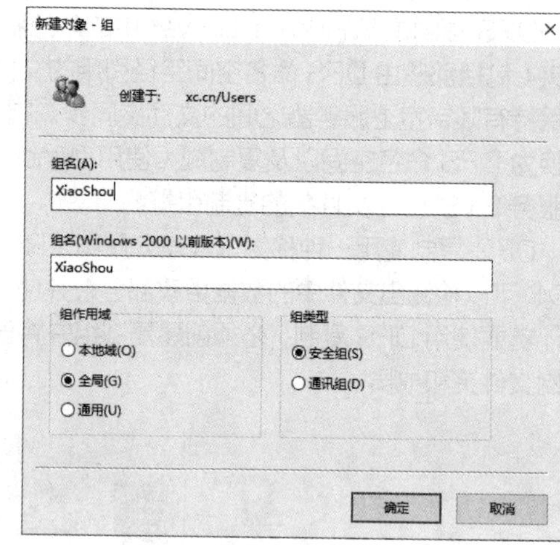

图 16-4 创建组

（2）将存储服务器 NS4 加入域，在 NS4 的【系统】窗口的【计算机名称、域和工作组设置】中单击【更改设置】。在弹出的【计算机名/域更改】对话框中，选择【域】并在文本框中输入域名【xc.cn】，如图 16-5 所示。

（3）单击【确定】按钮后，弹出【Windows 安全中心】对话框，在文本框中输入域管理员账号和密码，如图 16-6 所示。

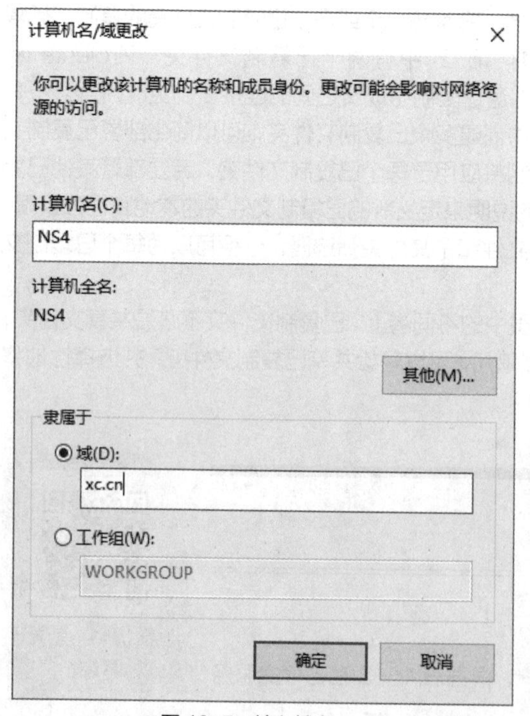

图 16-5 输入域名

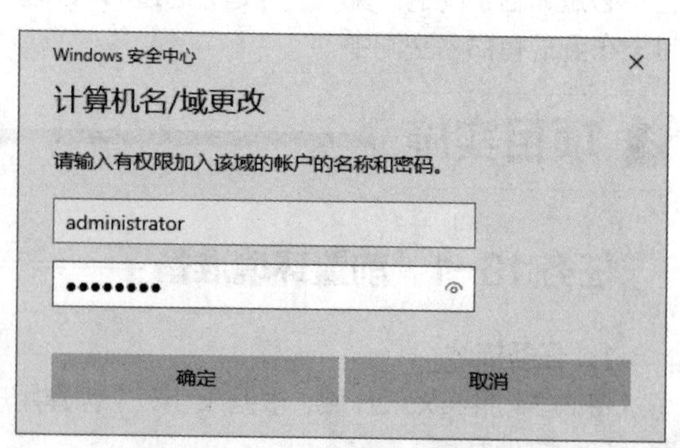

图 16-6 输入域管理员账号和密码

（4）在【系统】窗口中可以观察到 NS4 已加入 xc.cn 域，如图 16-7 所示。

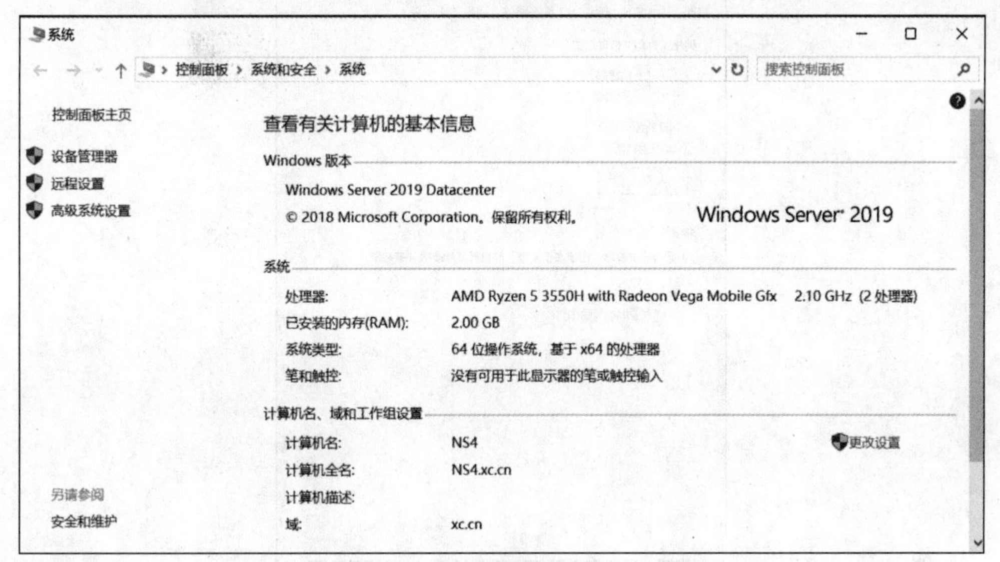

图 16-7　成功加入域

（5）在两台存储服务器的 E 盘下按照要求创建文件夹，此处以 NS4 的【销售部】为例，创建完右击文件夹图标，选择【属性】，打开【销售部 属性】对话框，选择【共享】选项卡，单击【网络文件和文件夹共享】下的【共享】按钮，如图 16-8 所示。

（6）在【网络访问】对话框中，授权【张三】用户后单击【共享】按钮即可，如图 16-9 所示。

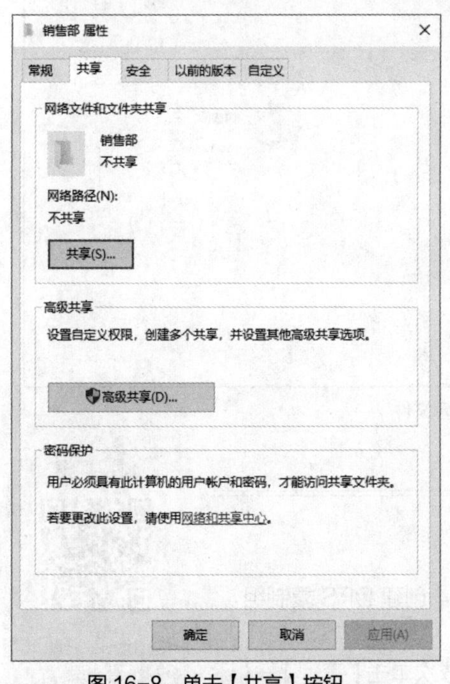

图 16-8　单击【共享】按钮

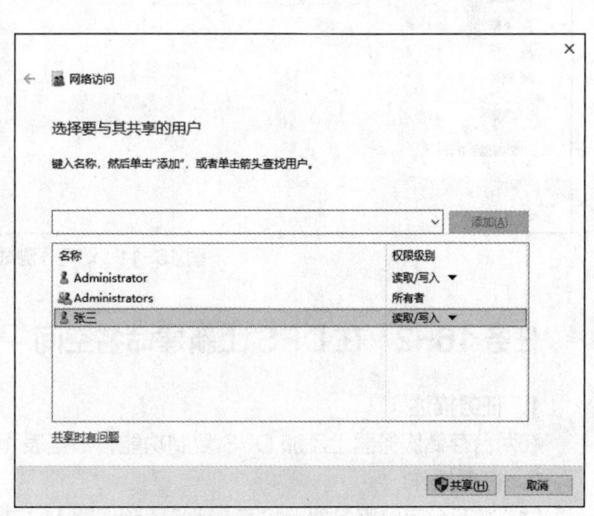

图 16-9　添加授权用户

（7）在【销售部 属性】对话框的【共享】选项卡中可以观察到【网络路径】为【\\Ns4\销售部】，如图 16-10 所示。

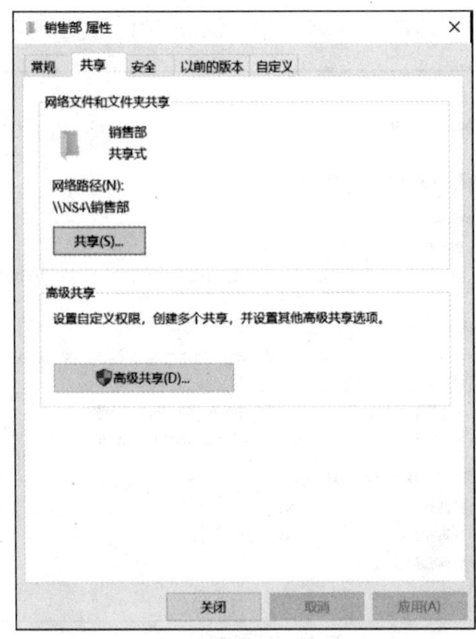

图 16-10　查看网络路径

（8）使用相同的方式，创建售前部和售后部的文件夹，并按照要求创建共享文件。

3. 任务验证

在客户端（需加入域）对存储服务器 NS4 的共享文件进行访问、测试，如图 16-11 所示。

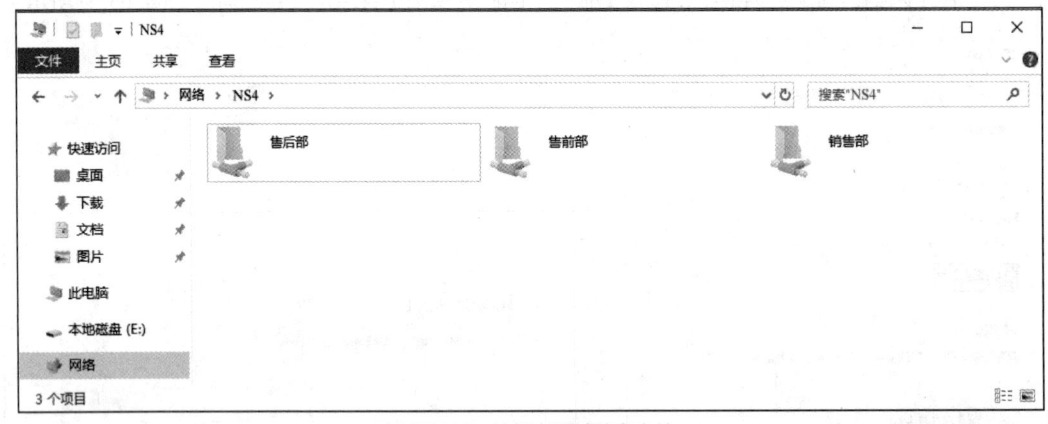

图 16-11　访问、测试共享文件

任务 16-2　在 DFS 上新建命名空间

微课视频

任务 16-2　在 DFS 上新建命名空间

1. 任务描述

在两台存储服务器上添加 DFS 复制功能，根据表 16-4 创建 DFS 复制组。

2. 任务操作

（1）在两台存储服务器上打开【服务器管理器】窗口，依次单击【管理】→【添加角色和功能】，弹出【添加角色和功能向导】窗口。依次单击【服务器角色】→【文件和存储服务】→【文件和 iSCSI 服务】，勾选【DFS 复制】和【DFS 命名空间】，单击【下一步】按钮，如图 16-12 所示，在确认界面单击【安装】按钮完成安装。

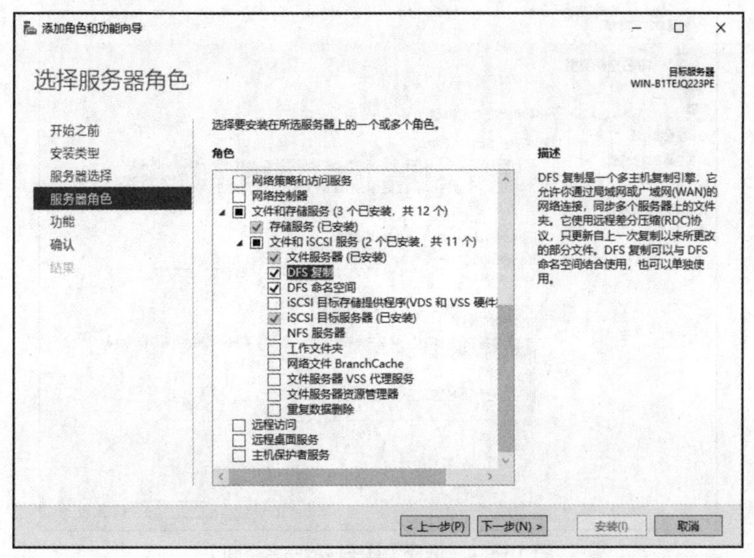

图 16-12　添加 DFS 服务

（2）在存储服务器（本项目服务器名为“AD1”）上打开【服务器管理器】窗口，依次单击【工具】→【DFS Management】，右击【命名空间】，选择【新建命名空间】。在【命名空间名称和设置】的【名称】文本框中输入存储服务器的主机名称，单击【下一步】按钮，如图 16-13 所示。

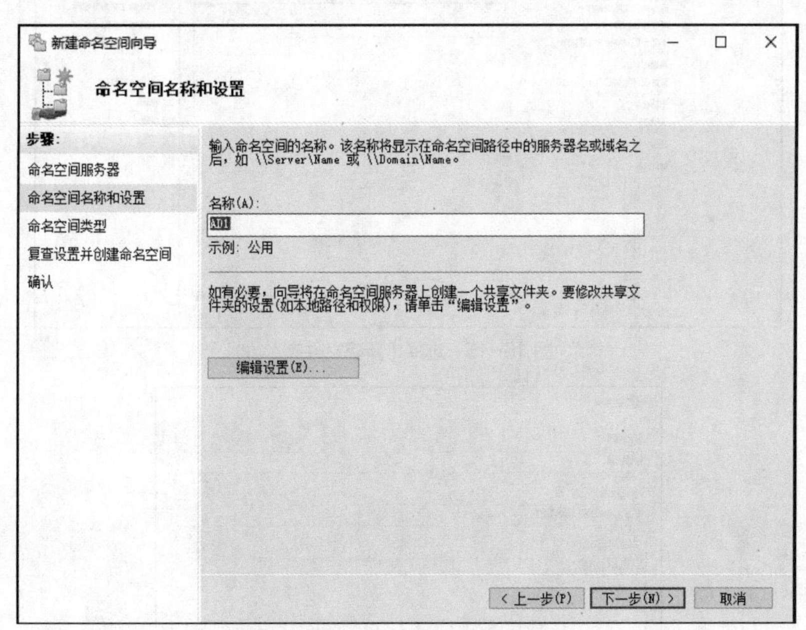

图 16-13　输入存储服务器的主机名称

（3）在【命名空间类型】中选择【基于域的命名空间】，单击【下一步】按钮，如图 16-14 所示，在确认界面中单击【完成】按钮。

（4）右击【\\xc.cn\AD1】，选择【新建文件夹】，如图 16-15 所示，弹出【新建文件夹】对话框。

（5）在【新建文件夹】对话框的【名称】文本框中输入【销售部】，单击【添加】按钮，将【\\NS4\销售部】添加到【文件夹目标】中，如图 16-16 所示。

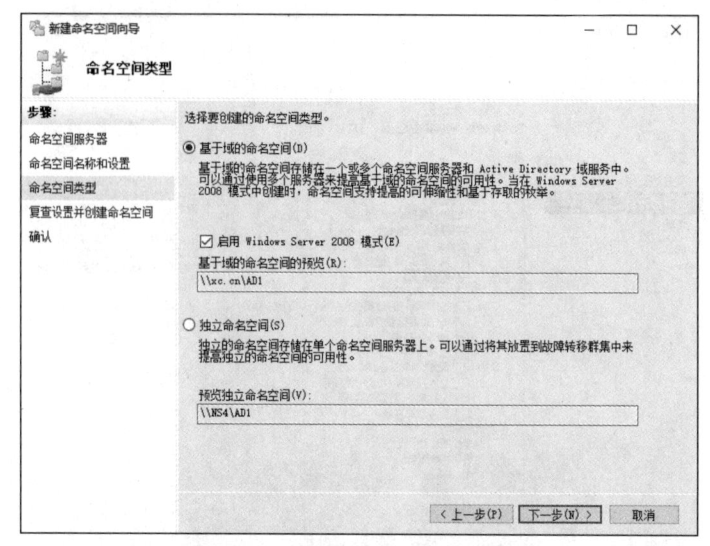

图 16-14　选择【基于域的命名空间】

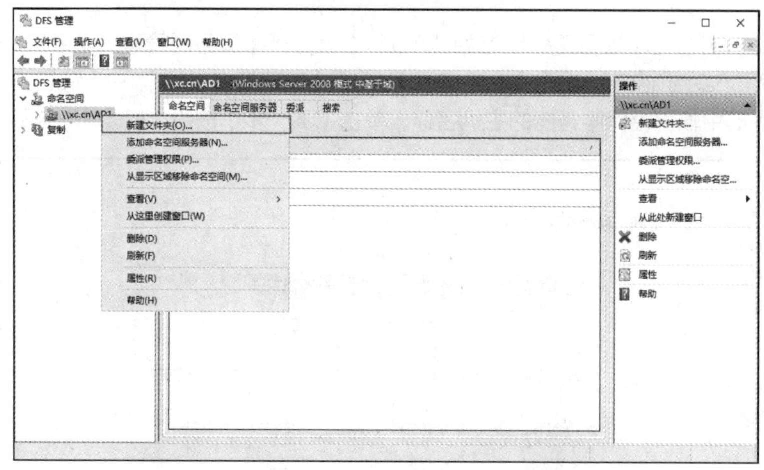

图 16-15　选择【新建文件夹】

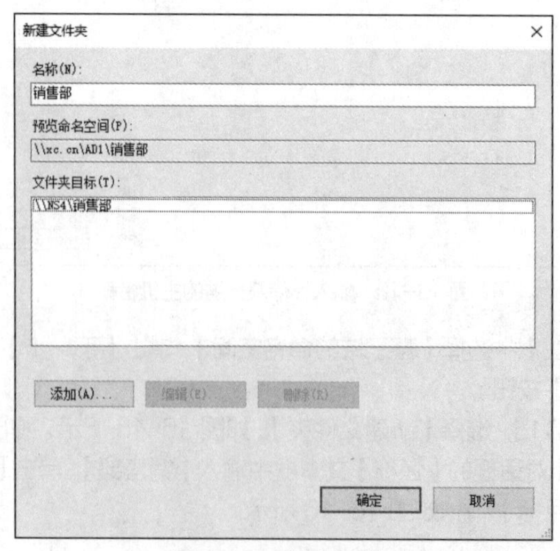

图 16-16　新建文件夹

（6）右击【销售部】，选择【添加文件夹目标】，如图 16-17 所示。

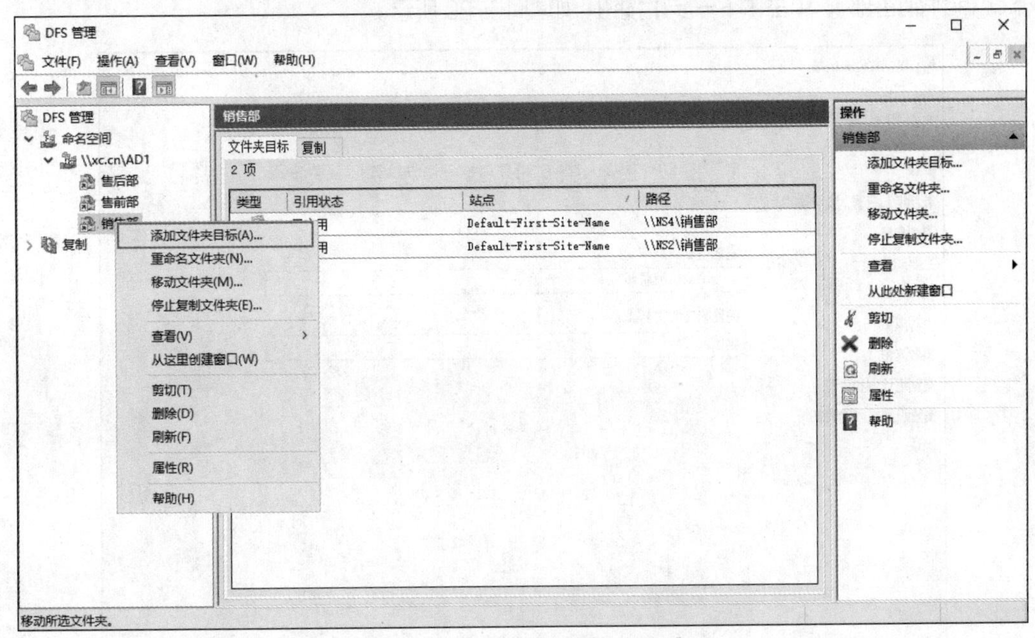

图 16-17 单击【添加文件夹目标】

（7）弹出【新建文件夹目标】对话框，在【文件夹目标的路径】文本框中输入【\\NS2\销售部】，单击【确定】按钮，如图 16-18 所示。在弹出的【复制】对话框中单击【是】按钮进入复制文件夹向导，如图 16-19 所示。

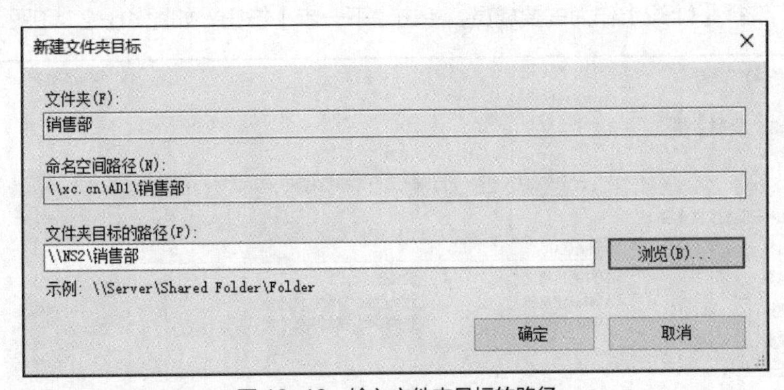

图 16-18 输入文件夹目标的路径

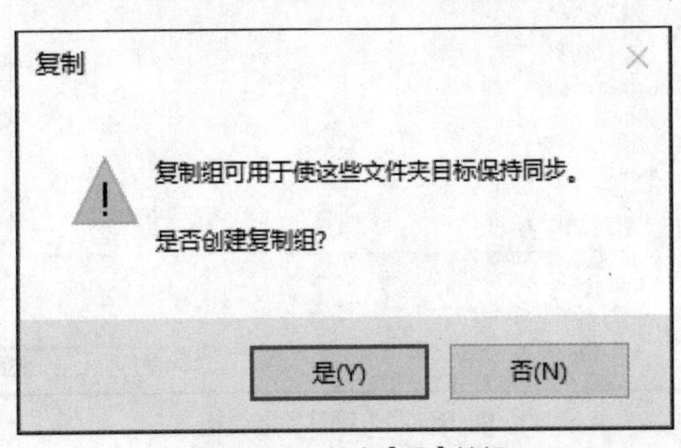

图 16-19 单击【是】按钮

（8）在【复制文件夹向导】的【复制组和已复制文件夹名】中，在【复制组名】文本框中输入【xc.cn\ad1\销售部】，单击【下一步】按钮，如图16-20所示。

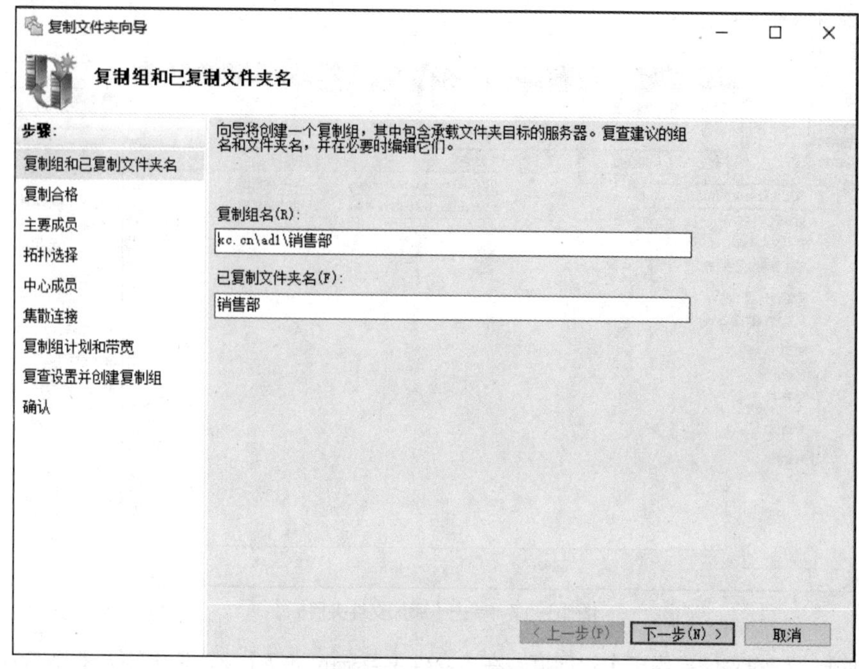

图16-20　给复制组命名

（9）在【复制合格】中，确认NS2与NS4对应信息都在列表中，然后单击【下一步】进入【主要成员】界面，选择【NS2】作为主要成员，单击【下一步】按钮，如图16-21和图16-22所示。

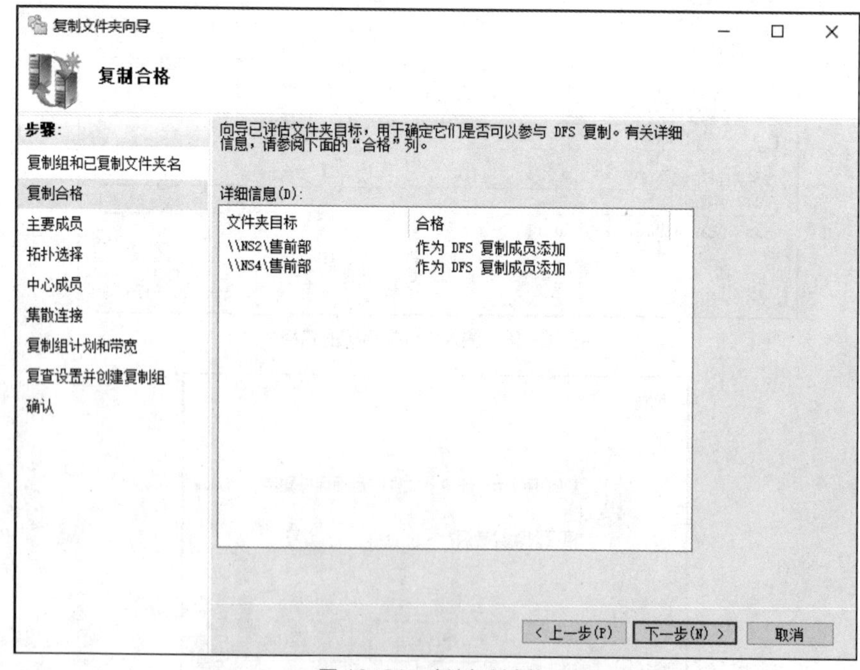

图16-21　确认复制合格

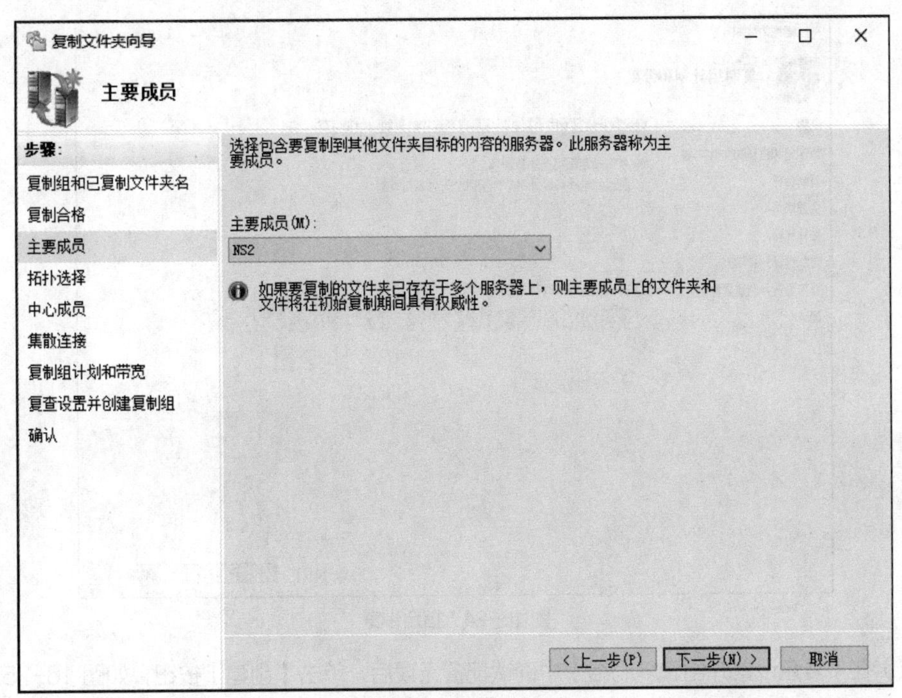

图 16-22　设置主要成员

（10）在【拓扑选择】中选择【交错】，单击【下一步】按钮，如图 16-23 所示。

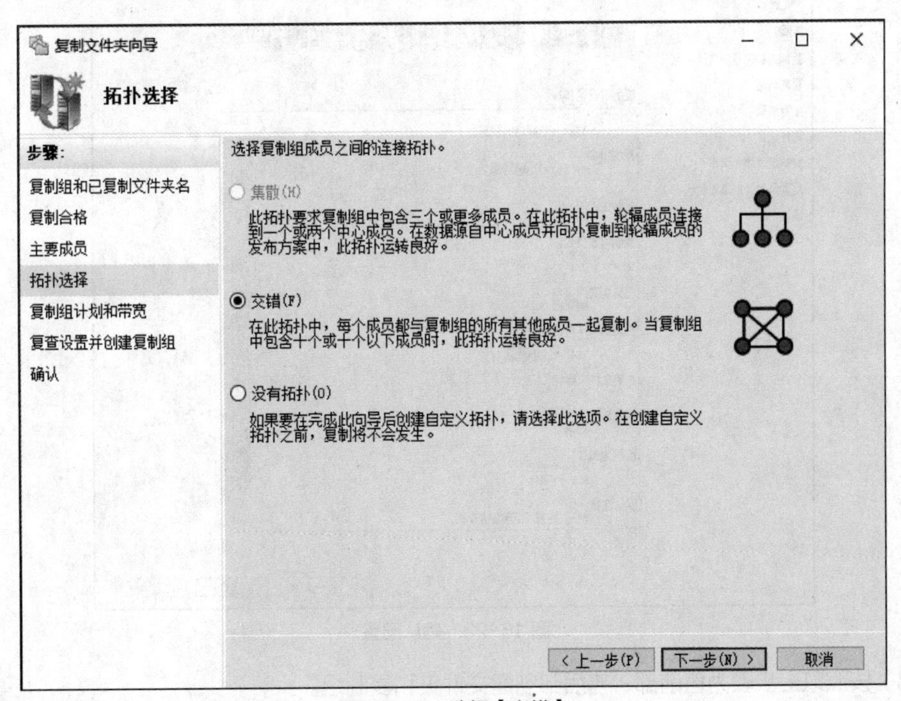

图 16-23　选择【交错】

（11）在【复制组计划和带宽】中选择【使用指定带宽连续复制】，【带宽】设为【完整】，单击【下一步】按钮，如图 16-24 所示。

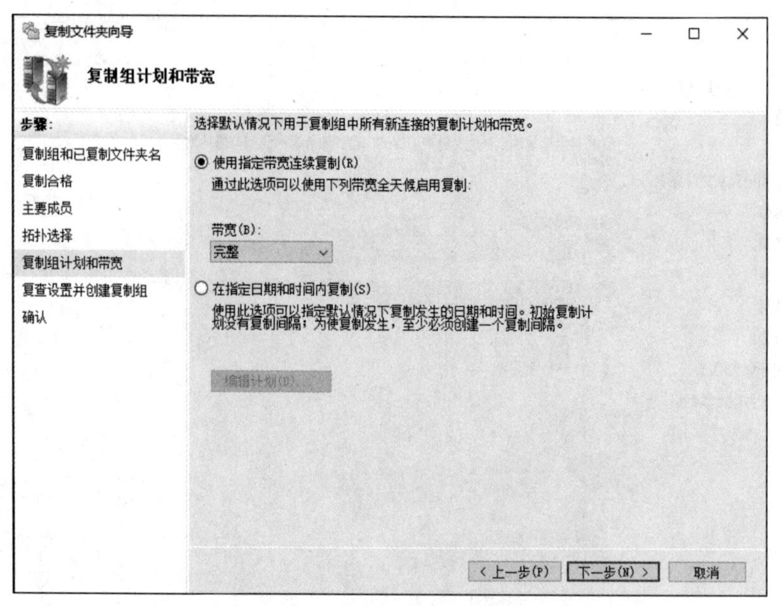

图 16-24　指定带宽

（12）在【复查设置并创建复制组】中确认配置无误后，单击【创建】按钮，如图 16-25 所示。

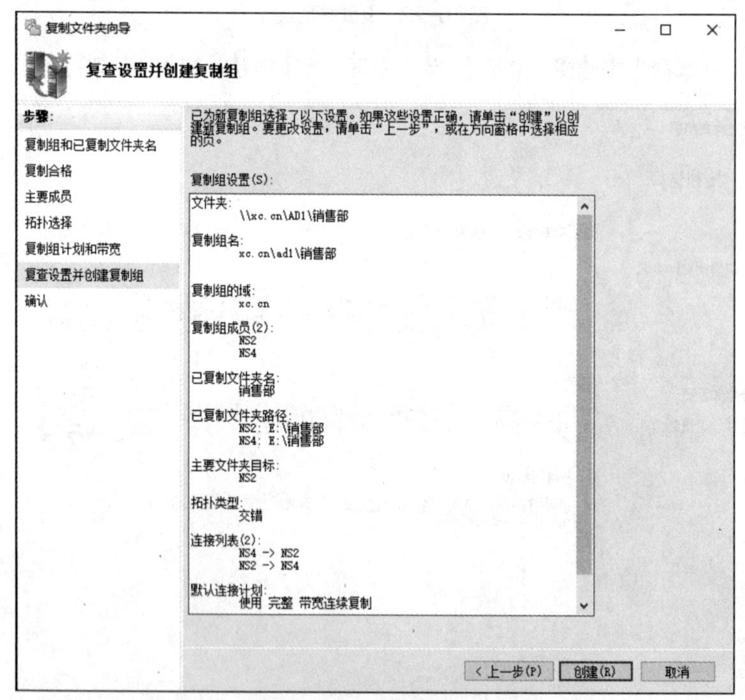

图 16-25　确认配置

（13）按照以上步骤为售前部、售后部创建文件夹和复制组。

3. 任务验证

（1）在客户端访问【\\xc.cn\AD1\销售部】，写入一些数据，如图 16-26 所示。

（2）在两台存储服务器中打开共享目录，均可看到数据已经写入，在 NS2 上查看本地共享目录内容的界面如图 16-27 所示。

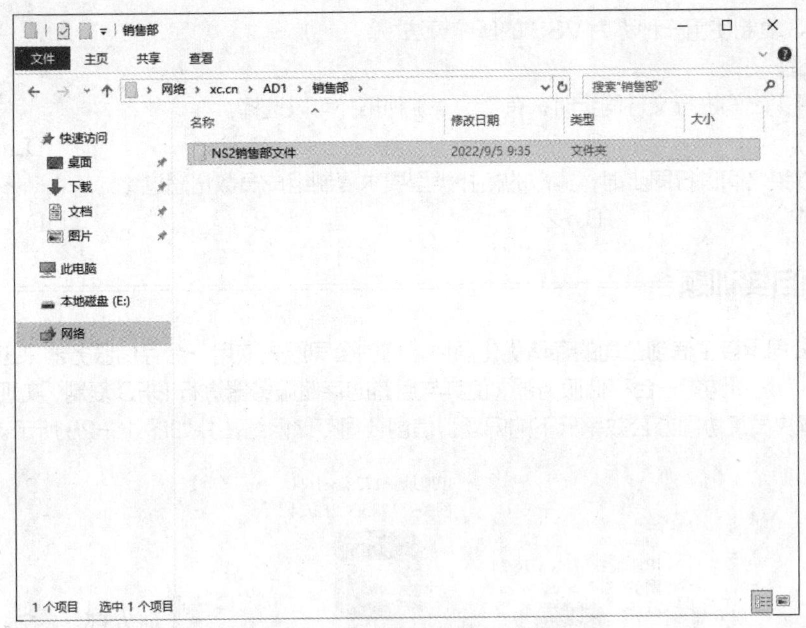

图 16-26　访问 NS4 的共享目录

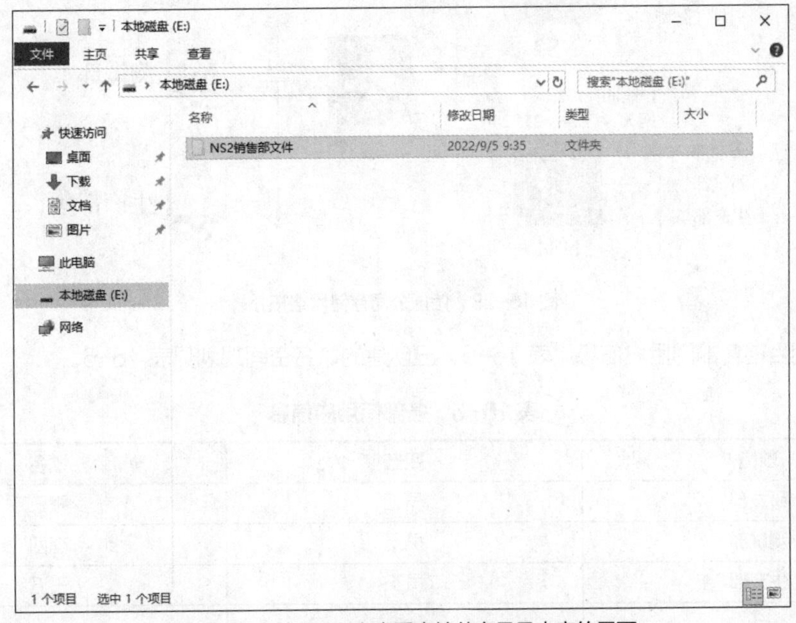

图 16-27　在 NS2 上查看本地共享目录内容的界面

练习与实践

一、理论习题

1. 判断题

（1）域 DFS 的数据同步可提供容错功能。（　　）

（2）DFS复制使用一种称为VSS的压缩算法。（　　）

2. 选择题

（1）文件夹之间进行文件同步时，有（　　）种拓扑可以选择。

A．1　　B．2　　C．3　　D．4

（2）文件夹之间进行同步时，集散的拓扑类型要求复制组成员数量超过（　　）。

A．1　　B．2　　C．3　　D．4

二、项目实训题

Jan16公司承接了信创公司的存储优化项目，信创公司原先使用一台存储服务器来进行部门协同办公。本项目通过新购置一台存储服务器，使其与原有的存储服务器进行DFS复制，实现共享目录的数据同步，解决员工协同办公效率低下的问题。信创公司存储网络拓扑如图16-28所示。

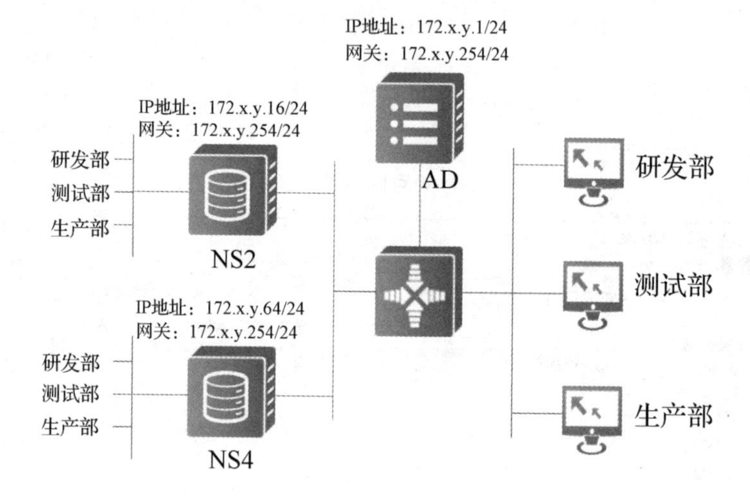

图16-28　信创公司存储网络拓扑

信创公司目前各部门用户信息见表16-5，已创建的命名空间规划见表16-6。

表16-5　各部门用户信息

部门	职务	姓名
研发部	员工	张三
测试部	员工	李四
生产部	员工	王五
……	……	……

表16-6　命名空间规划

服务器	DFS链接	实际路径
AD1	\\xc.cn\共享\研发部	\\NS2\研发部
AD1	\\xc.cn\共享\测试部	\\NS2\测试部
AD1	\\xc.cn\共享\生产部	\\NS2\生产部
……	……	……

1. 任务设计

网络存储管理员的工作任务如下。

在存储服务器 NS4 上创建文件共享，创建的文件共享规划见表 16-7。在两台存储服务器 NS2、NS4 上添加 DFS 复制角色服务，并为 3 个部门的协同办公共享目录创建 DFS 复制组。DFS 复制规划见表 16-8。

表 16-7　文件共享规划

服务器	共享协议	访问路径	物理路径	用户/组	权限

表 16-8　DFS 复制规划

复制组名	复制组成员	实际路径	复制时间和带宽

2. 项目实践

（1）提供 DFS 管理器配置界面，确认各复制组创建正确。
（2）提供客户端访问 DFS 共享并写入文件的界面，确认 DFS 命名空间可以正确访问。
（3）提供两台存储服务器的文件资源管理器界面，确认各文件夹中的文件可以实时同步。

项目17 远程异地灾备中心的部署

17

项目描述

信创公司将大部分关键业务数据迁移到存储服务器中，存储服务器的数据自动备份被提上议程。为降低备份成本，公司采购了一台以磁带为主要存储介质的存储服务器，并将该备份服务器放置在分公司。为确保数据安全，主备存储通过专线互联。公司网络拓扑如图 17-1 所示。

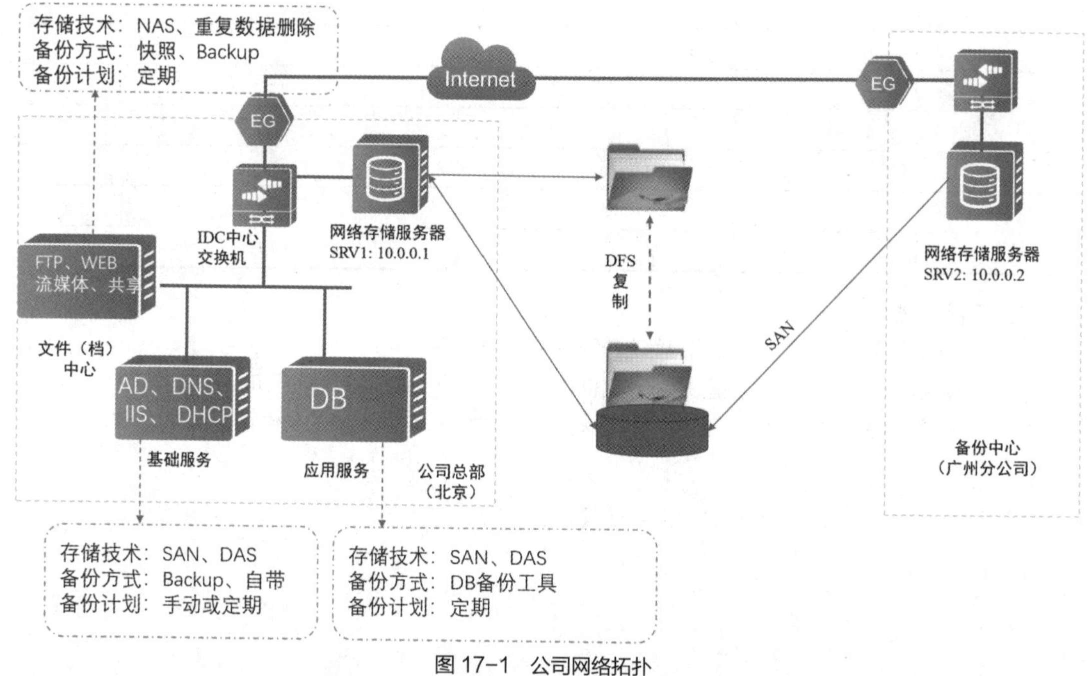

图 17-1　公司网络拓扑

公司希望网络存储管理员能尽快对公司的核心业务数据实施自动异地备份，具体要求如下。

（1）对网络存储服务器 SRV1 承载的业务数据磁盘设置快照计划，要求 9:00～18:00 每小时创建一个快照。

（2）存储服务器 SRV1 映射备份中心存储服务器 SRV2 提供的 SAN 磁盘。

（3）对存储服务器 SRV1 设置 Windows Backup 计划，要求每天 0:00～4:30 将业务数据磁盘备份到备份中心 SRV2 提供的 SAN 磁盘上。

两台服务器当前的相关空间规划见表 17-1～表 17-4。

表 17-1 物理磁盘信息

编号	磁盘类型	磁盘容量	服务器	盘位	用途
HDD01	HDD	1TB	SRV1	01	存储池
HDD02	HDD	1TB	SRV1	02	存储池
HDD03	HDD	1TB	SRV1	03	存储池
HDD04	HDD	1TB	SRV2	01	存储池
HDD05	HDD	1TB	SRV2	02	存储池
HDD06	HDD	1TB	SRV2	03	存储池

表 17-2 存储池物理磁盘规划

服务器	存储池	盘位	磁盘容量	分配模式
SRV1	NAS1	01	1TB	自动
SRV1	NAS1	02	1TB	自动
SRV1	NAS1	03	1TB	自动
SRV2	BK1	01	1TB	自动
SRV2	BK1	02	1TB	自动
SRV2	BK1	03	1TB	自动

表 17-3 存储空间规划

服务器	存储池	虚拟磁盘类型	虚拟磁盘空间	文件系统	盘符	卷标
SRV1	SP1	Simple	800GB	NTFS	E	共享
SRV2	SP1	Mirror	800GB	NTFS	E	备份
……	……	……	……	……	……	……

表 17-4 iSCSI 共享规划

服务器	磁盘容量	存放位置	目标类型	目标值	认证
SRV2	800GB	E:	IP 地址	10.0.0.1	否

项目规划设计

网络存储管理员的工作任务如下。

在存储服务器 SRV1 上为 E 盘启用卷影副本功能，连接存储服务器 SRV2 上创建的 iSCSI 磁盘，使其为 F 盘，并根据任务要求创建备份计划，创建的备份计划见表 17-5。

表17-5　备份计划

服务器	方式	源位置	目标位置	执行时间
SRV1	卷影副本	E:	E:	9:00～18:00 每间隔1小时执行一次
SRV1	Windows Server 备份	E:	F:	每天 0:00
……	……	……	……	……

项目相关知识

异地容灾

灾难频发和灾难发生之后对企业数据带来的打击让越来越多的企业开始重视容灾。同时，传统灾备的一些弊端和短板凸显，也让异地容灾逐渐进入大众的视野。

异地容灾的方法主要有两种：混合云容灾部署和云上两地三中心容灾部署。两种部署方法各有千秋。

1．混合云容灾部署

异地部署数据中心：本地数据中心和公有云数据中心构建主备集群。

数据同步：通过专线或虚拟专用网络（Virtual Private Network，VPN）同步数据，避免单中心失效。

流量切换：通过DNS将流量切换至有效中心，提供有损但不中断的基础业务服务。

2．云上两地三中心容灾部署

两地三中心的“两地”是指同城、异地，“三中心”是指生产中心、同城容灾中心、异地容灾中心。

跨可用区部署：可以在同一个私有网络内的不同可用区创建子网，以及部署服务。

不同可用区的子网之间可以同步数据：使用不同可用区的目的是保证故障相互隔离。

跨地域部署：为了实现多地容灾，避免单地域故障扩散，达到高容灾保障，可以在另外一个地域的私有网络内部署同样的服务。

跨地域高速互联：两个地域的私有网络之间通过跨地域对等连接实现跨地域互通。

流量切换：故障时，通过DNS将流量切换至有效中心，提供有损但不中断的基础业务服务。

项目实施

任务17-1　前置环境准备

微课视频

任务17-1　前置环境准备

1．任务描述

在存储服务器SRV1、SRV2上按照要求创建存储池，并按照要求创建虚拟磁盘SP1和iSCSI虚拟磁盘。

2．任务操作

（1）在存储服务器SRV1的【服务器管理器】窗口中依次单击【文件和存储服务】→【卷】，创建存储池【NAS1】和虚拟磁盘【SP1】，如图17-2所示，具体操作请参考项目3。

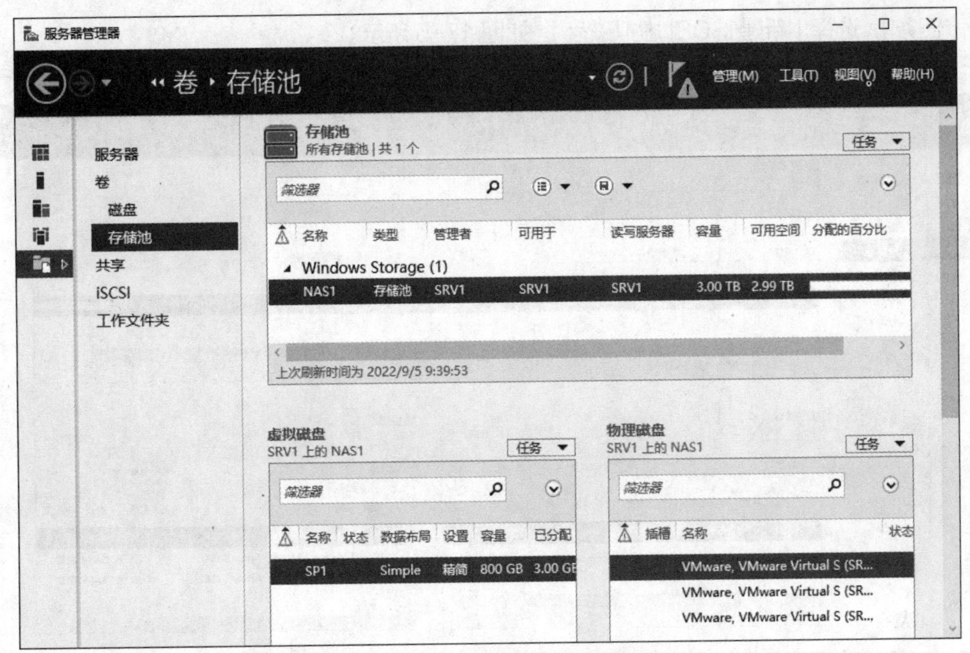

图 17-2 在 SRV1 上创建存储池和虚拟磁盘

（2）打开【磁盘管理】窗口，新建简单卷【共享（E:）】，如图 17-3 所示。

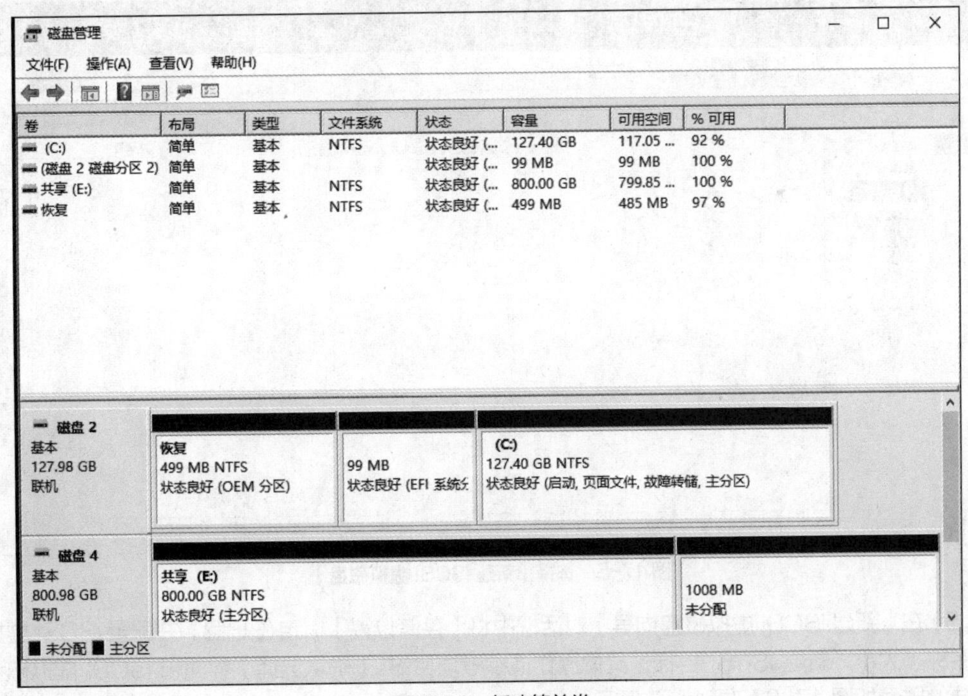

图 17-3 新建简单卷

（3）以同样的操作方法，在存储服务器 SRV2 上创建存储池【BK1】和虚拟磁盘【SP1】，如图 17-4 所示。

（4）在存储服务器 SRV2 的【服务器管理器】窗口中打开【文件和存储服务】，选择【iSCSI】，单击【任务】，选择【新建 iSCSI 虚拟磁盘】，如图 17-5 所示。

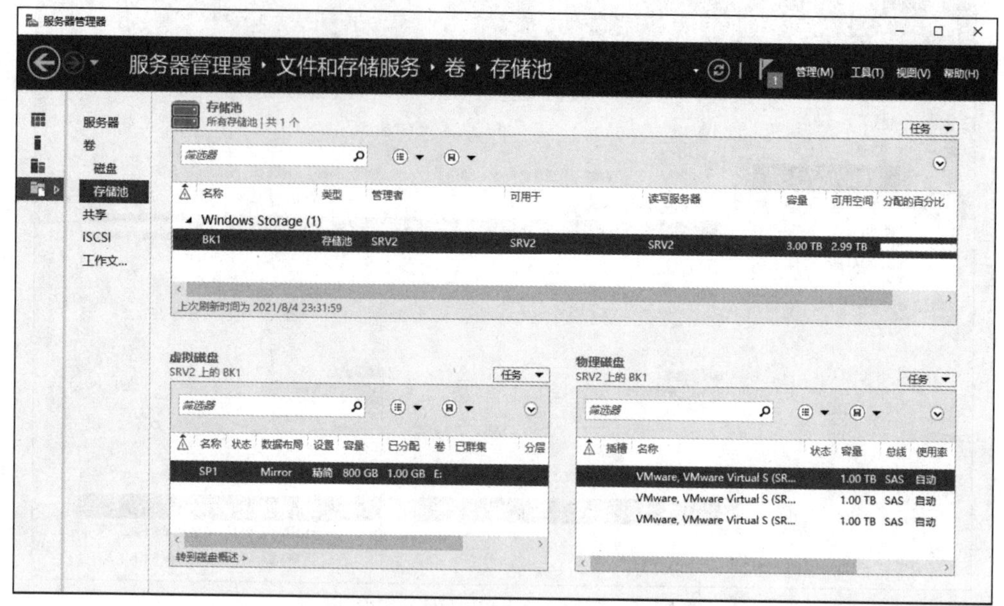

图 17-4 在 SRV2 上创建存储池和虚拟磁盘

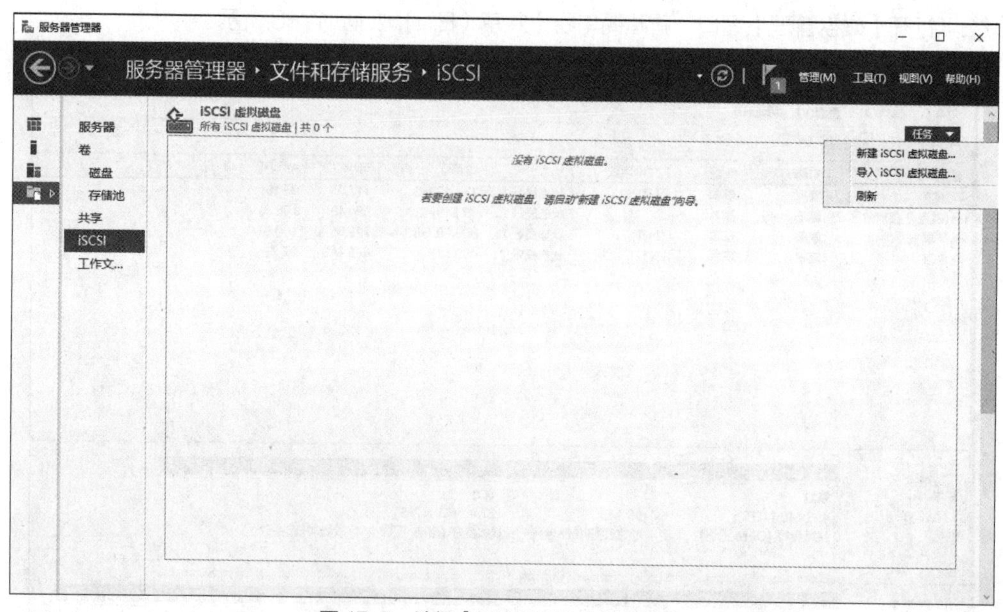

图 17-5 选择【新建 iSCSI 虚拟磁盘】

（5）在【新建 iSCSI 虚拟磁盘向导】对话框中将【存储位置】指定在 E 盘，并配置 iSCSI 虚拟磁盘的名称、大小，新建 iSCSI 目标，具体操作请参考项目 8。【确认选择】界面和 iSCSI 虚拟磁盘创建完成的界面如图 17-6 和图 17-7 所示。

3. 任务验证

（1）在存储服务器 SRV1 上打开文件资源管理器，可以看到【共享(E:)】已经创建，如图 17-8 所示。

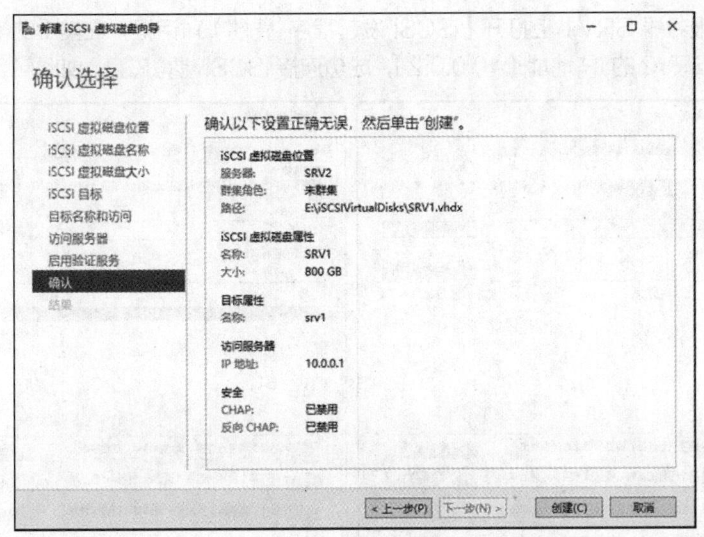

图 17-6　确认选择

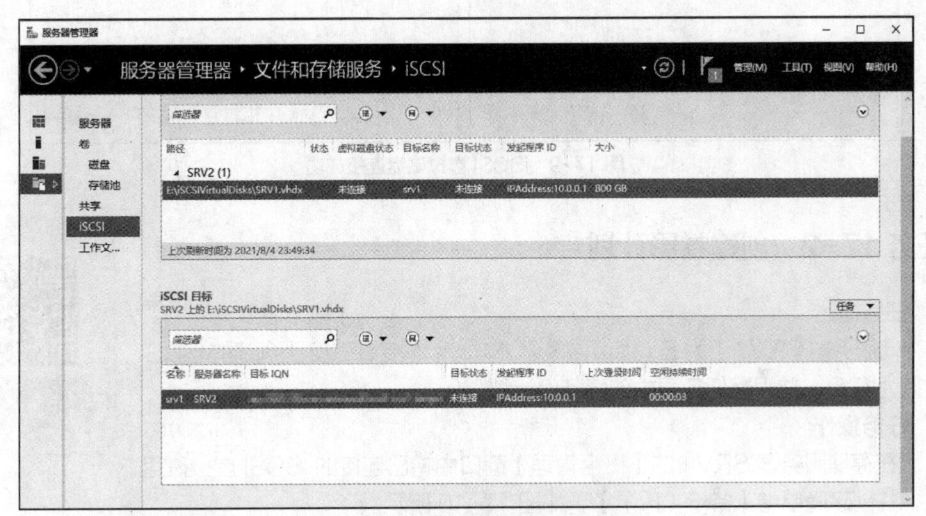

图 17-7　iSCSI 虚拟磁盘创建完成

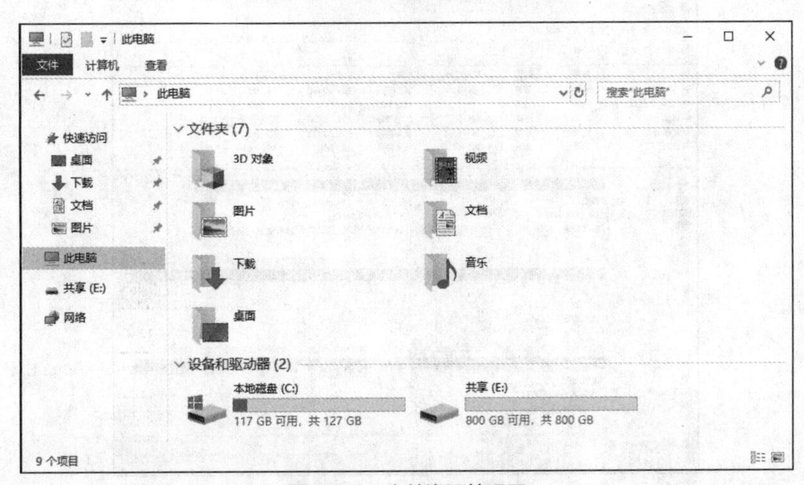

图 17-8　文件资源管理器

（2）在存储服务器 SRV1 上打开【iSCSI 发起程序 属性】对话框，在其中的【目标】选项卡中输入存储服务器 SRV2 的 IP 地址【10.0.0.2】，成功连接 iSCSI 虚拟磁盘，如图 17-9 所示。

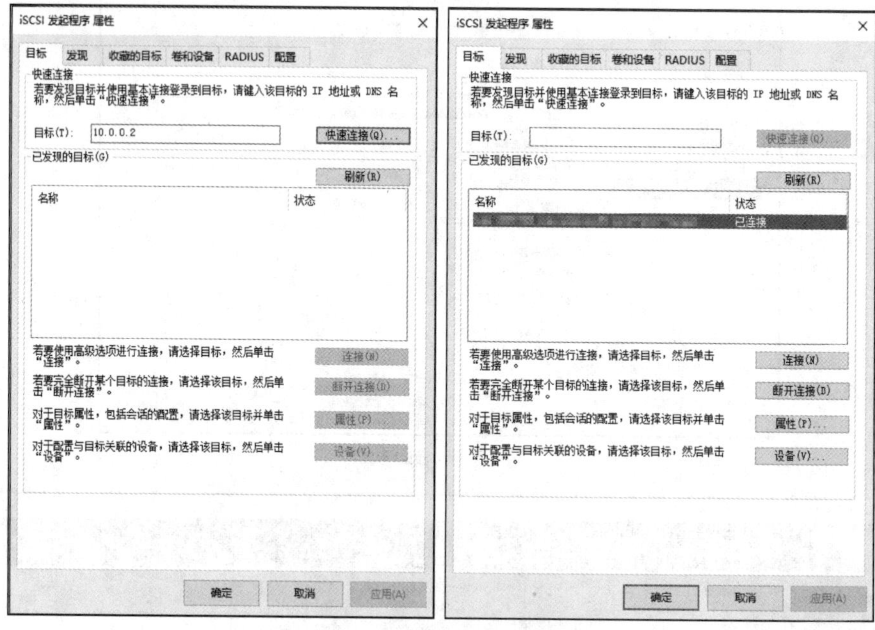

图 17-9　iSCSI 虚拟磁盘连接成功

任务 17-2　创建卷影计划

微课视频

任务 17-2　创建卷影计划

1. 任务描述

在存储服务器 SRV1 上为 E 盘启用卷影副本功能，连接 SRV2 上创建的 iSCSI 虚拟磁盘为 F 盘，并根据任务要求创建备份计划。

2. 任务操作

（1）在存储服务器 SRV1 的【磁盘管理】窗口中将已连接的 iSCSI 虚拟磁盘初始化，并创建简单卷【备份（F:）】，如图 17-10 所示。

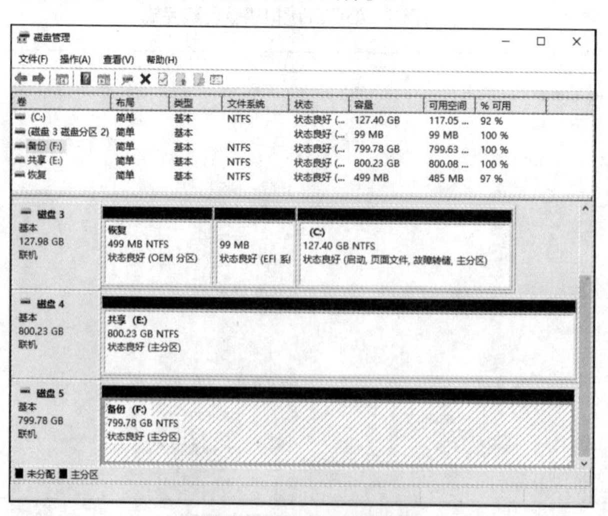

图 17-10　创建简单卷

（2）在【共享（E:）】上右击，选择【配置卷影副本】，在弹出的【卷影副本】对话框中选择【E:\】，并单击【设置】按钮。在【设置】对话框中按要求修改存储区域，如图 17-11 所示。

（3）在【设置】对话框中单击【计划】按钮，在弹出的【E:\】对话框的【计划】选项卡中按照要求配置卷影副本计划，如图 17-12 所示。

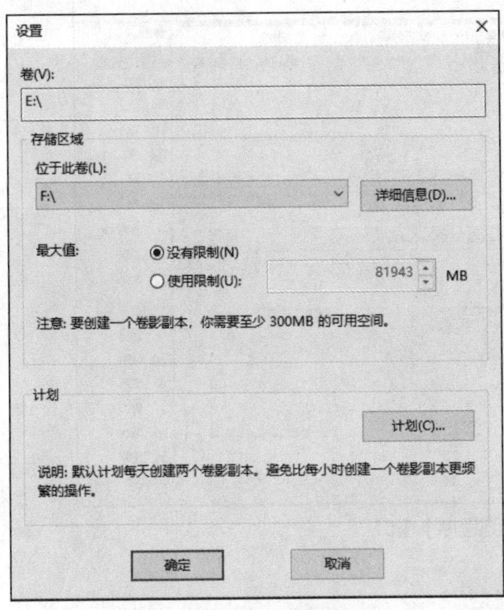

图 17-11　修改存储区域

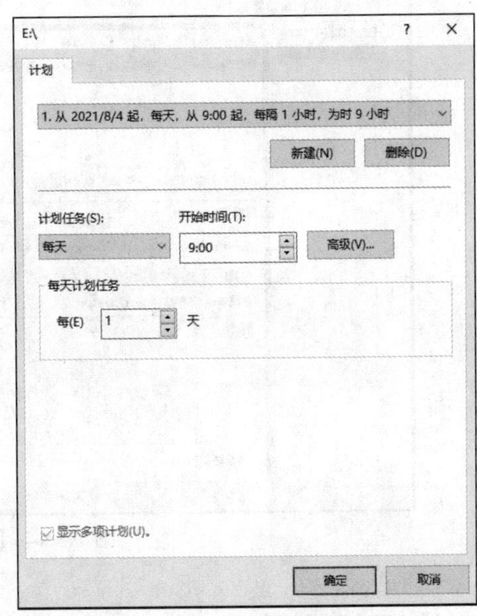

图 17-12　配置卷影副本计划

3. 任务验证

（1）在存储服务器 SRV1 上打开【卷影副本】对话框，可以看到备份计划已经启用，如图 17-13 所示。

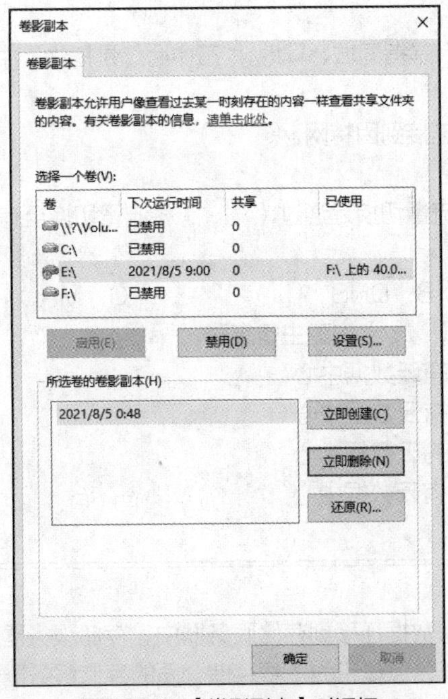

图 17-13 【卷影副本】对话框

（2）打开【服务器管理器】，依次单击【工具】→【任务计划程序】，在【任务计划程序】窗口中可以看到【任务计划程序库】内已经存在要求的备份计划，如图17-14所示。

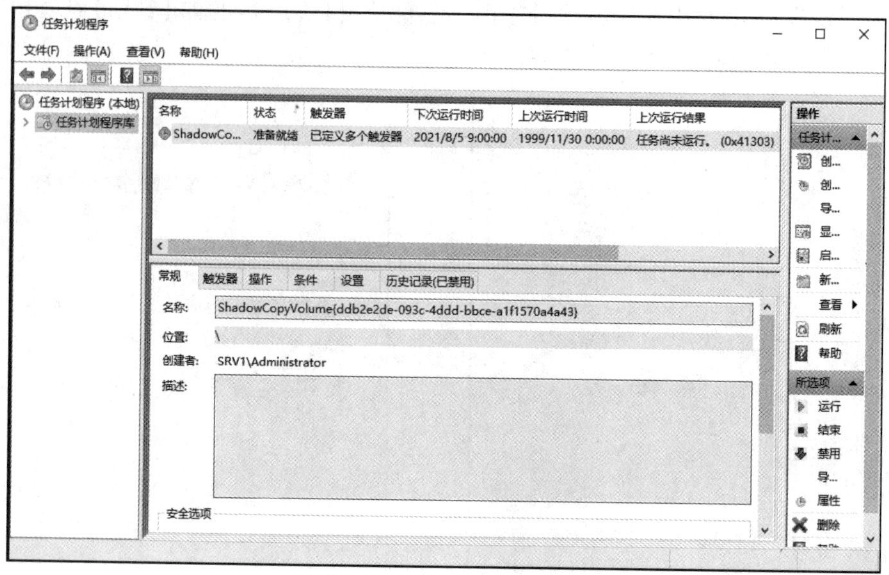

图17-14 【任务计划程序】窗口

练习与实践

一、理论习题

1. 判断题

（1）两地三中心的“两地”是指同城、异地，“三中心”是指生产中心、同城容灾中心、异地容灾中心。（　　）

（2）异地容灾部署不需要连接到因特网。（　　）

2. 选择题

（1）混合云容灾部署中的流量切换是通过（　　）将流量切换至有效中心的，提供有损但不中断的基础业务服务。

A. IP地址　　B. DNS　　C. MAC　　D. 线缆

（2）异地部署数据中心由（　　）构建主备集群。

A. 异地数据中心和公有云数据中心

B. 异地数据中心和私有云数据中心

C. 本地数据中心和公有云数据中心

D. 本地数据中心和私有云数据中心

二、项目实训题

信创公司将大部分关键业务数据迁移到存储服务器中，存储服务器的数据自动备份被提上议程。为降低备份成本，公司采购了一台以磁带为主要存储介质的存储服务器，并将该备份服务器放置在分公司。为确保数据安全，主备存储通过专线互联。公司网络拓扑如图17-15所示。

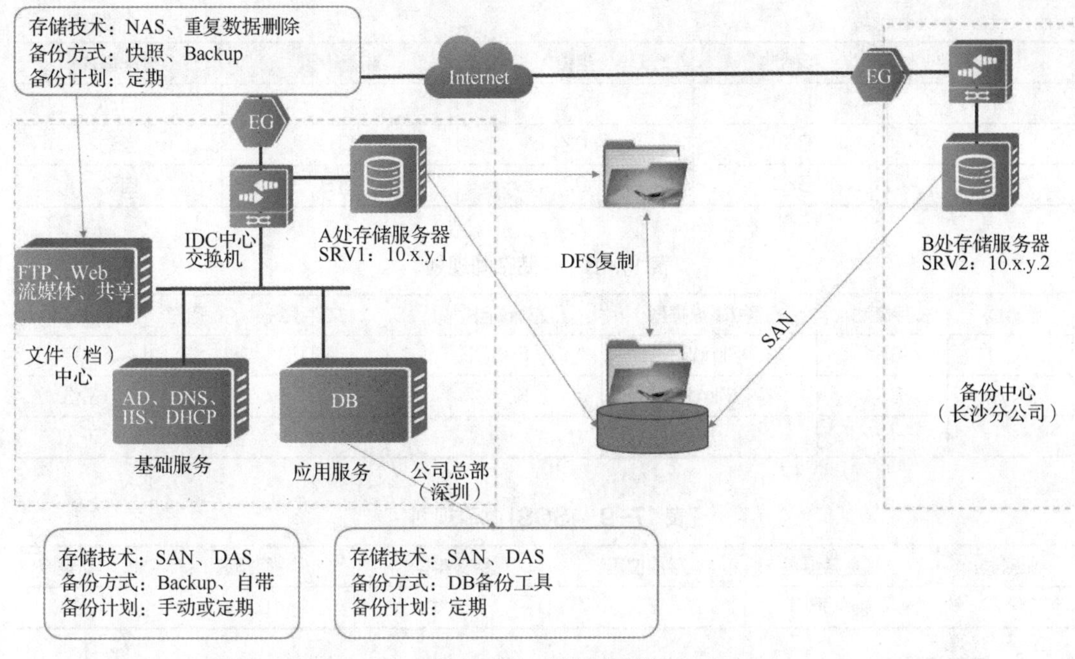

图 17-15　公司网络拓扑

公司希望网络存储管理员能尽快对公司的核心业务数据实施自动异地备份，具体要求如下。

（1）对 A 处存储服务器 SRV1 承载的业务数据磁盘设置快照计划，要求 9:00～18:00 每 2 小时创建一个快照。

（2）A 处存储服务器 SRV1 映射备份中心 B 处存储服务器 SRV2 提供的 SAN 磁盘。

（3）对 A 处存储服务器 SRV1 设置 Windows Backup 计划，要求每天 1:00～3:30 将业务数据磁盘备份到备份中心 B 处存储服务器 SRV2 提供的 SAN 磁盘上。

两台服务器当前的相关空间规划见表 17-6～表 17-9。

表 17-6　物理磁盘信息

编号	磁盘类型	磁盘容量	服务器	盘位	用途
HDD01	HDD	1TB	SRV1	01	存储池
HDD02	HDD	1TB	SRV1	02	存储池
HDD03	HDD	1TB	SRV1	03	存储池
HDD04	HDD	1TB	SRV2	01	存储池
HDD05	HDD	1TB	SRV2	02	存储池
HDD06	HDD	1TB	SRV2	03	存储池

表 17-7　存储池物理磁盘规划

服务器	存储池	盘位	磁盘容量	分配模式
SRV1	NAS1	01	1TB	自动
SRV1	NAS1	02	1TB	自动
SRV1	NAS1	03	1TB	自动

续表

服务器	存储池	盘位	磁盘容量	分配模式
SRV2	BK1	01	1TB	自动
SRV2	BK1	02	1TB	自动
SRV2	BK1	03	1TB	自动

表17-8　存储空间规划

服务器	存储池	虚拟磁盘类型	虚拟磁盘空间	文件系统	盘符	卷标
SRV1	SP1	Simple	800GB	NTFS	E	共享
SRV2	SP1	Mirror	800GB	NTFS	E	备份
……	……	……	……	……	……	……

表17-9　iSCSI共享规划

服务器	磁盘容量	存放位置	目标类型	目标值	认证
SRV2	800GB	E:	IP地址	10.x.y.1	否

1. 任务设计

网络存储管理员的工作任务如下。

在A处存储服务器SRV1上为E盘启用卷影副本功能，连接B处存储服务器SRV2上创建的iSCSI磁盘为F盘，并根据任务要求创建备份计划，创建的备份计划见表17-10。

表17-10　备份计划

服务器	方式	源位置	目标位置	执行时间

2. 项目实践

（1）提供SRV1的卷影副本计划界面，确认已按要求创建备份计划。

（2）提供SRV1的任务计划程序界面，确认已按要求创建备份计划。

项目18 远程异地数据实时同步

18

项目描述

某公司在北京和广州通过专项建立总分互联，两地部署了网络存储服务器、文件服务器等硬件，其中 FTP 服务器的数据源由本地存储服务器的 NAS 服务提供。

公司在存储服务器的【公共目录】NAS 共享上存放了日常需要使用的文档。为方便两地信息对换和协同办公，公司希望两地存储提供的【公共目录】NAS 共享的数据能实现实时同步。

为确保本项目顺利实施，网络存储管理员已经建立好公司域控制器 DC1，并将网络存储服务器 SRV1 和 SRV3，以及文件服务器 SRV2 和 SRV4 加入域。

公司网络拓扑如图 18-1 所示。

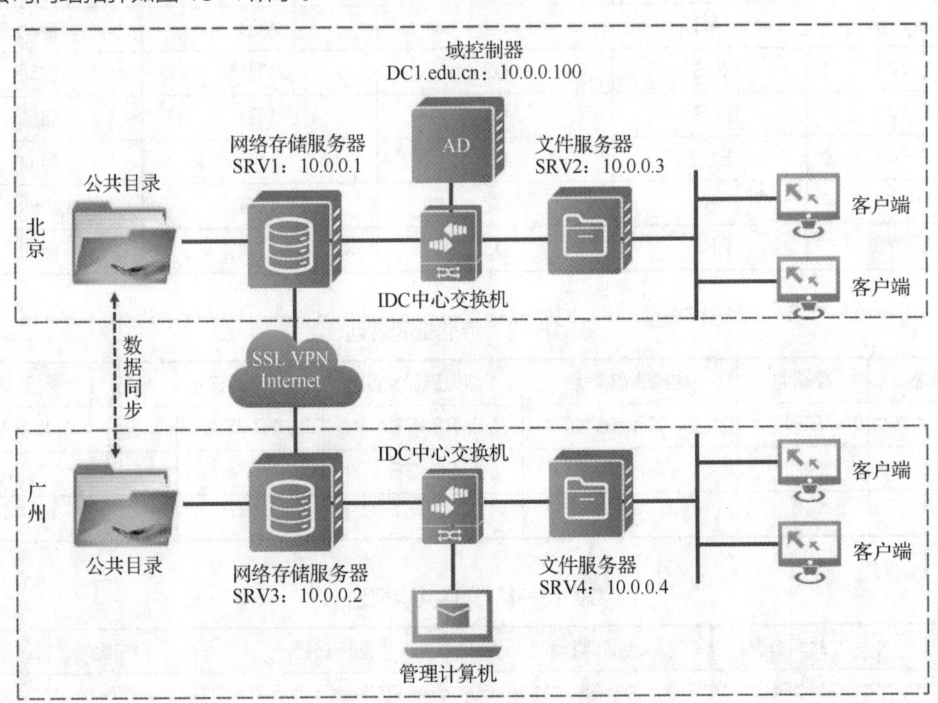

图 18-1 公司网络拓扑

公司希望网络存储管理员能尽快对公司的核心业务数据实施自动异地备份，具体要求如下。

（1）在北京网络存储服务器 SRV1 上部署共享目录【公共目录】。

在北京文件服务器 SRV2 上部署 FTP 服务器，FTP 站点主目录为 SRV1 的共享目录【公共目录】。

（2）在广州网络存储服务器 SRV3 上部署共享目录【公共目录】。

在广州文件服务器 SRV4 上部署 FTP 服务器，FTP 站点主目录为 SRV3 的共享目录【公共目录】。

（3）在北京或广州网络存储服务器上部署域 DFS 复制组，将 SRV1 和 SRV3 的【公共目录】共享加入复制组，实现两地数据的同步。

两台服务器当前的相关空间规划见表 18-1～表 18-5。

表 18-1　物理磁盘信息

编号	磁盘类型	磁盘容量	服务器	盘位	用途
HDD01	HDD	1TB	SRV1	01	存储池
HDD02	HDD	1TB	SRV1	02	存储池
HDD03	HDD	1TB	SRV1	03	存储池
HDD04	HDD	1TB	SRV3	01	存储池
HDD05	HDD	1TB	SRV3	02	存储池
HDD06	HDD	1TB	SRV3	03	存储池

表 18-2　存储池物理磁盘规划

服务器	存储池	盘位	磁盘容量	分配模式
SRV1	NAS1	01	1TB	自动
SRV1	NAS1	02	1TB	自动
SRV1	NAS1	03	1TB	自动
SRV3	BK1	01	1TB	自动
SRV3	BK1	02	1TB	自动
SRV3	BK1	03	1TB	自动

表 18-3　存储空间规划

服务器	存储池	虚拟磁盘类型	虚拟磁盘空间	文件系统	盘符	卷标
SRV1	SP1	Simple	800GB	NTFS	E	北京存储
SRV3	SP1	Simple	800GB	NTFS	E	广州存储
……	……	……	……	……	……	……

表 18-4　文件共享规划

服务器	共享协议	物理路径	访问路径	用户组	权限
SRV1	CIFS	E:\	\\SRV1.edu.cn\FTP	FTP	读写
SRV3	CIFS	E:\	\\SRV3.edu.cn\FTP	FTP	读写
SRV2	FTP	\\SRV1.edu.cn\FTP	FTP://SRV2.edu.cn	销售部	读写
SRV4	FTP	\\SRV3.edu.cn\FTP	FTP://SRV4.edu.cn	销售部	读写

表 18-5　FTP 用户和组规划

部门（用户组）	姓名	用户	初始密码
销售部	陈部长	Chen	XC@123
销售部	小方	Fang	XC@123
销售部	小罗	Luo	XC@123
……	……	……	……

项目规划设计

网络存储管理员的工作任务如下。

在两台文件服务器上创建 FTP 共享，创建的文件共享规划见表 18-6。在两台网络存储服务器 SVRI、SVR3 上添加 DFS 复制角色服务，并为部门的 FTP 目录创建 DFS 复制组。DFS 复制规划见表 18-7。

表 18-6　文件共享规划

服务器	共享协议	物理路径	访问路径	用户组	权限
SRV2	FTP	\\SRV1.edu.cn\FTP	FTP://SRV2.edu.cn	销售部	读写
SRV4	FTP	\\SRV3.edu.cn\FTP	FTP://SRV4.edu.cn	销售部	读写

表 18-7　DFS 复制规划

复制组名	复制组成员	实际路径	复制时间和带宽
FTP	SRV1	E:\FTP\公共目录	实时、完整带宽
^	SRV3	E:\FTP\公共目录	实时、完整带宽

项目相关知识

远程复制

各种计算机上的数据信息已经成为办公与开展业务的重要基础内容，也已经成为现代企事业单位与个人重要的无形资产。当计算机系统遭受诸如自然灾害或恶意破坏等时，计算机系统的软硬件、数据信息和对外提供服务的功能等都会受到不同程度的损坏，而数据的丢失或者减损显然会给计算机系统的依赖者造成不同程度的损失，这种损失有些时候甚至是难以弥补的。

传统的高可用技术采用数据备份和集群技术可以避免由于各种软硬件故障、人为误操作以及病毒造成的破坏，但当面临突发的大规模灾难性事件时，上述技术根本无法实现大范围的保护。

远程复制技术利用通信技术、计算机技术实现远程数据备份，能减少数据丢失带来的损失。

项目实施

任务 18-1 前置环境准备

微课视频

任务 18-1 前置环境准备

1. 任务描述

在存储服务器 SRV1 和 SRV3 中创建存储池，并创建共享文件夹，添加 DFS 服务及创建命名空间；在文件服务器 SRV2 和 SRV4 中添加 FTP 角色功能，并发布 FTP 站点。

2. 任务操作

（1）在存储服务器 SRV1 的【服务器管理器】窗口中依次单击【文件和存储服务】→【卷】，创建存储池【NAS1】和虚拟磁盘【SP1】，如图 18-2 所示。

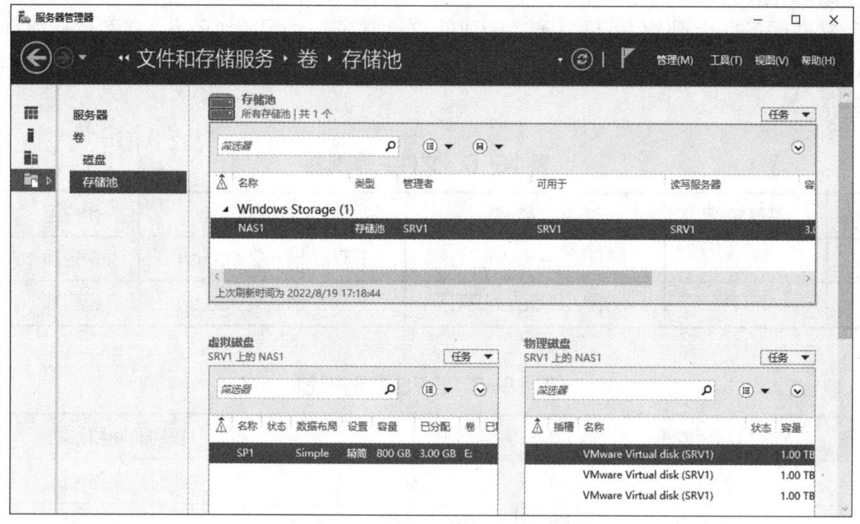

图 18-2 创建存储池和虚拟磁盘

（2）在【磁盘管理】窗口中新建简单卷【北京存储（E:)】，如图 18-3 所示。

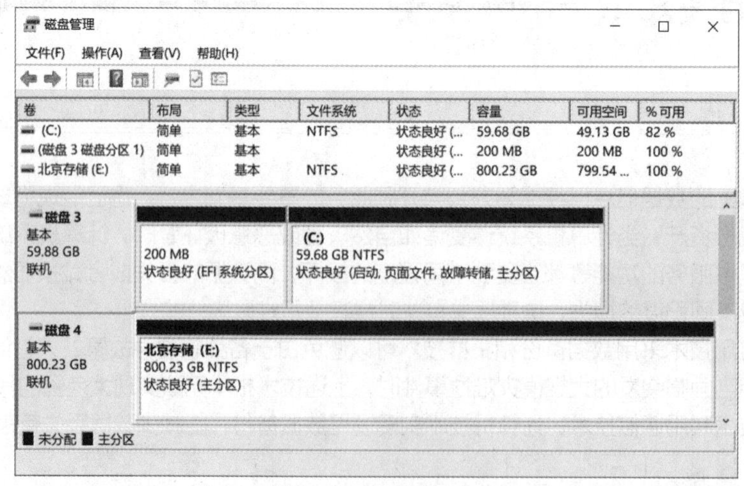

图 18-3 创建简单卷

（3）在【北京存储（E:)】中建立文件夹【FTP】，并在该文件夹下创建【公共目录】文件夹，如图 18-4 所示。

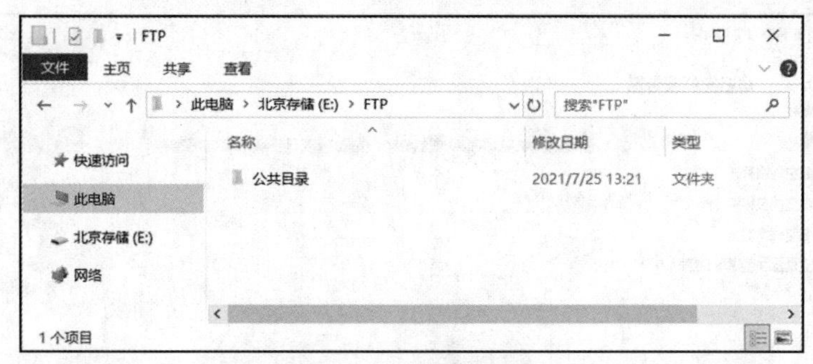

图 18-4　创建文件夹

（4）在存储服务器 SRV1 上添加【DFS 命名空间】，如图 18-5 所示。

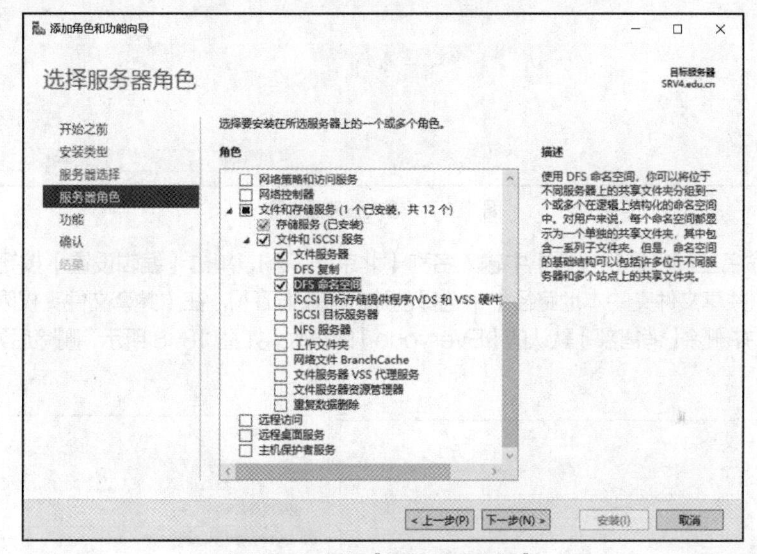

图 18-5　添加【DFS 命名空间】

（5）在存储服务器 SRV1 的【服务器管理器】中依次单击【工具】→【DFS Management】。在【DFS 管理】窗口中右击【命名空间】，选择【新建命名空间】，如图 18-6 所示。

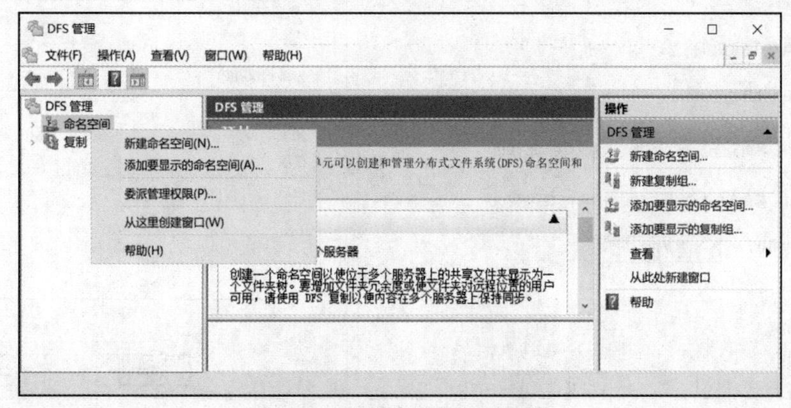

图 18-6　选择【新建命名空间】

（6）在【新建命名空间向导】对话框的【命名空间服务器】中输入服务器名称【SRV1】，如图 18-7 所示。

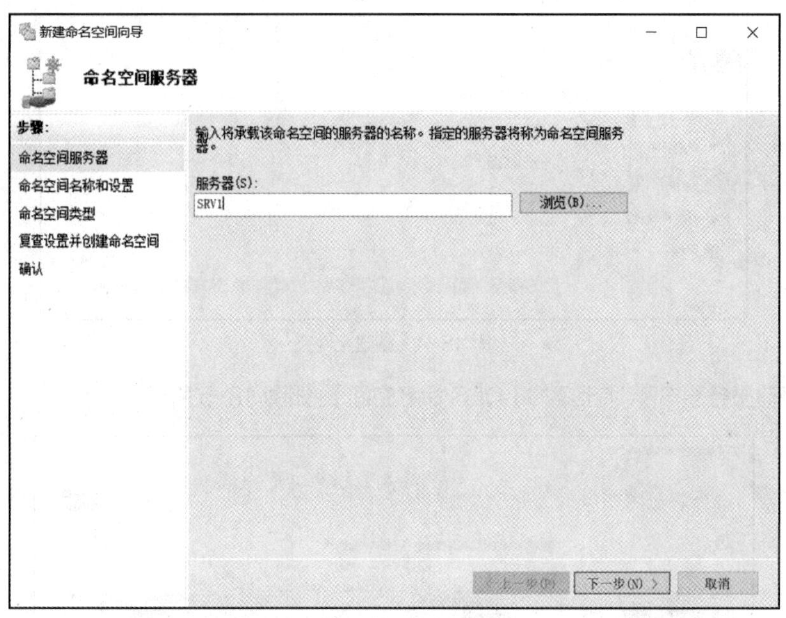

图 18-7　输入服务器名称

（7）在【命名空间名称和设置】中输入名称【北京 FTP】，单击【编辑设置】按钮。在【编辑设置】对话框的【共享文件夹的本地路径】中选择创建的【e:\FTP】，在【共享文件夹权限】中选择【使用自定义权限】并删除【销售部】默认的【Everyone】的权限，如图 18-8 所示，删除后界面如图 18-9 所示。

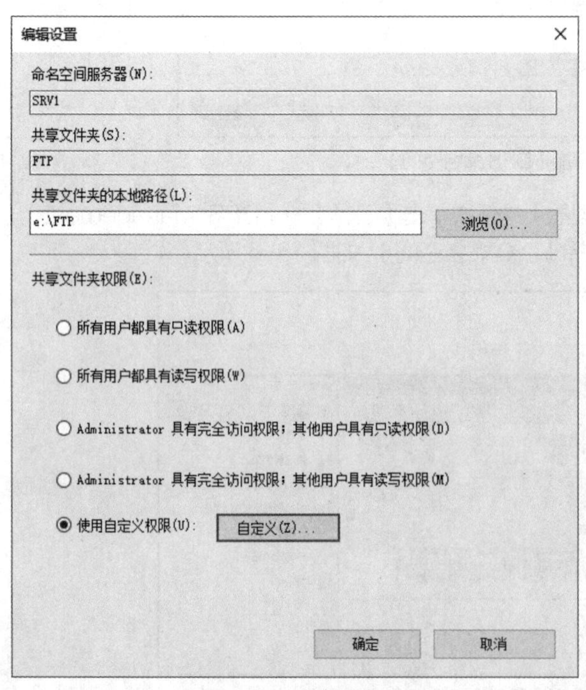

图 18-8　编辑设置

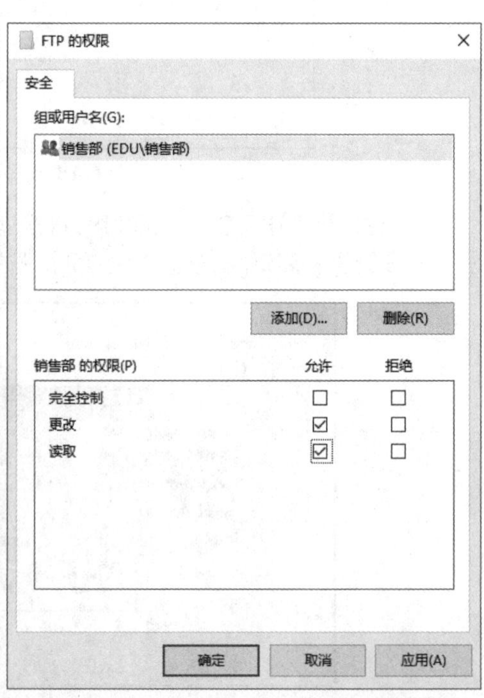

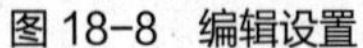

图 18-9　删除【Everyone】权限后的界面

（8）在【命名空间类型】中选择【基于域的命名空间】，单击【下一步】按钮进行创建即可，如图 18-10 所示。

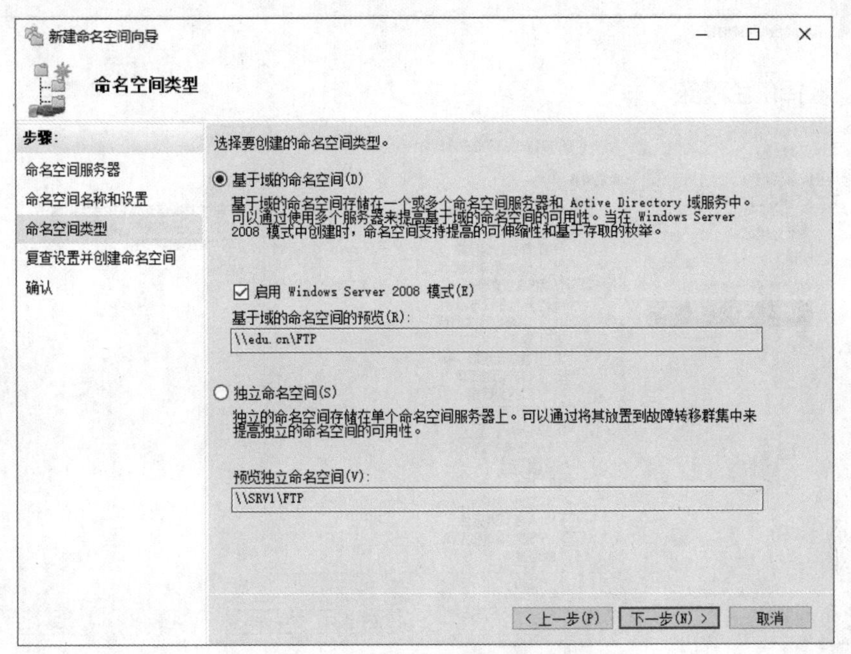

图 18-10　选择【基于域的命名空间】

（9）在存储服务器 SRV3 中，使用相同的方式进行设置。

（10）在文件服务器 SRV2 中，在【添加角色和功能向导】对话框的【服务器角色】中勾选【Web 服务器(IIS)】，单击【下一步】按钮，如图 18-11 所示。

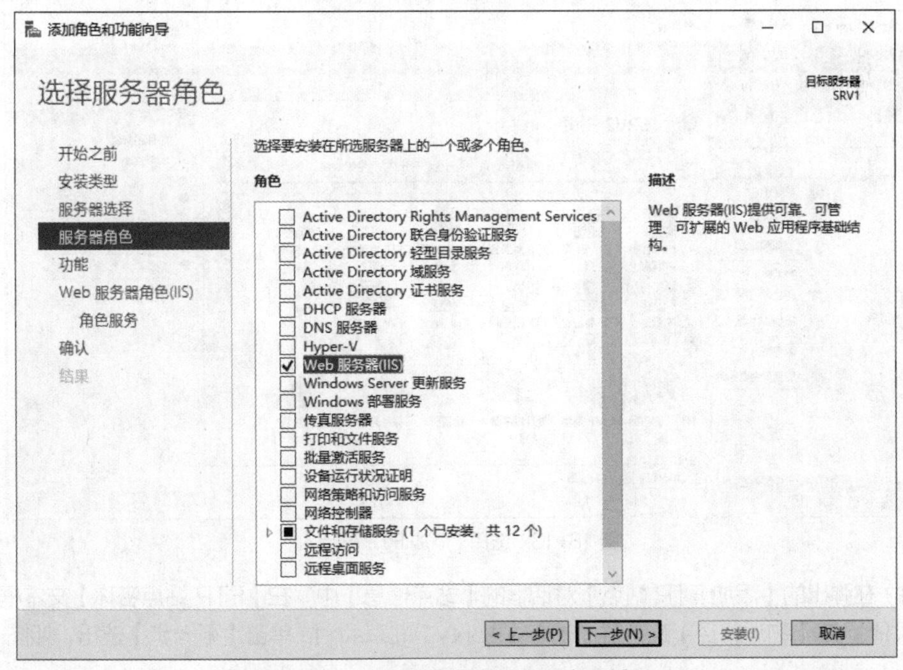

图 18-11　勾选【Web 服务器（IIS）】

（11）在【角色服务】中选中【FTP服务器】，勾选【FTP服务】和【FTP扩展】，单击【下一步】按钮，并完成安装，如图18-12所示。

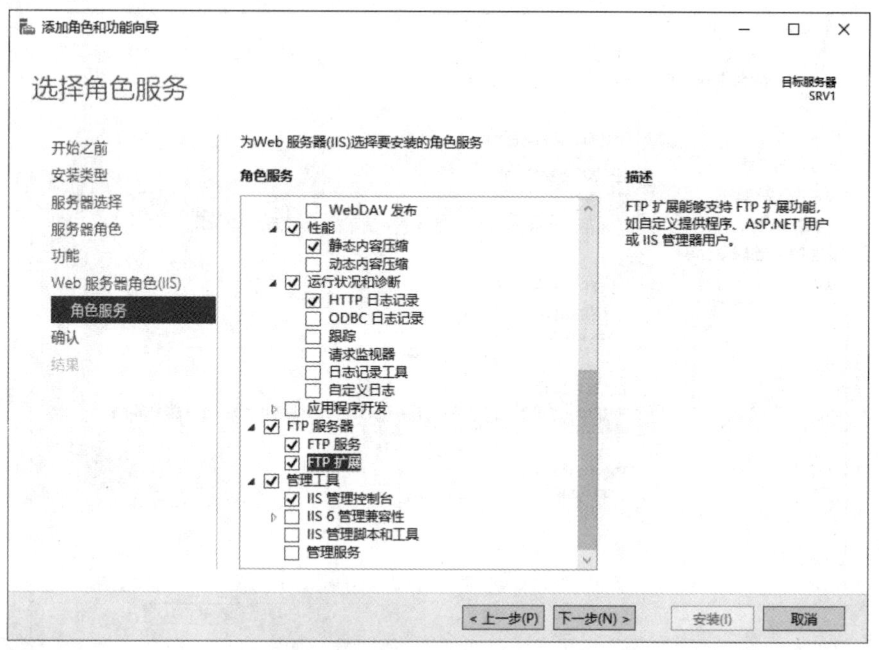

图18-12　勾选【FTP服务】和【FTP扩展】

（12）在文件服务器SRV2的【服务器管理器】中依次单击【工具】→【Internet Information Services(IIS)管理器】，在【Internet Information Services(IIS)管理器】窗口中右击左侧的SRV2，选择【添加FTP站点】，如图18-13所示。

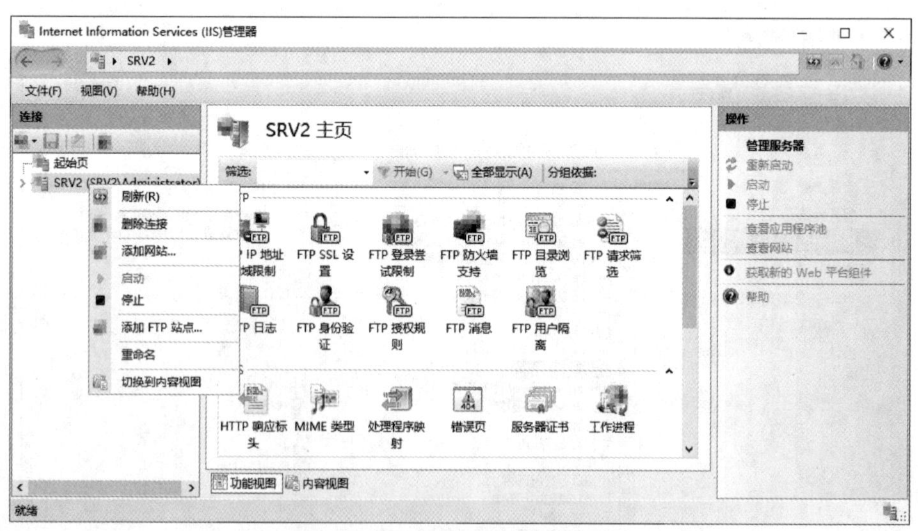

图18-13　选择【添加FTP站点】

（13）在弹出的【添加FTP站点】对话框的【站点信息】中，在【FTP站点名称】文本框中输入【北京FTP】，在【物理路径】文本框中输入【\\SRV1\北京ftp】，单击【下一步】按钮，如图18-14所示。

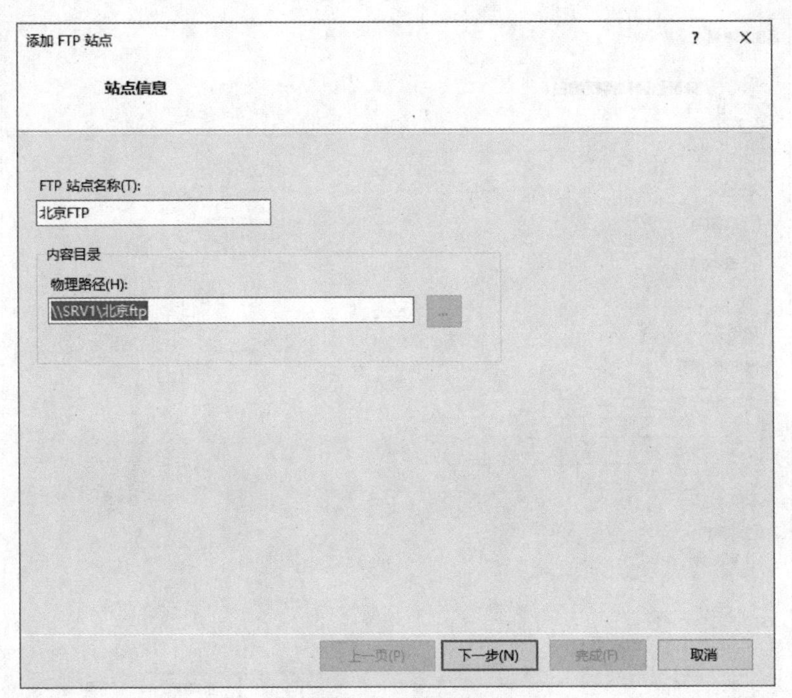

图 18-14　站点信息

（14）在【绑定和 SSL 设置】中，在【IP 地址】中选择【10.0.0.3】，设置【端口】为【21】，在【SSL】中选择【无 SSL】，单击【下一步】按钮，如图 18-15 所示。

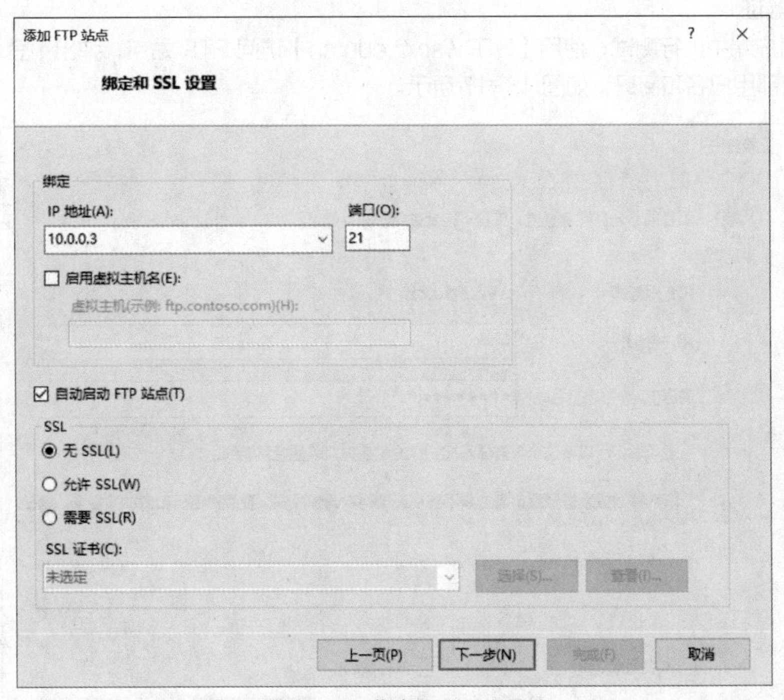

图 18-15　绑定和 SSL 设置

（15）在【身份验证和授权信息】的【身份验证】中勾选【基本】，在【允许访问】中选择【所有用户】，在【权限】中勾选【读取】和【写入】，单击【完成】按钮，如图 18-16 所示。

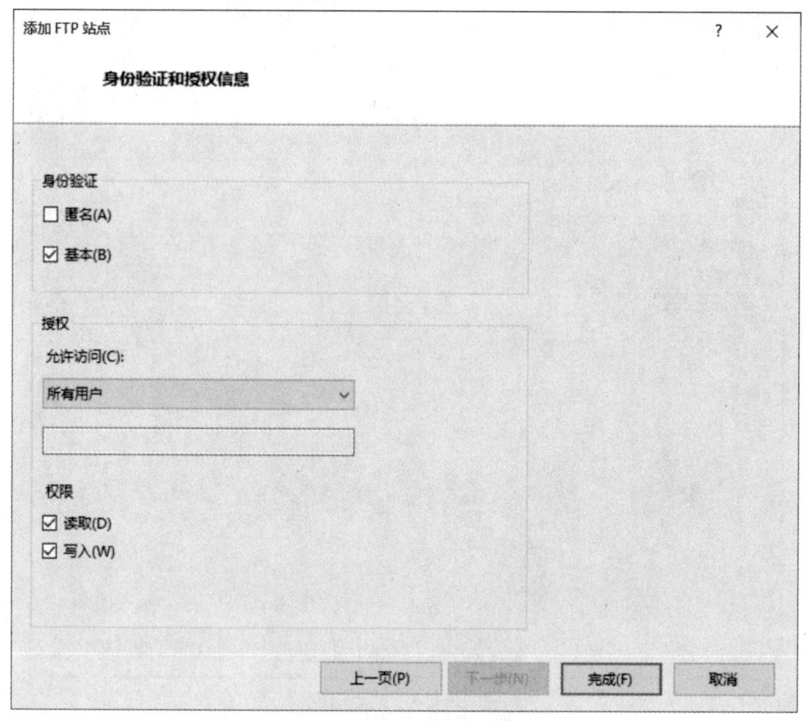

图 18-16　身份验证和授权信息

（16）在文件服务器 SRV4 中，使用相同的方式进行设置。

3. 任务验证

（1）在客户端中进行测试，使用【FTP://srv2.edu.cn】访问 FTP 站点，弹出【登录身份】对话框，输入销售部用户名和密码，如图 18-17 所示。

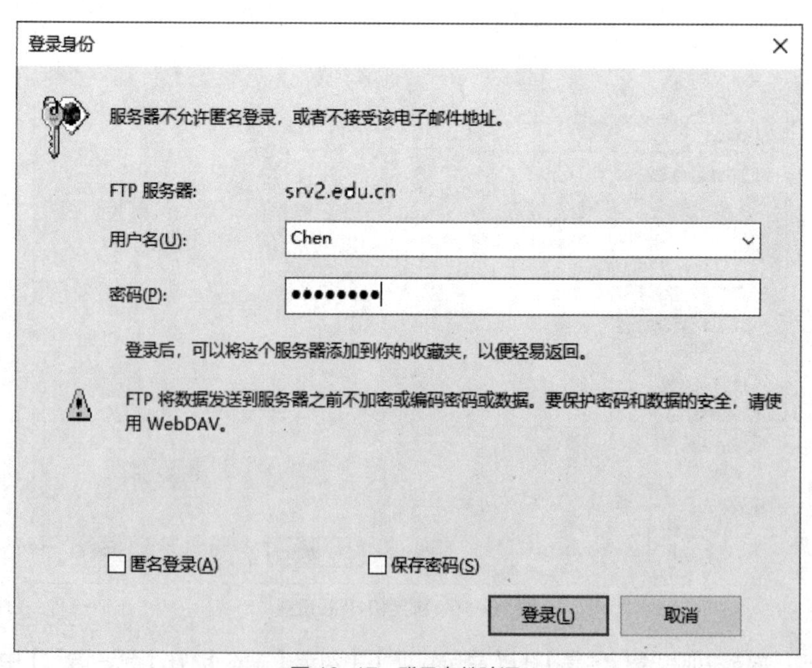

图 18-17　登录身份验证

（2）登录成功后，可以观察到存在【公共目录】，如图 18-18 所示。

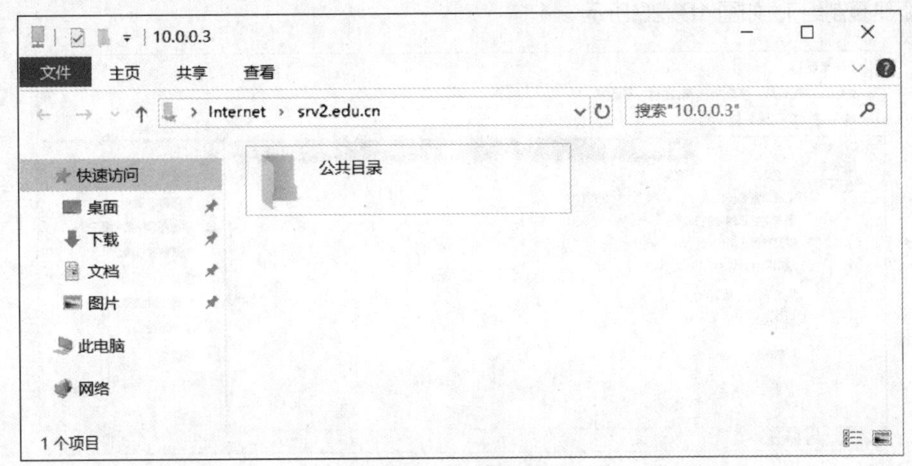

图 18-18　登录成功

任务 18-2　远程异地数据实时同步

1. 任务描述

在存储服务器 SRV1 和 SRV3 中添加 DFS 复制角色，创建 DFS 复制组，实现公共目录的数据同步。

2. 任务操作

（1）在存储服务器 SRV1 和 SRV3 上添加 DFS 复制角色，如图 18-19 所示。

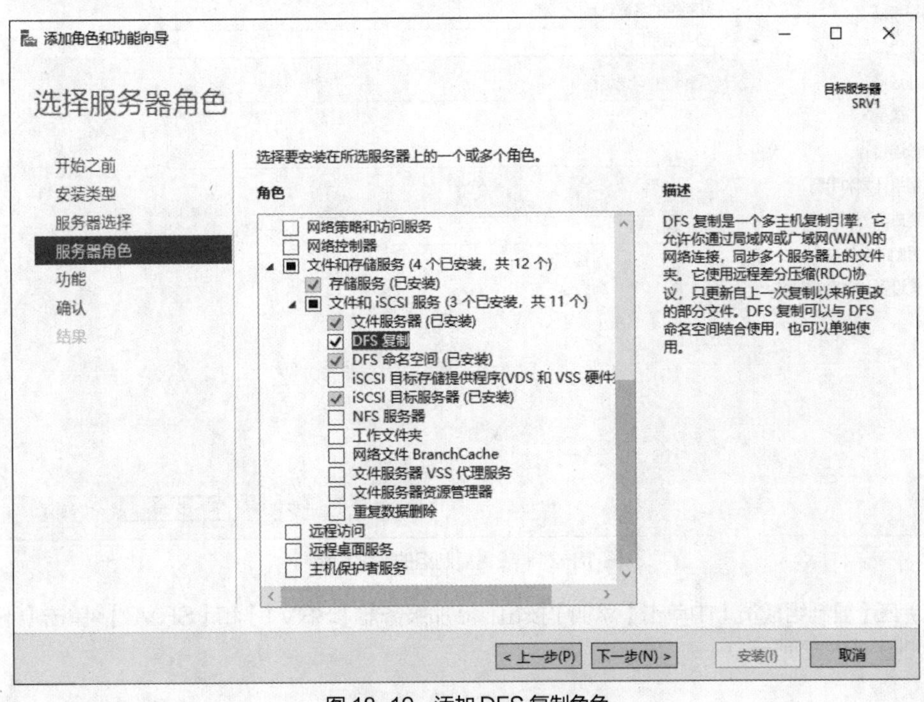

图 18-19　添加 DFS 复制角色

（2）在存储服务器 SRV1 的【服务器管理器】窗口中打开【DFS 管理】，右击左侧的【复制】，选择【新建复制组】，如图 18-20 所示。

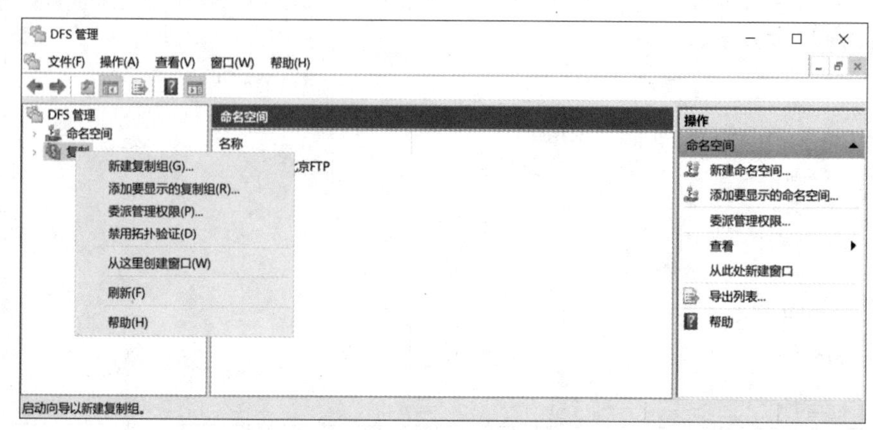

图 18-20 选择【新建复制组】

（3）弹出【新建复制组向导】对话框，【复制组类型】默认选择【多用途复制组】。在【名称和域】的【复制组的名称】文本框中输入【公共目录】，【域】文本框的值设置为【edu.cn】，单击【下一步】按钮，如图 18-21 所示。

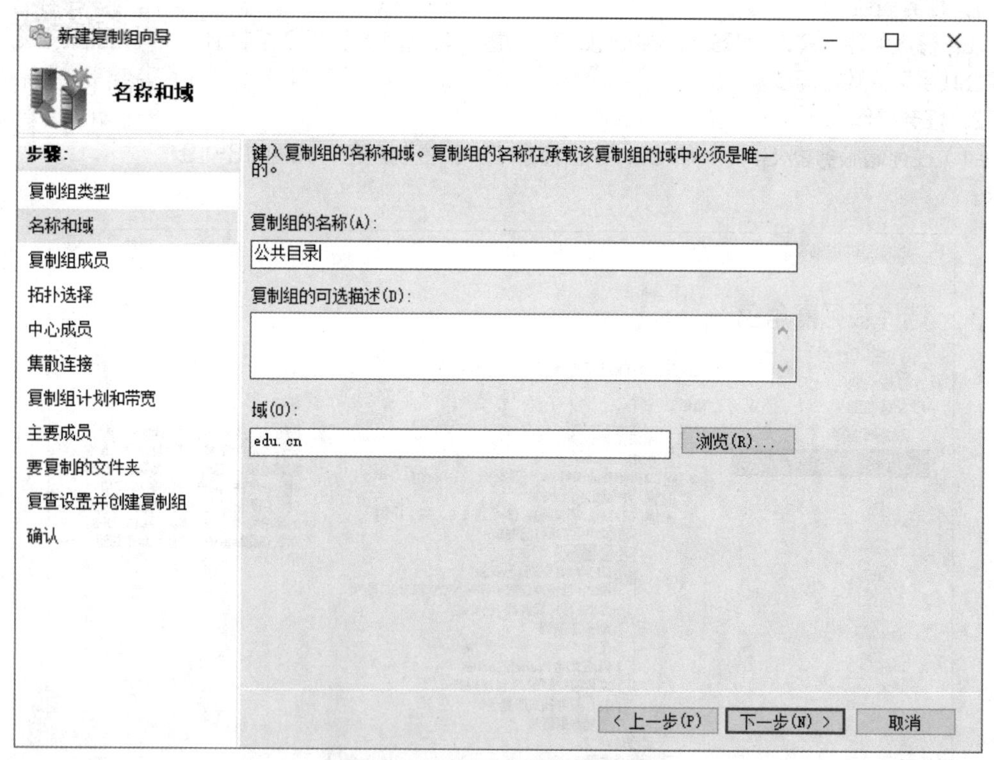

图 18-21 设置复制组的名称和域

（4）在【复制组成员】中单击【添加】按钮，添加服务器【SRV1】和【SRV3】，单击【下一步】按钮，如图 18-22 所示。

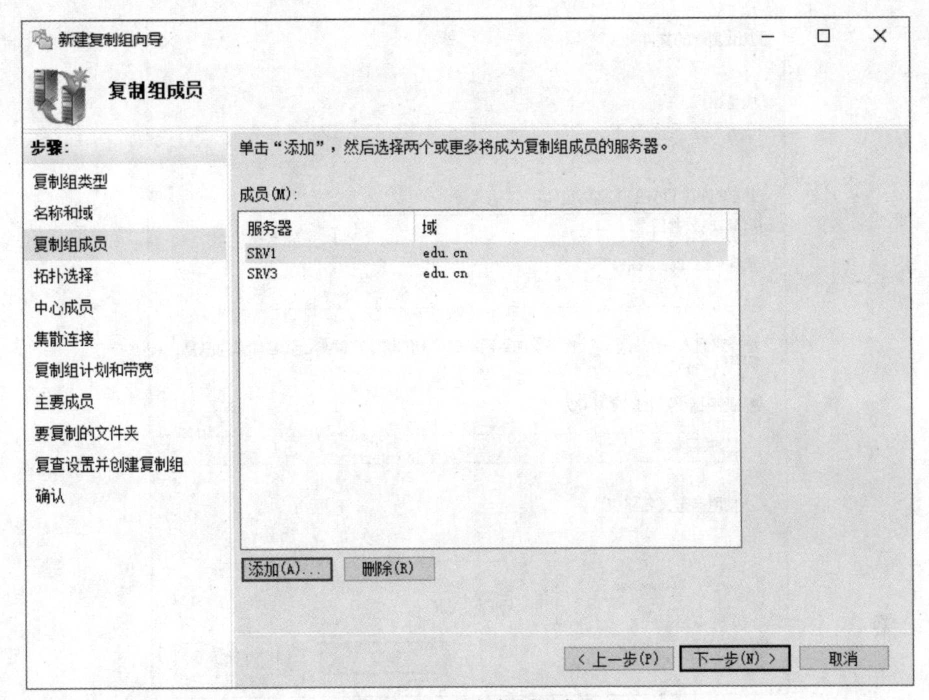

图 18-22　添加复制组成员

（5）在【主要成员】中选择【SRV1】，单击【下一步】按钮，如图 18-23 所示。

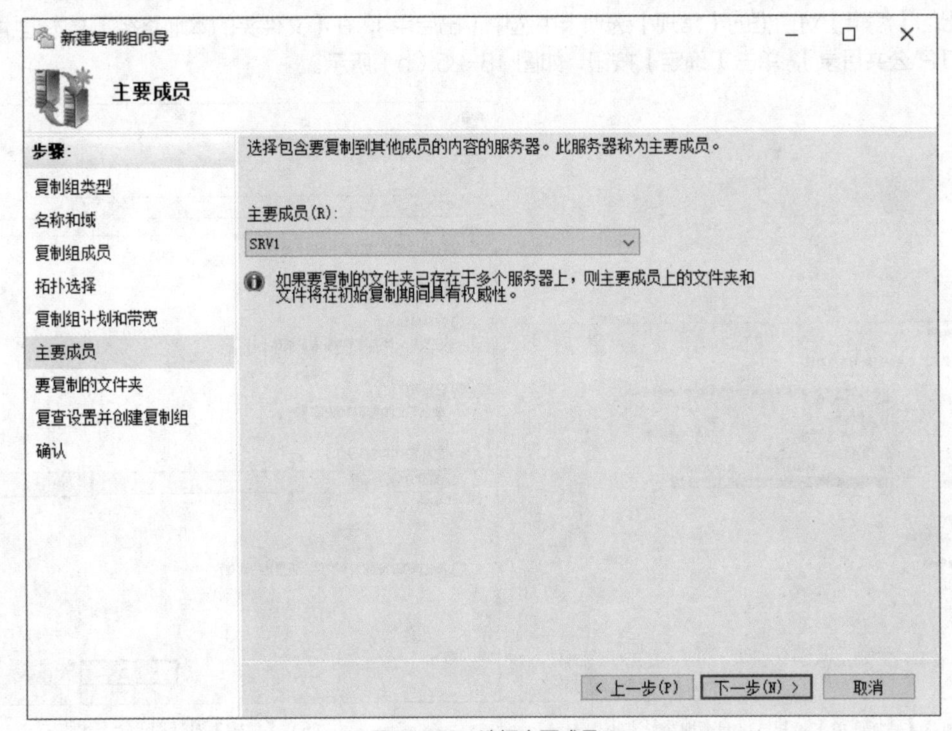

图 18-23　选择主要成员

（6）在【要复制的文件夹】中单击【添加】按钮，弹出【添加要复制的文件夹】对话框。在【要复制的文件夹的本地路径】文本框中输入【E:\FTP\公共目录】，单击【确定】按钮，如图 18-24 所示。

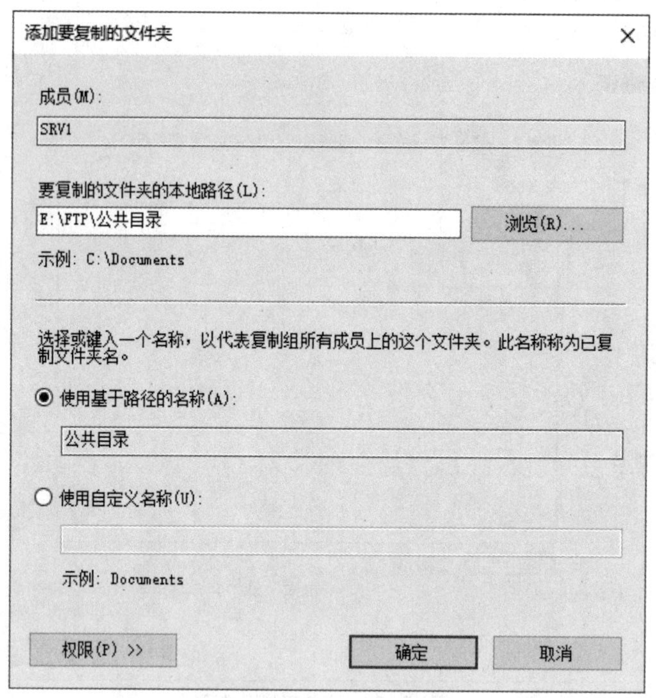

图 18-24　添加要复制的文件夹

（7）在【其他成员上公共目录的本地路径】对话框中单击【编辑】按钮，如图 18-25（a）所示。在弹出的【编辑】对话框的【常规】选项卡中选中【已启用】，在【文件夹的本地路径】文本框中输入【E:\FTP\公共目录】，单击【确定】按钮，如图 18-25（b）所示。

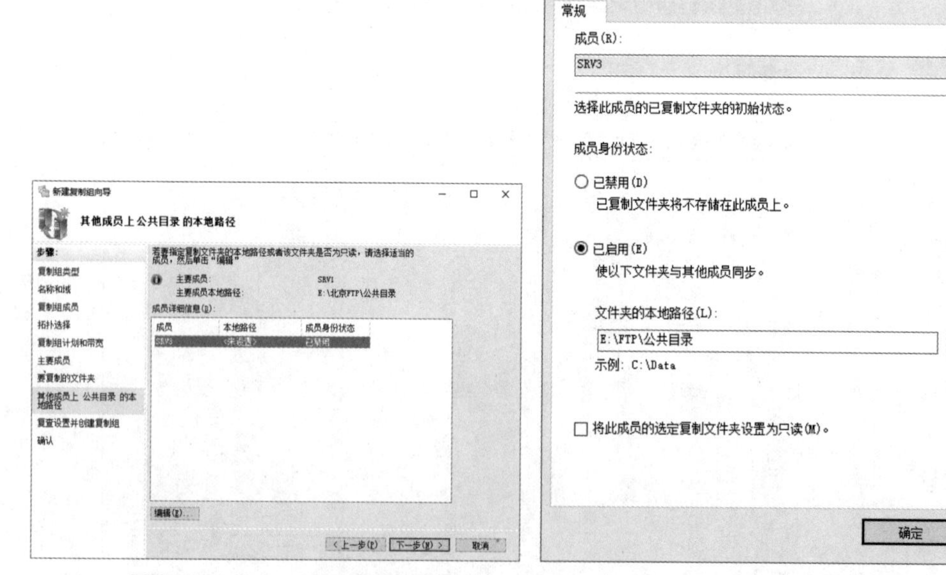

（a）【其他成员上公共目录的本地路径】窗口　　（b）【编辑】对话框

图 18-25　启用复制

（8）在确认复制组数据无误后，单击【创建】按钮完成 DFS 复制组的部署，如图 18-26 所示。

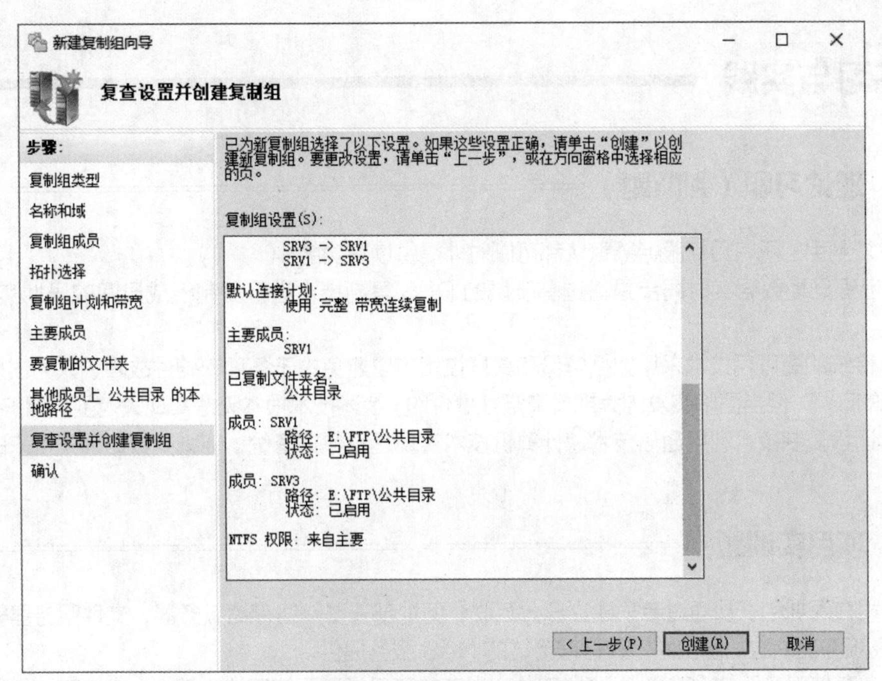

图 18-26　单击【创建】按钮

（9）创建完成后重启存储服务器 SRV1 和 SRV2。

3. 任务验证

在客户端，使用【FTP://svr2.edu.cn】和【FTP://srv4.edu.cn】访问各种 FTP 站点，向其中一个 FTP 站点中的【公共目录】中写入【PC.txt】，刷新两个 FTP 站点，就可以看到【PC.txt】进行了同步操作，如图 18-27 所示。

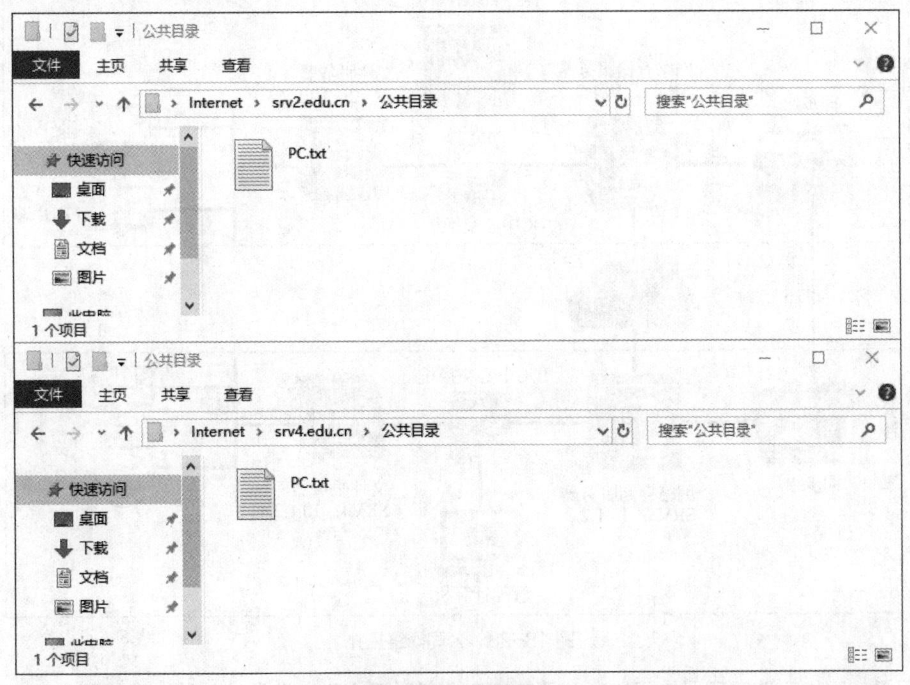

图 18-27　数据同步

练习与实践

一、理论习题（判断题）

（1）复制组的所有目标服务器默认都可以对外提供读写功能。（　　）

（2）远程异地数据实时同步是通过基于域的 DFS 复制技术进行复制组成员间的异地实时同步。（　　）

（3）传统的高可用技术采用数据备份和集群技术可以避免由于各种软硬件故障、人为误操作以及病毒造成的破坏，但当面临突发的大规模灾难性事件时，上述技术根本无法实现大范围的保护。（　　）

（4）远程复制技术利用通信技术、计算机技术实现远程数据备份，能减少数据丢失带来的损失。（　　）

二、项目实训题

某公司在深圳和长沙通过专项建立总分互联，两地部署了网络存储服务器、文件服务器等硬件，其中 FTP 服务器的数据源由本地存储服务器的 NAS 服务提供。

公司在存储服务器的【同步组】NAS 共享上存放了日常需要使用的文档。为方便两地信息对换和协同办公，公司希望两地存储提供的【同步组】NAS 共享的数据能实现实时同步。

为确保本项目顺利实施，网络存储管理员已经建立好公司域控制器 DC1，并将网络存储服务器 SRV1 和 SRV3，以及文件服务器 SRV2 和 SRV4 加入域。

公司网络拓扑如图 18-28 所示。

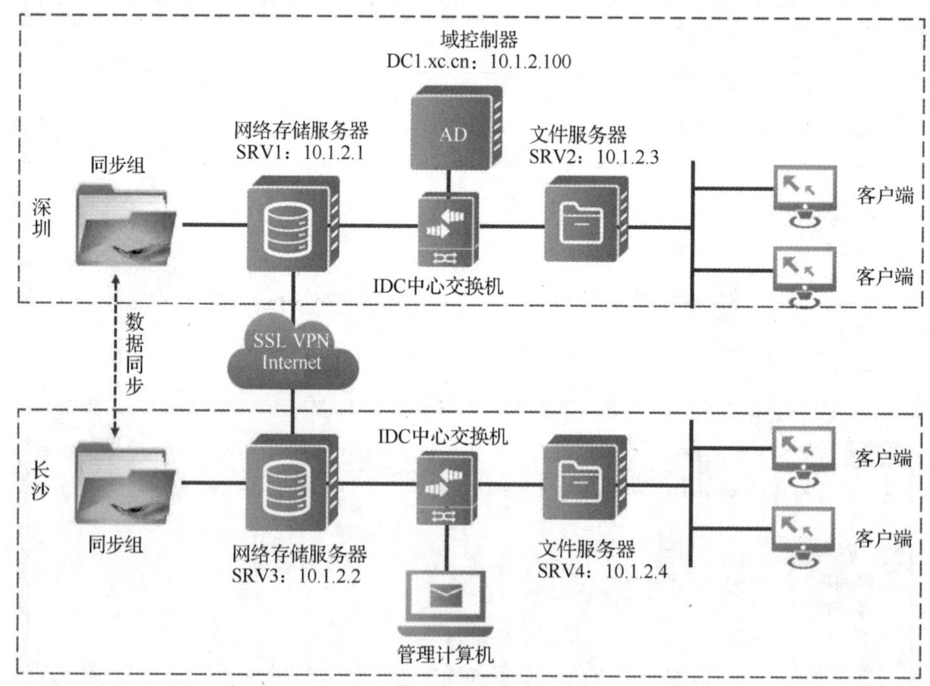

图 18-28　公司网络拓扑

公司希望网络存储管理员能尽快对公司的核心业务数据实施自动异地备份，具体要求如下。

（1）在深圳网络存储服务器 SRV1 上部署共享目录【同步组】。

（2）在深圳文件服务器 SRV2 上部署 FTP 服务器，FTP 站点主目录为 SRV1 的共享目录【同步组】。

（3）在长沙网络存储服务器 SRV3 上部署共享目录【同步组】。

（4）在长沙文件服务器 SRV4 上部署 FTP 服务器，FTP 站点主目录为 SRV3 的共享目录【同步组】。

（5）在深圳或长沙网络存储服务器上部署域 DFS 复制组，将 SRV1 和 SRV3 的【同步组】共享加入复制组，实现两地数据的同步。

两台服务器当前的相关空间规划见表 18-8～表 18-12。

表 18-8　物理磁盘信息

编号	磁盘类型	磁盘容量	服务器	盘位	用途
HDD01	HDD	1TB	SRV1	01	存储池
HDD02	HDD	1TB	SRV1	02	存储池
HDD03	HDD	1TB	SRV1	03	存储池
HDD04	HDD	1TB	SRV3	01	存储池
HDD05	HDD	1TB	SRV3	02	存储池
HDD06	HDD	1TB	SRV3	03	存储池

表 18-9　存储池物理磁盘规划

服务器	存储池	盘位	磁盘容量	分配模式
SRV1	NAS1	01	1TB	自动
SRV1	NAS1	02	1TB	自动
SRV1	NAS1	03	1TB	自动
SRV3	BK1	01	1TB	自动
SRV3	BK1	02	1TB	自动
SRV3	BK1	03	1TB	自动

表 18-10　存储空间规划

服务器	存储池	虚拟磁盘类型	虚拟磁盘空间	文件系统	盘符	卷标
SRV1	SP1	Simple	800GB	NTFS	E	深圳存储
SRV3	SP1	Simple	800GB	NTFS	E	长沙存储
……	……	……	……	……	……	……

表 18-11　文件共享规划

服务器	共享协议	物理路径	访问路径	用户组	权限
SRV1	CIFS	E:\	\\SRV1.xc.cn\FTP	FTP	读写
SRV3	CIFS	E:\	\\SRV3.xc.cn\FTP	FTP	读写
SRV2	FTP	\\SRV1.xc.cn\FTP	FTP://SRV2.xc.cn	销售部	读写
SRV4	FTP	\\SRV3.xc.cn\FTP	FTP://SRV4.xc.cn	销售部	读写

表 18-12 FTP 用户和组规划

部门（用户组）	姓名	用户	初始密码
销售部	孙部长	Sun	XC@123
销售部	小吴	Wu	XC@123
销售部	小周	Zhou	XC@123
……	……	……	……

1. 任务设计

网络存储管理员的工作任务如下。

在两台文件服务器上创建 FTP 共享，创建的文件共享规划见表 18-13。在两台网络存储服务器 SVR1、SVR3 上添加 DFS 复制角色服务，并为部门的 FTP 目录创建 DFS 复制组。DFS 复制规划见表 18-14。

表 18-13 文件共享规划

服务器	共享协议	物理路径	访问路径	用户组	权限

表 18-14 DFS 复制规划

复制组名	复制组成员	实际路径	复制时间和带宽

2. 项目实践

（1）提供 DFS 管理器配置界面，确认各复制组创建正确。

（2）提供客户端访问 FTP 共享并写入文件的界面，确认 FTP 服务器可以正确访问。

（3）提供两台网络存储服务器的文件资源管理器界面，确认各文件夹中的文件可以实时同步。